MÜNCHENER GEOGRAPHISCHE ABHANDLUNGEN

REIHE A

in

MÜNCHENER UNIVERSITÄTSSCHRIFTEN

FAKULTÄT FÜR GEOWISSENSCHAFTEN

Münchener Universitätsschriften

Fakultät für Geowissenschaften

MÜNCHENER GEOGRAPHISCHE ABHANDLUNGEN

REIHE A

Herausgegeben von
Prof. Dr. H.-G. Gierloff-Emden und Prof. Dr. F. Wilhelm
Schriftleitung: Dr. F.-W. Strathmann

Band A 38

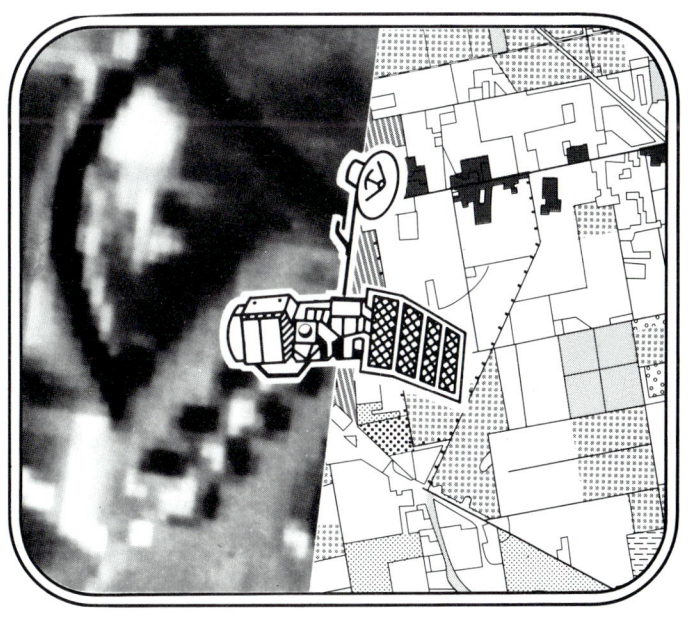

FRIEDRICH WIENEKE
unter Mitarbeit von K. R. Dietz, M. Sachweh und F.-W. Strathmann

Satellitenbildauswertung – Methodische Grundlagen und ausgewählte Beispiele

Mit 132 Abbildungen und 33 Tabellen

1988

Institut für Geographie der Universität München

Kommissionsverlag: GEOBUCH-Verlag, München

Gedruckt mit Unterstützung aus den Mitteln der Münchener Universitätsschriften

Desktop-Publishing: Dipl.-Geogr. N. Prechtel und V. Erfurth

Rechte vorbehalten

Ohne ausdrückliche Genehmigung der Herausgeber ist es nicht gestattet, das Werk oder Teile daraus nachzudrucken oder auf photomechanischem Wege zu vervielfältigen.

Die Ausführungen geben Meinungen und Korrekturstand der Autoren wieder.

Ilmgaudruckerei, 8068 Pfaffenhofen/Ilm, Postfach 14 44

Anfragen bezüglich Drucklegung von wissenschaftlichen Arbeiten, Tauschverkehr usw. sind zu richten an die Herausgeber im Institut für Geographie der Universität München, 8 München 2, Luisenstraße 37

Zu beziehen durch den Buchhandel

Kommissionsverlag: GEOBUCH-Verlag, München

ISBN 3 925 308 60 1

Inhalt

1	**Methodische Grundlagen**	**Seite 1**
1.1	Begriffsklärungen	1
1.2	Elektromagnetische Strahlung	5
1.3	Satellitenmissionen und Aufnahmesysteme	9
1.4	Satellitenlaufbahnen	13
1.5	Geometrie von Satellitenbildern	20
1.6	Kartennetzentwürfe für Satellitenbilder	29
1.7	Auflösungsvermögen	32
1.8	Karteneignung	37
1.9	Rasterdaten und Vektordaten	45
1.10	Einstrahlung und Beleuchtungsverhältnisse	49
1.11	Intensitätswerte in Abtastbildern	53
1.12	Strukturelle Bildtransformation (Intensitätsoperationen)	58
1.13	Zeitliche Aspekte	65
1.14	Bildauswertemethodik	74
1.15	"Multi"-Ansatz	78
1.16	Bodenreferenz	80
1.17	Begriffe und Abkürzungen	88
1.18	Produkte und Preise	91
1.19	Literatur zu Teil 1	92

2	**Ausgewählte Beispiele**	**Seite 99**
2.1	Einführung	99
2.2	Space Shuttle - LFC, Beispiel Adriaküste	104
2.3	Kosmos KFA - 1000, Beispiel Soester Börde (Frank-W. Strathmann)	114
2.4	LANDSAT 1-3 - MSS, Beispiel Schleswig-Holstein	125
2.5	LANDSAT 4-5 - TM, Beispiel Mississippital (Klaus R. Dietz)	136
2.6	SEASAT - SAR, Beispiel Ijsselmeerpolder	147
2.7	METEOSAT, Beispiel Bewölkung über Europa und Afrika (Michael Sachweh)	158

Vorwort

Es ist einige Zeit her, daß H.-G. Gierloff-Emden und ich uns überlegten, für die Lehrveranstaltung "Satellitenbildauswertung" ein Begleitmanuskript zu erarbeiten.

Diese Lehrveranstaltung ist Teil des Studienplanes für das Wahlfach "Geowissenschaftliche Fernerkundung" im Studiengang Diplom in Geographie. Sie ist gegliedert in einen allgemeinen Vorlesungsteil und einen Übungsteil, in welchem an ausgewählten Satellitenbildbeispielen konkrete Auswertungsschritte geübt und damit verbundene spezifische Auswerteprobleme diskutiert und gelöst werden.

Den Schwerpunkt dieser Lehrveranstaltung bildet - in Analogie zur Luftbildauswertung zu Beginn des Studienganges - die visuell-manuelle Auswertung analog vorliegender Bilder. Die digital-numerische Verarbeitung und Auswertung wird vertieft in weiteren Pflicht- und Wahl-Lehrveranstaltungen anschließend behandelt.

Aus der ursprünglich gemeinsamen Arbeit an einem solchen kursbegleitenden Manuskript sind im jetzigen Manuskript noch deutliche Spuren auszumachen. Viele Abbildungen haben wir gemeinsam ausgewählt und entworfen bzw. überarbeitet. Die Abbildungen wurden zur Verwendung in der Lehre im Institut für Geographie der Ludwig-Maximilians-Universität München hergestellt, d.h. kartographisch und reprotechnisch bearbeitet.

Als wir unsere gemeinsamen Anstrengungen trennten, um jeweils nunmehr eigene Manuskripte zu erstellen, H.-G. Gierloff-Emden seine Fernerkundungskartographie in der Reihe der Kartographie-Enzyklopädie E. Arnbergers (H.-G. Gierloff-Emden 1988) und ich die hier vorliegende Satellitenbildauswertung, waren wir uns gerne einig, in der Zeit der gemeinsamen Arbeit Geleistetes dem jeweiligen ehemaligen Co-Autor zur Verfügung zu stellen. Dies betrifft implizite wie ausformulierte Gedankengänge, Abbildungsentwürfe und -vorlagen, erstellte Tabellen, Textpassagen.

So gibt es zwischen beiden Büchern Gemeinsamkeiten und Ähnlichkeiten, die aus der gemeinsam geleisteten Anfangsarbeit zu erklären sind, andererseits aber deutliche Unterschiede, die den verschiedenen Aufgaben der beiden Manuskripte entsprechen.

Ich habe mich bemüht den ursprünglichen Entwurf so zu verarbeiten, daß Grundsätzliches betont, Spezielles teils entfernt wurde. Zweck und Umfang dieser Arbeit erforderten häufig das Anreißen einer Problematik, für eine ausführliche Vertiefung fehlt der Platz. Hierzu soll außerdem die zitierte Literatur anleiten.

Es wäre neben dem normalen Lehrbetrieb nicht möglich gewesen dieses Manuskript fertigzustellen ohne intensive Hilfe von mehreren Seiten, besonders seitens des Lehrstuhls für Geographie und geographische Fernerkundung (Prof. Dr. H.-G. Gierloff-Emden). Hier sind kartographische, reprotechnische Arbeiten und Textverarbeitung in großer Sorgfalt durchgeführt worden. Darüberhinaus danke ich besonders H.-G. Gierloff-Emden für stete Diskussion und steten Ansporn. Dr. K. R. Dietz, Dipl.-Geogr. M. Sachweh und Dr. F.-W. Strathmann stellten Satellitenbildauswertungen zur Verfügung, die im zweiten Teil stehen und dort jeweils gekennzeichnet sind. Auch ihnen danke ich hierfür, sowie den Herren K. R. Dietz und F.-W. Strathmann für hilfreiche, klärende Diskussionen. Das ausgewertete Bildmaterial wurde z.T. von der DFVLR Oberpfaffenhofen zur Verfügung gestellt. Stellvertretend danke ich den Herren Dipl.-Phys. W. Kirchhof und Dr. R. Winter, beide DFVLR. Den Herausgebern der Münchener Geographischen Abbhandlungen danke ich für die Aufnahme dieser Arbeit zur Publikation in dieser Reihe. Den Münchener Universitätsschriften danke ich für einen substantiellen Druckkostenbeitrag. Es ist nicht möglich, hier alle aufzuführen, die mich bei dieser Arbeit gestützt haben. Es sei den Nichtgenannten versichert, daß ich ihnen nicht weniger dankbar bin.

München, September 1988

F. Wieneke

1 Methodische Grundlagen

1.1 Begriffsklärungen

Das Wort 'Satellitenbildauswertung' ist sprachlich zusammengesetzt aus den Wörtern 'Satellitenbild' und 'Bildauswertung'. Satellitenbilder sind spezielle Fernerkundungsdaten (s.u.). Man versteht hierunter in der Regel Bilder der Erdoberfläche aus dem Weltraum, zumindest aus einer Höhe, die von Flugzeugen nicht mehr erreicht werden kann, d.h. der Begriff wird synonym mit 'Weltraumbilder' gebraucht. Meist werden diese Bilder tatsächlich von erdumkreisenden Satelliten aus aufgenommen. Neben Weltraumbildern gibt es noch aus dem Luftraum aufgenommene Bilder (Luftbilder) und von terrestrischen Positionen aufgenommene Bilder (z.B. Geländephotos). Alle drei Gruppen von Bildern der Erdoberfläche gehören zu den Fernerkundungsdaten. In Anlehnung an Schmidt-Falkenberg (1978) verstehen wir unter Bildauswertung die Informationsgewinnung aus einer Bildaufzeichnung. Diese vollzieht sich in mehreren Schritten (vgl. 1.14). Somit kann Satellitenbildauswertung als Informationsgewinnung aus einer Aufzeichnung von Fernerkundungsdaten, die vom Weltraum aus gewonnen wurden, verstanden werden.

Der Begriff "Fernerkundung" wurde aus dem Englischen abgeleitet, wo dieser als "Remote Sensing" um 1960 eingeführt worden ist. Der französische Begriff heißt "Télédétection". Die Terminologie der Fernerkundung wurde parallel mit der Entwicklung dieser Wissenschaft eingeführt. Wegen der internationalen, mehrsprachigen Entwicklung ergab sich die Einführung von fachlichen Termini in verschiedenen Sprachen. So wurde die Übernahme von Bezeichnungen vor allem in englischer Sprache gebräuchlich. Auch in dieser Abhandlung werden Darstellungen z.T. original fremdsprachig gelassen. Eine Normierung von Termini zur Fernerkundung in deutscher Sprache und im Vergleich zu fremdsprachigen Termini wurde weitgehend durchgeführt. Als Referenz hierzu können dienen: IfAG (1971), Albertz (1977), Ostheider/Steiner (1979), Albertz/Kreiling (1980).

Im deutschen Sprachgebrauch wurden mehrere Definitionen des Begriffs "Fernerkundung" gegeben, von denen hier zwei genannt seien:

1. "Fernerkundung ist die Ermittlung von Informationen über entfernte Objekte, ohne mit diesen in direkten Kontakt zu kommen. Die Entfernung zwischen Sensor und Objekt kann dabei auch im Bereich astronomischer Größen liegen. Die Informationsträger sind Kräftefelder wie die elektromagnetische Energie, die Schwerkraft oder der Schall. Zum Empfang der Signale werden entsprechende Sensoren verwendet. Es gibt passive Sensoren, die natürlich vorhandene Energie registrieren, und aktive Sensoren, die mit künstlichen Energiequellen in Verbindung stehen" (Konecny 1972, S.162).

2. "Der Begriff Fernerkundung der Erde beinhaltet Beobachtungen und Messungen der energetischen und Polarisationscharakteristika der Eigen- und Reflexionsstrahlung von Elementen des Festlandes, der Weltmeere und der Atmosphäre der Erde in verschiedenen elektromagnetischen Wellenlängenbereichen, die zur Bestimmung des Standortes, zur Beschreibung des Charakters und der zeitlichen Veränderlichkeit der natürlichen Parameter und Erscheinungen, der natürlichen Ressourcen der Erde, der Umwelt sowie anthropogener Objekte und Gebilde beitragen (nach Konvention ... 1979)" (Krönert 1984, S.153).

Im engeren Sinne versteht man unter Fernerkundung die Erkundung der Erdoberfläche aus der Luft oder aus dem Weltraum mit Hilfe der elektromagnetischen Strahlung. Die Objekte der realen Welt werden also bezüglich ihrer Strahlungseigenschaften registriert und klassifiziert, dieses qualitativ und quantitativ.

In der menschlichen visuellen Wahrnehmung wie auch bei der Registrierung durch Aufnahmesysteme der Fernerkundung haben die registrierten Objekte vier fundamentale Dimensionen - eine räumliche, eine zeitliche und zwei elektromagnetische (spektral und radiometrisch). Alle Dimensionen werden für die Interpretation der Bilddaten wichtig. Werden diese Dimensionen skaliert, z.B. die räumliche und die spektrale metrisch, die zeitliche in Sekunden, so liegen die registrierfähigen Objekte in bestimmten Intervallen der Skalen, nehmen im dreidimensionalen Raum bestimmte Positionen in Quadern ein (vgl. Fig. 1.1 - 1). Während der vierziger Jahre lagen die Daten der Fernerkundungssysteme bezüglich ihrer räumlichen, spektralen und zeitlichen Dimensionierung innerhalb der Größenordnung der menschlichen Wahrnehmung. Während der siebziger und achtziger Jahre wurden in der Fernerkundung auch Daten gesammelt, die räumlich, zeitlich und spektral über den Bereich menschlicher Wahrnehmung hinausgehen.

Aufnahmesysteme, welche die natürlich vorhandene Strahlung registrieren, heißen passiv, Aufnahmegeräte mit eigenen künstlichen Strahlungsquellen, die nur deren am Objekt reflektierten Anteil registrieren, heißen aktiv (Fig. 1.1 - 2). Die Fernerkundungsdaten werden entweder analog als Halbton- oder Rasterbilder oder digital als auf Magnetband gespeicherte Zahlenfolge den Anwendern zur Verfügung gestellt. Diese Ausgabeformen können gegenseitig vertauscht werden - Digitalisierung von Bildern bzw. Visualisierung von Magnetbandinformation.

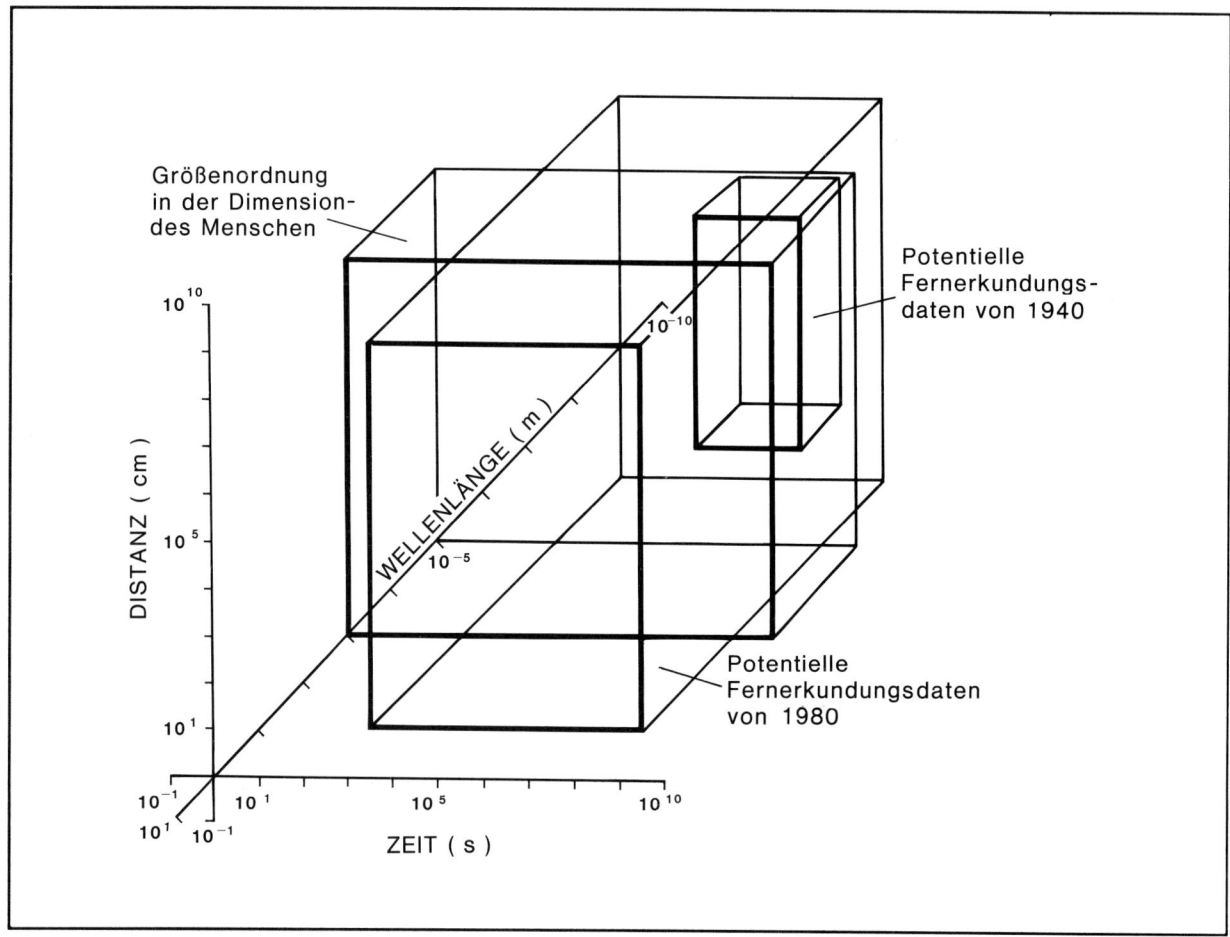

Fig. 1.1 - 1: Darstellung der Beziehungen zwischen dem Größenbereich menschlicher Wahrnehmung und dem von Fernerkundungsdaten in den 40er und in den 80er Jahren (nach Curran 1985)

Gegenwärtig nehmen operationelle Sensoren wie TM auf LANDSAT 5 und HRV auf SPOT die Oberfläche der Erde mit einer hohen Datenrate auf. MSS auf LANDSAT 1-3 registrierte die Reflexion der Erdoberfläche mit $5 \cdot 10^3$ bits/km^2 (208 Pixel x 6 bits x 4 Kanäle); TM auf LANDSAT 5 registriert die Strahlung der Erdoberfläche mit $5,4 \cdot 10^4$ bits/km^2; HRV auf SPOT registriert die Strahlung der Erdoberfläche multispektral mit $6 \cdot 10^4$ bits/km^2 und panchromatisch mit $8 \cdot 10^4$ bits/km^2. Somit wird die Oberfläche der Erde bei einer Flächendeckung von $5 \cdot 10^8$ km^2 mit 10^{12} bits aufgenommen (Hardy 1985). Zum Vergleich: 10^{12} sec entsprechen 3 Millionen Jahren.

Fernerkundungsdaten liegen in Form von Signalen der realen Erdoberfläche vor, sie werden meist in graphische Informationen umgeformt, z.B. in Karten, und kommen auf diese Weise zur Inwertsetzung und Anwendung (vgl. hierzu Estes 1981 und Gierloff-Emden 1982, Fig. 1.1 - 3).

Die einzelnen methodischen Schritte der Kartenherstellung (vgl. Fig. 1.1 - 4) haben sich von der traditionalen Geländevermessung bis zur Fernerkundungskartographie fundamental gewandelt.

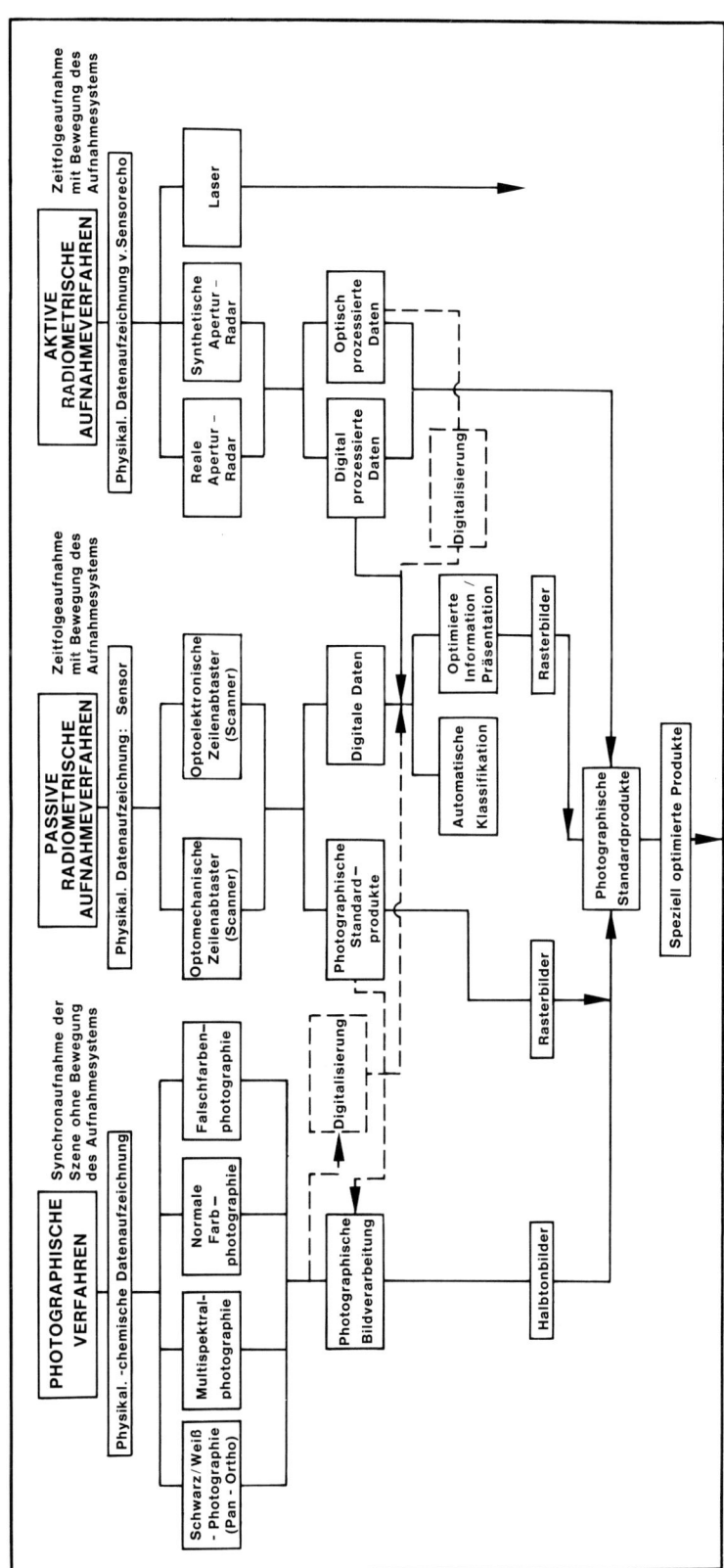

Fig. 1.1 - 2: Aufnahmeverfahren, Datenverarbeitung und Produkte der Bildaufnahmeverfahren der Fernerkundung (z.T. nach Jaskolla 1986)

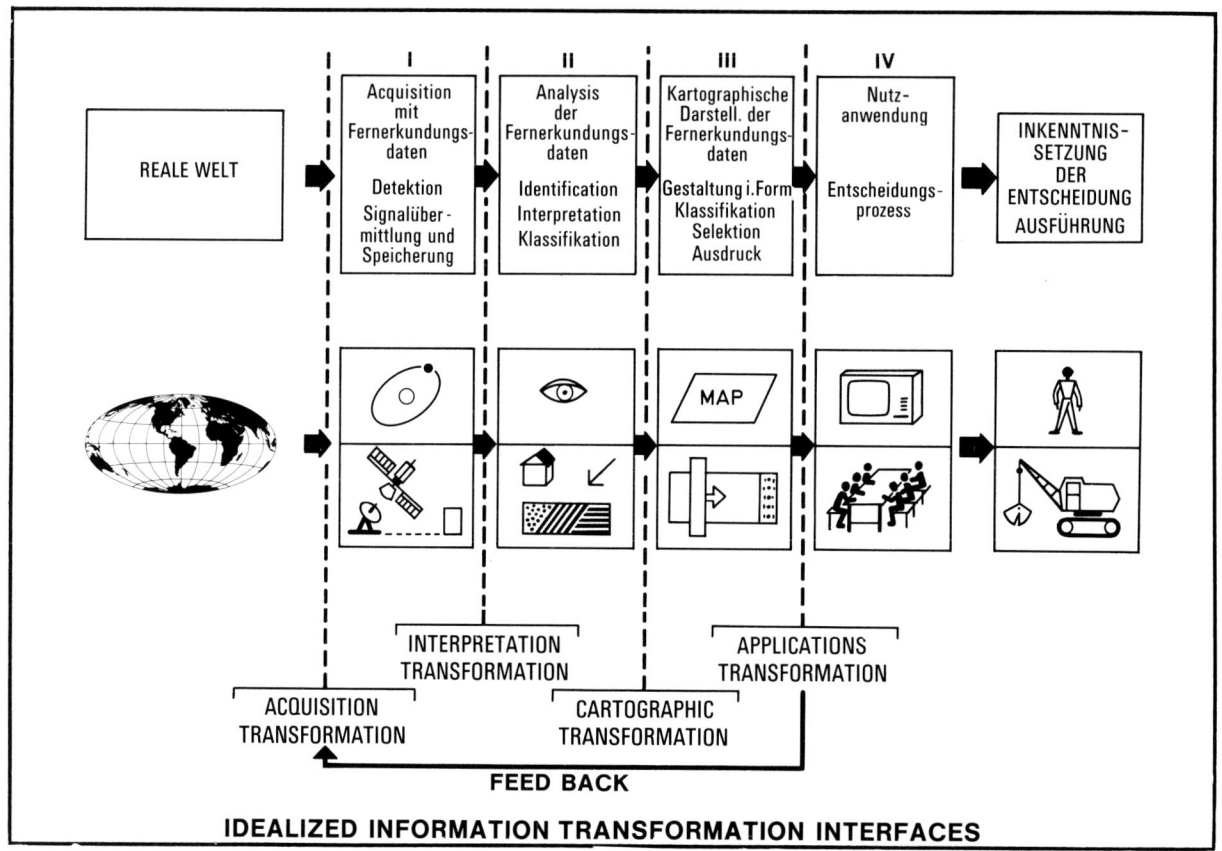

Fig. 1.1 - 3:   Informationstransfer in der Fernerkundung: Datenakquisition - Satellitenbild - Karte (nach Gierloff-Emden 1982)

Es gibt eine Reihe von Lehrbüchern über Fernerkundung, auch über Fernerkundung und Geographie. Satellitenbildauswertung ist ein Teilgebiet der Fernerkundung. Ein auf dieses Gebiet spezialisiertes Buch hat die Besonderheiten der Satellitenbilder und ihrer Auswertung im Unterschied zu Luftbildern und terrestrischen Bildern und ihren Auswertungen zu berücksichtigen. Geländebilder sind hier vernachlässigbar, sie dienen in der Praxis vor allem der Bodenreferenz (vgl. 1.16). Prinzipiell können im Weltraum wie im Luftraum die gleichen Aufnahmesysteme eingesetzt werden. Dennoch ergeben sich meist technisch bedingte Unterschiede zwischen Luft- und Satellitenbildern; sie seien kurz im Zusammenhang vorgestellt. Im einzelnen werden die nun folgenden Begriffe und Eigenschaften in späteren Kapiteln erläutert.

Hinsichtlich der räumlichen Dimension sind Satellitenbilder großflächiger, kleinmaßstäbiger, von geringerer räumlicher Auflösung als Luftbilder. Sie erlauben eher synoptische Einsichten in größere Räume und weisen verminderte Detailerkennbarkeit auf (vgl. 1.8). Hinsichtlich der zeitlichen Dimension werden Satellitenbilder eher periodisch wiederholt aufgenommen (Repetition) - und dieses dann schon operationell - als einmalig oder in unregelmäßigen Zeitabständen durch gezielte Befliegungen (Missionen). Bei Luftbildern ist dies umgekehrt; regelmäßig-periodische Wiederholungen der Aufnahmen sind hier selten (Bayern-Befliegung alle 5 Jahre). Unter elektromagnetischem Aspekt werden Satellitenbilder eher (operationell) multispektral aufgenommen, seltener und dann zu Forschungszwecken (experimentell) monospektral; auch dieses ist bei Luftbildern umgekehrt. Den Bildaufbau (die Bildstruktur) betreffend liegen Satellitenbilder operationell eher als Rasterbilder vor, aus Bildelementen (Pixeln) aufgebaut, als als Halbtonbilder (Photographien). Auch dieser Sachverhalt ist bei Luftbildern gerade umgekehrt.

In der Verarbeitung und der Auswertung unterscheiden sich Satellitenbilder und Luftbilder ähnlich stark. Satellitenbilder werden viel häufiger digital-numerisch verarbeitet - und der Trend geht weiter in diese Richtung

- als photographisch-reprotechnisch; Luftbilder werden immer noch eher photographisch-reprotechnisch verarbeitet. Ebenso werden Satellitenbilder eher digital-numerisch, d.h. arithmetisch und statistisch, ausgewertet als analog, d.h. visuell-manuell; Luftbilder werden in der Regel noch analog (visuell-manuell) ausgewertet.

Im Folgenden sollen Grundlagen für die Arbeit mit Satellitenbildern zusammengestellt werden. Manches davon ist gleichermaßen wichtig für die Arbeit mit Luftbildern, vieles jedoch der Arbeit mit Satellitenbildern eigen.

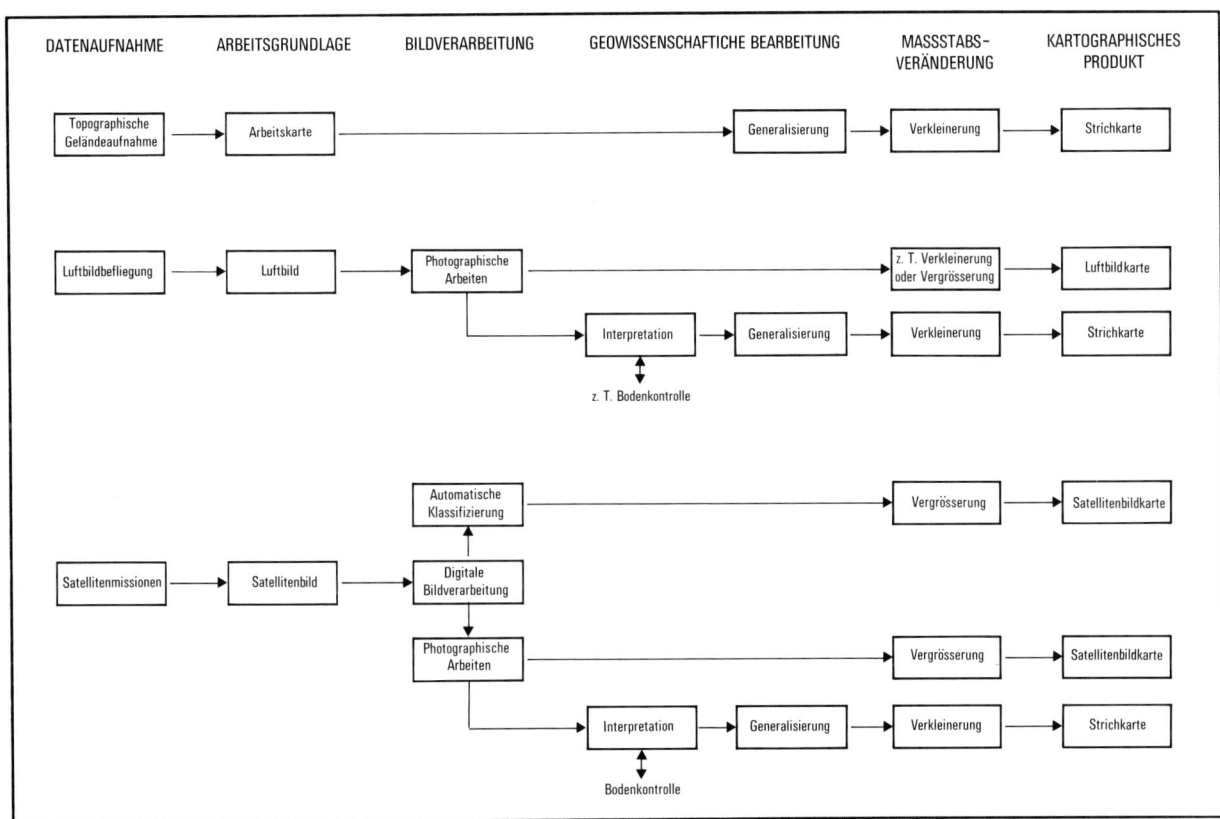

Fig. 1.1 - 4: Einfluß der Fernerkundung in der Kartographie

1.2 Elektromagnetische Strahlung

Elektromagnetische Strahlung bedeutet Energiefortpflanzung durch ein elektrisches und ein magnetisches Feld; sie läßt sich als Welle beschreiben. Ordnet man die Arten der elektromagnetischen Strahlung nach der Wellenlänge, so erhält man das elektromagnetische Spektrum. Per Konvention werden die kürzeren Wellen durch ihre Wellenlängen bezeichnet, die längeren durch ihre Frequenzen, d.h. die Anzahl der Schwingungen pro Sekunde. Die Physik lehrt, daß

$c = \lambda \cdot \nu$ mit c= Lichtgeschwindigkeit, λ= Wellenlänge, ν= Frequenz.

Der gesamte Bereich elektromagnetischer Wellen (vgl. Fig. 1.2 - 2) erstreckt sich lückenlos von den viele Kilometer langen Wellen der drahtlosen Telegraphie zu den kürzesten der γ-Strahlen und der kosmischen Strahlung.

In der Fernerkundung werden natürliche Strahlungsquellen, die Sonne und die Erde, und künstliche Strahlungsquellen, Laser und Radar, genutzt. Strahlende Körper geben Energie an ihre Umgebung ab, sie emittieren; das Emissionsvermögen hängt von der Temperatur des Strahlers und seiner Oberflächenbeschaffenheit ab. Gleichzeitig mit der Emission absorbieren Körper auch Strahlung. Nach dem Kirchhoffschen Gesetz ist für

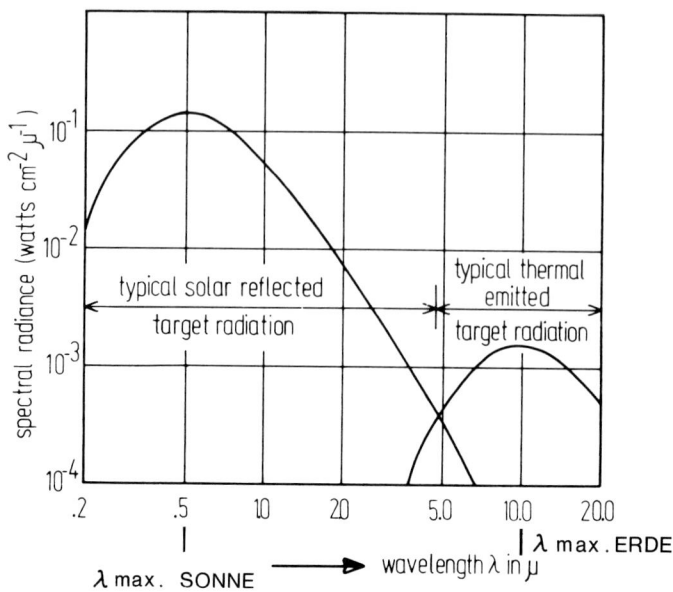

Fig. 1.2 - 1: Spektrale Strahlungskurven der Sonne und der Erde mit den zugehörigen Wellenlängen reflektierter Solarstrahlung und emittierter Objektstrahlung (nach de Loor 1970)

alle Körper bei gegebener Temperatur T der Emissionsgrad ε (λ,T), das Verhältnis seiner spezifischen Ausstrahlung M zur spezifischen Ausstrahlung M_s des Schwarzen Körpers derselben Temperatur T, für beliebige Wellenlängenbereiche stets gleich dem Absorptionsgrad α. Der Schwarze Körper, der jede auf ihn auftreffende Strahlung vollständig absorbiert, hat den größten Emissionsgrad ($\varepsilon = \alpha = 1$) (Albertz/Kreiling 1980). Das Stefan-Boltzmannsche Gesetz besagt, daß die Gesamtstrahlung eines Schwarzen Körpers über alle Wellenlängen λ integriert der vierten Potenz seiner absoluten Temperatur proportional ist; das Wiensche Verschiebungsgesetz besagt, daß mit steigender Temperatur des Schwarzen Körpers das Maximum der Emission zu stets kürzeren Wellenlängen verschoben wird.

Die Sonne als wichtigste natürliche Strahlungsquelle hat eine absolute Oberflächentemperatur von ca. 5800 K, dem entspricht ein λ_{max} von ca. 0,5 µm. Die Erdoberfläche hat, grob gemittelt, eine absolute Temperatur von ca. 300 K, dem entspricht λ_{max} = 9,66 µm (Fig. 1.2 - 1). Alle realen Objekte sind graue Körper, ihr Absorptionsvermögen ist echt kleiner 1. Daher emittieren sie weniger Strahlung als ein Schwarzer Körper gleicher Temperatur.

Der im Rahmen der Fernerkundung verwendbare Wellenlängenbereich elektromagnetischer Energie konnte weit über den des sichtbaren Lichtes hinaus ausgedehnt werden. Das sichtbare Licht umfaßt den Wellenlängen- oder Spektralbereich von ca. 0,4 - 0,7 µm (violett bis rot); mit wachsender Wellenlänge folgt das Infrarot (ca. 0,7 µm - 1 mm). Man unterscheidet hier nahes Infrarot (ca. 0,7 - 1 µm), kurzwelliges Infrarot (1 - 3 µm), mittleres Infrarot (3 - 8 µm), fernes Infrarot (8 µm - 1 mm). Darüber hinaus reicht der Spektralbereich der Mikrowellen (1 mm - 100 mm). Sichtbares Licht, nahes und kurzwelliges Infrarot sind i.w. reflektierte Sonnenstrahlung; emittierte Strahlung bildet den Bereich des thermalen Infrarot (mittleres und fernes IR) und der Mikrowellen. Verschiedene Autoren treffen unterschiedliche Einteilungen des elektromagnetischen Spektrums.

Bei der Fernerkundung der Erdoberfläche sind die aufzunehmenden Objekte von den Aufnahmesystemen durch die Erdatmosphäre bzw. Teilschichten derselben getrennt. Es ist aus der Physik bekannt, daß die Erdatmosphäre nicht für alle Wellenlängen gleich gut durchlässig (transmissiv) ist; Strahlung geht verloren durch Absorption sowie durch Streuung und Reflexion an den atmosphärischen Partikeln (Fig. 1.2 - 3). Die Absorption ist auf mehrere schmale Wellenlängenbereiche beschränkt. Die atmosphärische Streuung nimmt von den kurzen Wellenlängen (UV) zu den längeren (IR und MW) hin ab. Nur die Bereiche des elektromagnetischen

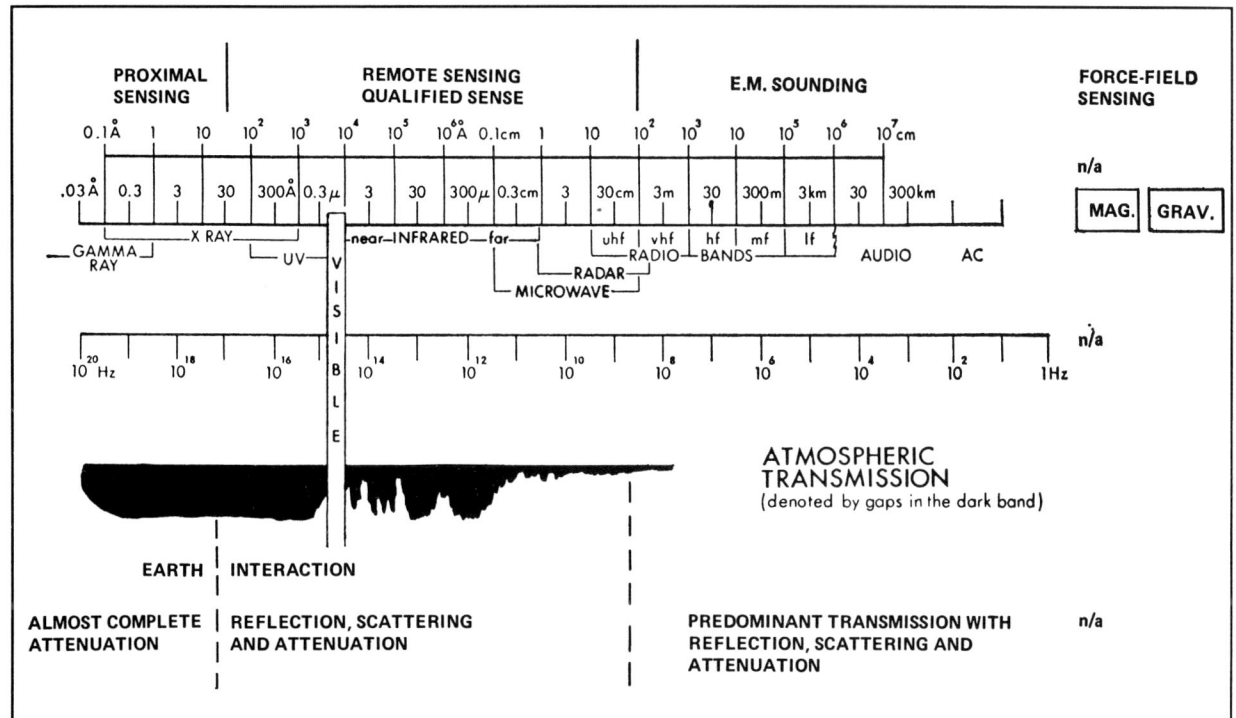

Fig. 1.2 - 2: Das elektromagnetische Spektrum (nach Gregory 1971)

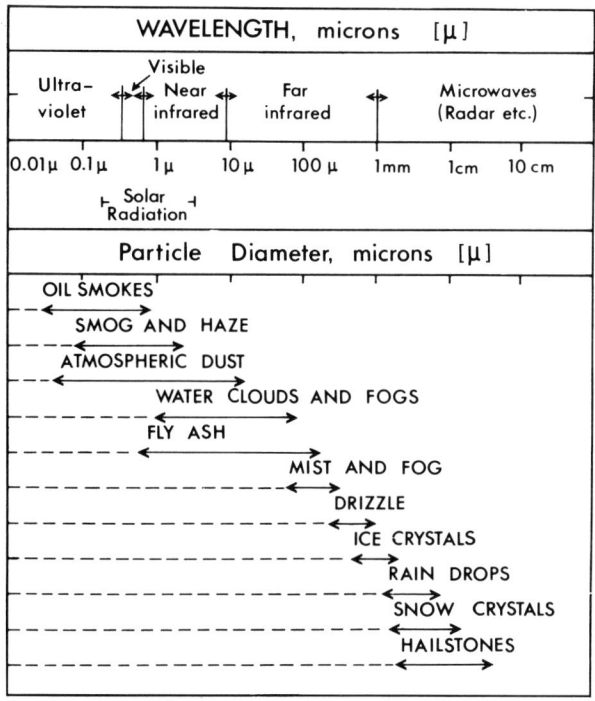

Fig 1.2 - 3: Größenintervalle atmosphärischer Bestandteile und Partikel. Die Nomenklatur der Spektralbereiche ist veraltet. Ausgezogene Linien mit Endpfeilen bezeichnen die Abschwächungsbereiche elektromagnetischer Strahlung. Gerissene Linien bezeichnen die Abschwächungsbereiche zu kürzeren Wellenlängen bei genügend starker Partikelkonzentration in der Atmosphäre (nach Sellin/Svensson 1970)

Spektrums, für welche die Erdatmosphäre durchlässig ist, die atmosphärischen Fenster (vgl. Fig. 1.2 - 4), sind für die Fernerkundung nutzbar. Diese liegen insbesondere im Bereich des sichtbaren (sic!) Lichtes, des nahen und kurzwelligen IR, im mittleren IR bei 3 bis 5,5 µm, im fernen IR bei 8 bis 14 µm und im Spektralbereich der Mikrowellen. Die atmosphärischen Fenster des sichtbaren Lichtes und des nahen Infrarot (von ca. 0,4 bis ca. 1,0 µm) können für photographische Aufnahmen genutzt werden. Nichtphotographische Verfahren, z.B. für LANDSAT-Bilder, Thermalbilder, Radar, sind für den gesamten Spektralbereich bis zu den Mikrowellen anwendbar.

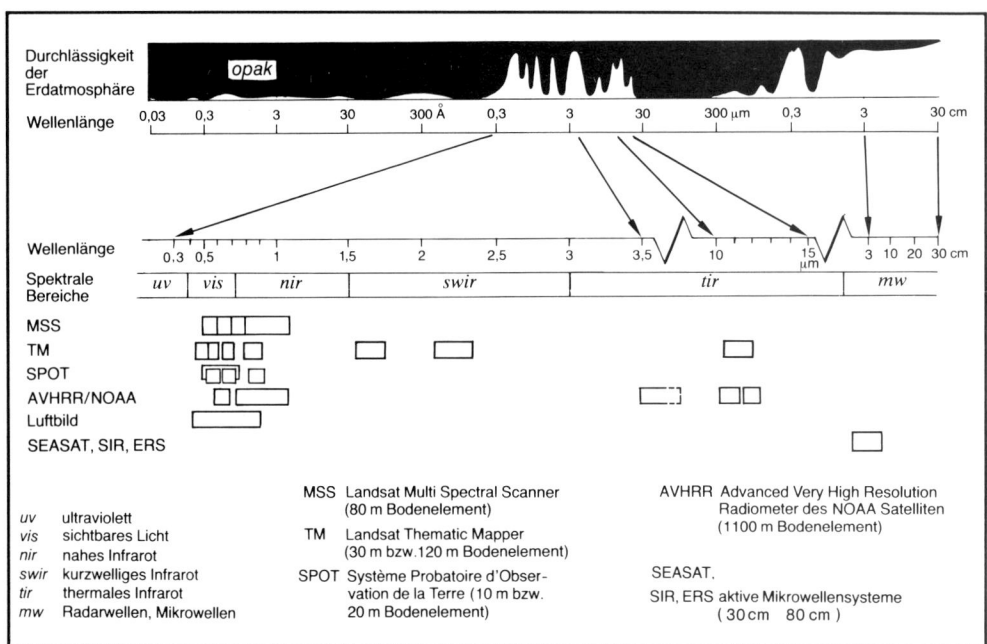

Fig 1.2 - 4: Atmosphärische Fenster mit Bezeichnung der Spektralbereiche und mit den Spektralempfindlichkeitsbereichen von Satellitensensoren (nach Bullard / Dixon-Gough 1985)

Der Bereich der Mikrowellen wird besonders für aktive Fernerkundung mit Radar genutzt. Die gebräuchlichen "Bänder" (Wellenlängen- bzw. Frequenzbereiche) der Radar-Fernerkundung sind in Fig. 1.2 - 5 und in Tab. 1.2 - 1 aufgeführt.

Objekte, die deutlich kleiner sind als die genutzte Wellenlänge, werden als "glatte" Oberflächen abgebildet (Fig. 1.2 - 5); Objekte im Größenbereich der genutzten Wellenlänge erzeugen im Bild eine "rauhe" Oberfläche, z.B. erscheint eine aus Sanden und Kiesen zusammengesetzte Oberfläche im L-Band-Radarbild glatt, im K-Band-Radarbild rauh. Wegen der Größenklassen der real existierenden Objekte in Relation zum räumlichen

Radar-Frequenz Band	Wellenlänge (λ)			Frequenz		Bandbreite
P	136	- 77	cm	220	- 390	MHz
UHF	100	- 30	cm	300	- 1000	MHz
L	30	- 15	cm	1000	- 2000	MHz
S	15	- 7.5	cm	2000	- 4000	MHz
C	7.5	- 3.75	cm	4000	- 8000	MHz
X	3.75	- 2.40	cm	8000	- 12500	MHz
Ku	2.40	- 1.67	cm	12500	- 18500	MHz
K	1.67	- 1.18	cm	18000	- 26500	MHz
Ka	1.18	- 0.75	cm	26500	- 40000	MHz

Tab. 1.2 - 1: Radar-Spektral-Bänder (Bands) und Radar-Frequenzen

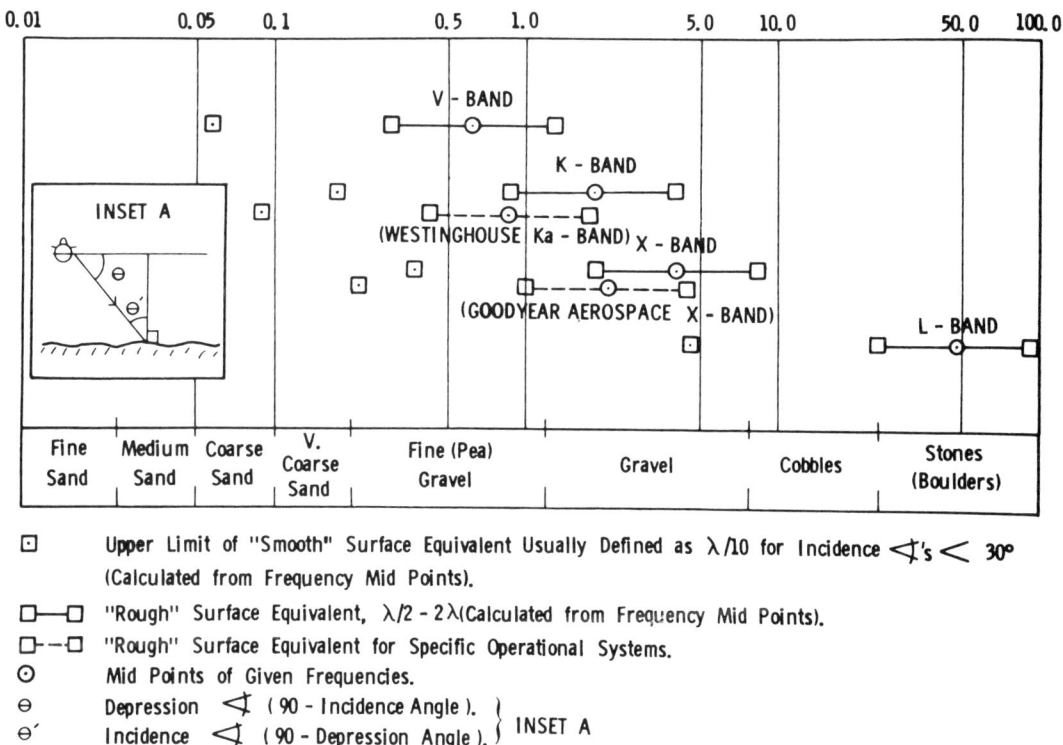

Fig 1.2 - 5: Wellenlängenbereiche für gebräuchliche Radar-Bänder mit Angabe der theoretischen Beziehungen zwischen Teilchengrößen an der Oberfläche und Wellenlängen in cm für "glatte" und "rauhe" Oberflächen (nach Estes/Simonett 1975)

1.3 Satellitenmissionen und Aufnahmesysteme

Erdumkreisende unbemannte und bemannte Raumflugkörper, Satelliten, wurden seit Anfang der 60er Jahre in großer Zahl gestartet und mit verschiedenen erdbeobachtenden Aufnahmesystemen, Sensoren, bestückt. Die wichtigsten sollen kurz aufgeführt werden. Ausführlichere Informationen zu den Missionen und Sensoren der ausgewählten Beispiele stehen im zweiten Teil.

Ganz allgemein werden Aufnahmen, die von Satelliten aus von der Erdoberfläche gewonnen werden, als Satellitenbilder bezeichnet. Dabei muß man jedoch differenzieren in (vgl. Fig. 1.1 - 2):

1. Photographien (auf verschiedenen Filmen), wie z.B. durch Metric Camera (MC) und Large Format Camera (LFC) vom orbitalen System Space Shuttle aus. Die erhältlichen Filmemulsionen nutzen den Wellenlängenbereich des sichtbaren Lichtes (ca. 400-700 nm) und des nahen Infrarotes (bis 900 nm etwa); gebräuchlich sind panchromatischer Schwarzweiß- und Schwarzweiß-Infrarot-Film einerseits, Farb- und Farb-Infrarot- Film andererseits. Durch geschickte Kombination von Filter, Objektiv und Film kann gezielt ein schmaler Spektralbereich für die Aufnahme gewählt werden; dies geschieht in der Regel für mehrere synchrone Photographien desselben Geländeausschnittes (Multispektralphotographie, z.B. Apollo 9-Mission und SKYLAB). Metric Camera und Large Format Camera arbeiteten nur mit jeweils einem Wellenlängenbereich (vgl. z.B. Gierloff-Emden/Dietz/Halm 1985, Halm 1986 sowie Space Shuttle-LFC).

2. Aufnahmen von Zeilenabtastgeräten (Scannern), wie z.B. MSS und TM vom orbitalen System LANDSAT aus. Die Aufnahmesysteme der Satelliten können mit ihren Sensoren getrennt verschiedene Anteile des elektromagnetischen Spektrums aufnehmen, so die Bänder des sichtbaren Lichtes, ähnlich ausgewählt wie die sichtbaren Farben, und aus dem nicht sichtbaren Anteil das nahe und das kurzwellige Infrarot oder die ther-

Strahlung von der Erd- bzw. Meeresoberfläche oder den Wolken. Die Meßwerte der Anteile der verschiedenen Spektralbereiche können später farblich kodiert werden oder im Mischverfahren zu digitalen Farbbildern verarbeitet werden, die als Interpretationsgrundlage geeignet sind (vgl. z.B. LANDSAT-MSS und -TM, METEOSAT).

SATELLITEN- UND SENSORSYSTEME FÜR DIE ERDERKUNDUNG

	Satelliten-serien	Zeitabschnitt (Jahrzehnt)	Höhe	Globale Bedeckung	Repetitionsrate	Hauptsensor	Scenenumfang	Räuml. Auflösung	Spektralbänder Anzahl	Spektralbänder Typ	Sekundärsensor	Scenenumfang	Räuml. Auflösung	Spektralbänder Anzahl	Spektralbänder Typ
bemannte Satelliten	MERCURY und GEMINI	1960	□	□	□	C	◫	●	□	V					
	APOLLO	1960	□	□	□	C	◫	●	□	V					
	SKYLAB	1970	□	□	●	MbC	◫	●	●		C	□	◫	□	V
	SPACE SHUTTLE	1980	□	□	◫	C/ST / MOMS	◫ / ◫	■ / ■	□ / □	V / V	SAR	□	◫	□	M
unbemannte Satelliten	LANDSAT 1 u. 2	1970	◫	■	◫	MSS	◫	●	◫	V	RBV	◫	●	◫	V
	LANDSAT 3	1970	◫	■	◫	MSS	◫	●	●	V	RBV	□	■	□	V
	LANDSAT 4 u. D	1980	◫	■	◫	MSS	◫	●	◫ V+T	TM	◫	■	■	V+T
	SPOT	1980	◫	■	●	HRV/ST	□	■	◫	V					
	HCMM	1970	◫	■	■	Rad	◫	□	□ V+T						
	SEASAT	1970	◫	●	□	SAR	□	■	□	M	Rad	●	□	□	V+T
Unbem. Meteorol. Sat.	2te Generation TIROS/NOAA	1970	●	■	■	VHRR	●	◫	□ V+T						
	3te Generation TIROS/NOAA	1980	◫	■	■	AVHRR	●	◫	●						
	NIMBUS	1980	◫	■	□	CZCS	●	◫	● V+T						
	METEOSAT (GEOSTATIONÄR)	1970	■	●	■	RAD	■	■	◫ V+T						

Merkmalscodierung	□ gering	◫ mäßig	● bedeutend	■ erstrangig
Höhe	< 500	500 - 1 000	1 000 - 30 000	> 30 000
Überdeckung der Erde	variabel von 50°N und S	60°N und S	70°N und S	annähernd global
Repetitionszyklus (Bild x Zeit⁻¹)	1 per m bzw. selten	1 per w bis 1 per m	1 per d bis 1 per w	< 1 per d
Scenenumfang	< 100	100 - 1 000	1 000 - 5 000	5 000 - Hemisphäre
Räuml. Auflösung	> 1,2	0,25 - 1,2	0,035 - 0,25	< 0,035
Zahl der Spektralbänder	1 oder 2	3 oder 4	5 oder 6	< 7

Sensor:
- C = Camera
- MbC = Multiband Camera
- MSS = Multspectral Scanning System
- MOMS = Modular Optoelectronic Multispectral Scanner
- TM = Thematic Mapper
- SAR = Synthetic Aperture Radar
- ST = Stereo

Sensor:
- Rad = Radiometer
- HRV = High Resolution Visible Scanner
- VHRR = Verry High Resolution Radiometer
- AVHRR = Advanced Verry High Resolution Radiometer
- CZCS = Coastal Zone Colour Scanner
- RBV = Return Beam Vidicon

Spektralband:
- V = Visible and near visible
- T = Thermal infrared
- M = Microwave

Zeit:
- d = Tag
- w = Woche
- m = Monat

Fig. 1.3 - 1: Charakteristik von Satelliten, die für die geowissenschaftliche Erdbeobachtung verwendbare Sensoren mitführen (nach Curran 1985 und Gierloff-Emden 1988)

3. Aufnahmen aktiver Systeme (Radar), wie z.B. SAR vom orbitalen System SEASAT aus. Aktive Aufnahmesysteme, wie Radarsysteme mit Mikrowellenimpulsaussendungen und mit Aufzeichnungen der Rückstreuung von der Erdoberfläche und ihrer Objekte, werden erfolgreich eingesetzt als tageszeitlich unabhängiges Allwettersystem (vgl. SEASAT).

Curran (1985) hat für die bekanntesten Satellitenmissionen Parameter der Umlaufbahnen (Orbits) und ihrer Aufnahmesysteme (Sensoren) in einer Rangskala gewertet, um die Eignung der Systeme für die geowissenschaftliche Fernerkundung zu verdeutlichen (Fig. 1.3 - 1).

Albertz/Kreiling (1980) stellten die Typen von Aufnahmesystemen (vgl. Tab. 1.3 - 1) zusammen, die in der Fernerkundung verwendet werden. Für die geowissenschaftliche Fernerkundung haben sich vor allem die folgenden bilderzeugenden Sensortypen bewährt: photographische Systeme, Multispektral- und Thermalabtaster, Radarsysteme.

Sensoren	Typ	Strahlungsquelle	Empfänger	Spektralbereich
Photographische Systeme	passiv	Sonne	Photogr. Schichten	0,4 - 0,9 µm
Multispektral-Abtaster	passiv	Sonne	Photodetektoren	0,4 - 1,5 µm
	passiv	Erde	Infrarotdetektoren	3 - 14 µm
Thermal-Abtaster	passiv	Erde	Infrarotdetektoren	3 - 14 µm
Fernsehsysteme	passiv	Sonne	Bildröhren	0,4 - 0,8 µm
Mikrowellen-Radiometer	passiv	Erde	Antennen	0,5 - 30 cm
Radarsysteme (SLAR)	aktiv	Sender	Antennen	0,8 - 100 cm
Altimeter/Scatterometer	aktiv	Sender	Antennen	0,02 - 10 m
Lidar	aktiv	Laser	Photodetektoren	0,3 - 1,2 µm

Sensoren	Ungefähre Auflösung geometrisch	thermisch	Anwendungszeit	Primärer Datenspeicher
Photographische Systeme	0,1 - 0,4 mrad	-	Tag	Film
Multispektral-Abtaster	1 - 3 mrad	-	Tag	Magnetband
	1 - 3 mrad	0,2 °C	Tag/Nacht	Magnetband
Thermal-Abtaster	1 - 5 mrad	0,2 °C	Tag/Nacht	Film/Magnetband
Fernsehsysteme	0,2 - 2 mrad	-	Tag	Magnetband
Mikrowellen-Radiometer	30 - 100 mrad	0,5 - 2 °C	Tag/Nacht	Magnetband
Radarsysteme (SLAR)	≈ 2 mrad	-	Tag/Nacht	Film/Magnetband
Altimeter/Scatterometer	≈ 30 mrad	-	Tag/Nacht	Magnetband
Lidar			Tag/Nacht	

Tab. 1.3 - 1: Eigenschaften verschiedener Sensoren (nach Albertz/Kreiling)

Fig. 1.3 - 2 erläutert das jeweilige Aufnahmeprinzip der passiven Sensoren Photoapparat und Zeilenabtaster (optisch-mechanisch und elektro-optisch) und des aktiven Sensors Seitwärtsradar. Ein Photoapparat empfängt reflektierte Sonnen- und Himmelsstrahlung zentralperspektivisch und erzeugt ein analoges Bild in einer strahlungsempfindlichen Schicht, das anschließend entwickelt und fixiert werden muß. Bei einem optisch-mechanischen Zeilenabtaster wird die reflektierte oder emittierte Objektstrahlung über einen rotierenden Spiegel zu einem Detektor (einem Halbleiter) geleitet, um dort ein analoges elektrisches Signal zu erzeugen. Dieses wird verstärkt und in digitale Intensitätswerte (Grauwerte) gewandelt. Sequentiell entsteht entsprechend der Spiegelbewegung eine Bildzeile, die abgespeichert wird. Durch die Flugbewegung der Sensorplattform folgt Zeile auf Zeile. Spiegelfrequenz und Fluggeschwindigkeit müssen zur Vermeidung von Lücken und Überlappungen aufeinander abgestimmt sein. Die empfangene Strahlung wird über einen festen Beobachtungswinkel (IFOV) gemessen. Mit wachsender Abweichung aus dem Nadir der Aufnahme wächst daher das Erdoberflächenelement des Beobachtungswinkels panoramisch an (vgl. auch Fig. 1.5 - 4).

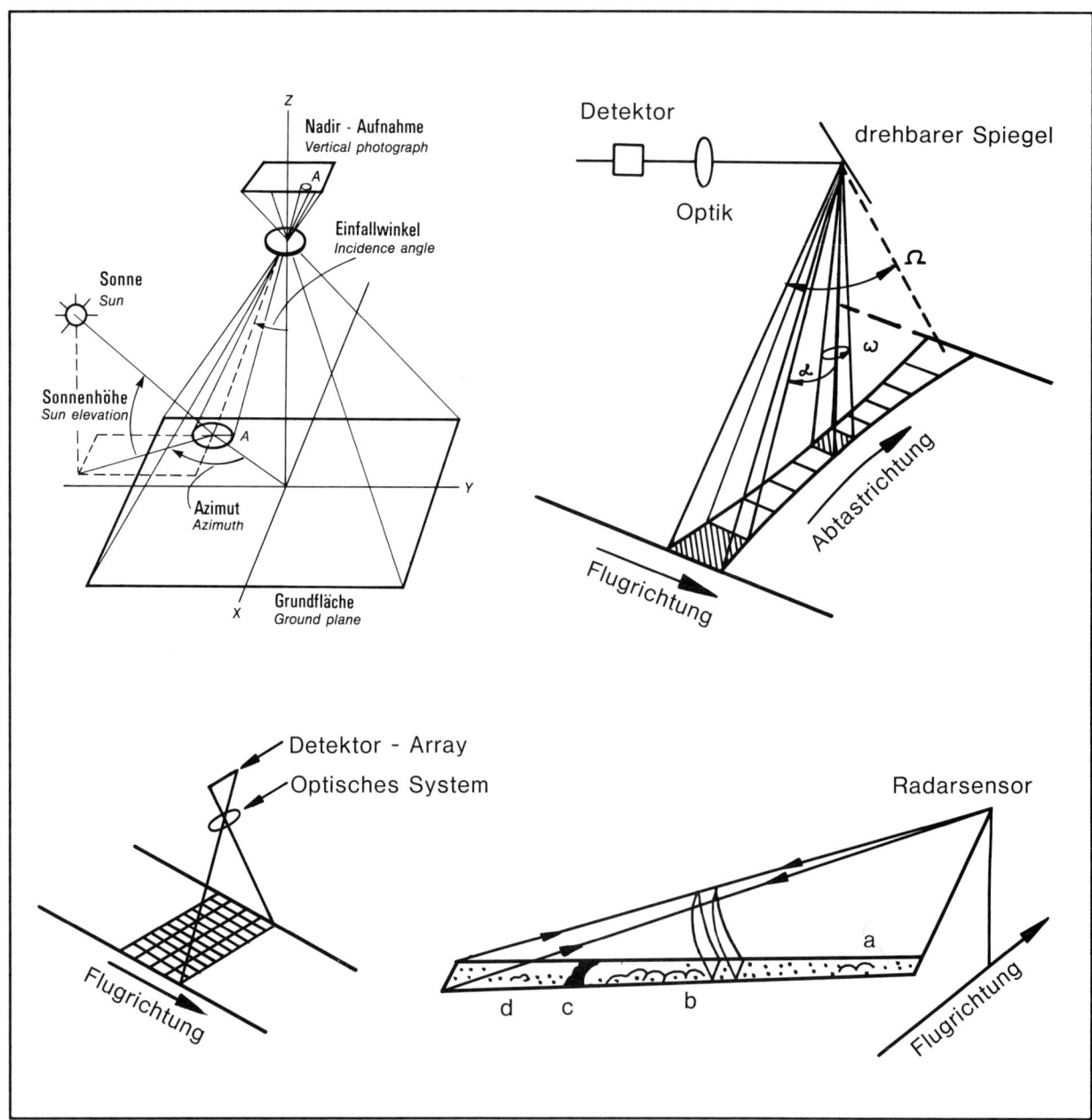

Fig 1.3 - 2: Aufnahmeprinzip von Reihenmeßkammer, optisch-mechanischem Abtaster, elektro-optischem Abtaster und Seitwärtsradar (nach Göpfert 1986)

Bei einem elektro-optischen Abtaster (auch Linearzeilenabtaster) wird die Geländestrahlung optisch, d.h. zentralperspektivisch, auf eine ganze Reihe von Detektoren geleitet, so daß jede Bildzeile vollständig aufgenommen wird. Die Zeilen werden nacheinander abgebildet. Beim Seitwärtsradar wird das Gelände als Reflektor für die ausgesandte und wiederempfangene Mikrowellenstrahlung benutzt. Reflexionswinkel und Objektbeschaffenheit bestimmen die Intensität der reflektierten Strahlung. Die Bildkoordinate senkrecht zur Flugrichtung wird als Entfernungsbeobachtung registriert; sie ist laufzeitabhängig.

Missionszeit	Missionen	Zeitaspekt der Daten	Mögliche Nutzung
Einmalig	Space Shuttle -MC, -LFC, -MOMS	Unitemporal	Topographische und thematische Kartierung
Repetitiv	LANDSAT-MSS, -TM; METEOSAT; SPOT-HRV	Multitemporal	Landwirtschaft
Permanent	METEOSAT; NOAA 7-10 -AVHRR	Fortlaufend	Wetter, Eis Überwachung

Tab. 1.3 - 2: Satellitenfernerkundung: Zeitliche Qualität der Missionen und zeitliche Qualität der nutzbaren Daten

1.4 Satellitenumlaufbahnen

In erster Näherung können die Bahnen künstlicher Satelliten - wie die der natürlichen Himmelskörper - nach den allgemeinen Gesetzen der Himmelmechanik beschrieben werden. Die bekanntesten davon sind - für den vereinfachten Fall eines Zweikörperproblems - die Keplerschen Gesetze (Fig. 1.4 - 1):

1. Gesetz von der Gestalt der Bahn:
Die Planetenbahnen sind Ellipsen, in deren einem Brennpunkt die Sonne steht.

2. Gesetz der überstrichenen Fläche (Flächensatz):
Die Verbindungslinie Planet - Sonne bestreicht in gleichen Zeiten gleiche Flächen.

3. Gesetz der Umlaufzeiten:
Die Quadrate der Umlaufzeiten zweier Planeten um die Sonne verhalten sich wie die Kuben ihrer mittleren Sonnenentfernungen.

Isaac Newton konnte beweisen, daß die beobachtete Planetenbewegung nur ein Sonderfall eines allgemein gültigeren Gesetzes ist, nämlich des Gesetzes der Gravitation. Zwei Massenpunkte ziehen sich mit einer Kraft an, die dem Produkt der Massen direkt, dem Quadrat ihrer Entfernung indirekt proportional ist.

Nach diesem Gesetz kann die Bewegung der Planeten, und damit auch die der künstlichen Satelliten, als Wirkung der Schwerkraft verstanden werden. Die mathematischen Formulierungen der Keplerschen Gesetze lassen sich als Spezialfälle aus diesem Gesetz herleiten.

Allgemein lassen sich die Bahnen eines Körpers im Schwerefeld durch Kegelschnitte darstellen, also durch Parabeln, Hyperbeln, Ellipsen und Kreise (Tab. 1.4 - 1). Für die Satellitenbahnen im Schwerefeld der Erde sind nur Ellipsen und Kreise von Bedeutung.

Bei Kreisbahnen ist die Höhe des Satelliten konstant (Bahnradius = Erdradius + Satellitenhöhe) und damit die Umlaufgeschwindigkeit konstant (vgl. Tab. 1.4 - 3). Bei Ellipsenbahnen ist die Höhe der Satelliten über der Erdoberfläche variabel (Fig. 1.4 - 1), daher ist auch die Umlaufgeschwindigkeit variabel (2. Keplersches Gesetz).

Kreisbahnen sind also Spezialfälle von Ellipsenbahnen, es gilt dann $a = b = r$ und daher $e = \varepsilon = 0$. In Fig. 1.4 - 2 sind die wichtigen Parameter der Bewegung eines Satelliten in einer Bahnellipse dargestellt.

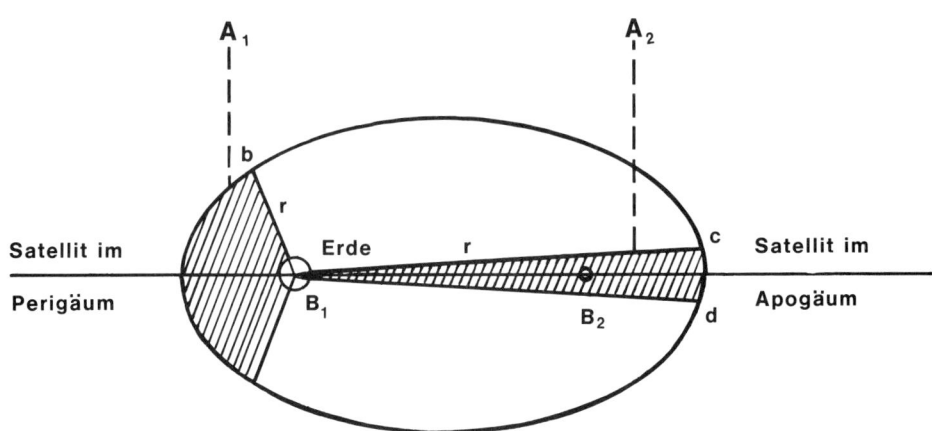

Fig. 1.4 - 1: Zu den Keplerschen Gesetzen 1 und 2 für Erdsatelliten. Ellipsenförmige Bahnen (Brennpunkte B_1, B_2) und in gleicher Zeit überstrichene Flächen $A_1 = A_2$

Ellipse:	$b^2x^2 + a^2y^2$	$= a^2b^2$		(Mittelpunktsgleichung)
	e^2	$= a^2 - b^2$		(lineare Exzentrizität)
	ε	$= e : a,$	$0 < \varepsilon < 1$	(numerische Exzentrizität)
Kreis:	$x^2 + y^2$	$= r^2$		(Mittelpunktsgleichung)
	e^2	$= r^2 - r^2 = 0$		(lineare Exzentrizität)
	ε	$= e : r = 0$		(numerische Exzentrizität)

Tab 1.4 - 1: Mögliche Satellitenbahnen

Die Lage der Ellipse im Raum wird durch die Lage des Perigäums charakterisiert und den Winkel ω zwischen dem Knoten und der Richtung zum Perigäum (Fig. 1.4 - 3). Die Bahnellipse selbst wird durch die Länge der großen Halbachse a und die Exzentrizität bestimmt. Neben diesen Bahnelementen wird zur definitiven Festlegung der Bewegung noch eine Zeitangabe t benötigt, wann der Satellit einen bestimmten Punkt der Bahn (z.B. das Perigäum) einnimmt.

Bei kreisförmigen Bahnen bestimmt die Höhe die Umlaufgeschwindigkeit und die Bahnperiode, über diese die Anzahl der Umläufe pro Tag und den Abstand der Spuren am Äquator (Tab. 1.4 - 2 und 1.4 - 3). Unter Berücksichtigung der Erdrotation ergibt sich daraus auch die Form der vertikalen Projektion der Flugbahn auf die Erdoberfläche (ground track, Spur, Subsatellitenbahn). Fig. 1.4 - 4 zeigt, daß die Satellitenbahn in bezug auf die Erdoberfläche (Bahnspur) wegen der Rotation der Erde keine geschlossene Spur, sondern eine "Schraubenlinie" beschreibt. Es ist schematisch die Bahn eines vom Cape Canaveral gestarteten Satelliten in seinem ersten Erdumlauf dargestellt. Der gestrichelte Anfangsteil der Bahn entspricht der Aufstiegsphase. Dort, wo die ausgezogene Bahn beginnt, liegt der "Absetzpunkt", in dem die selbständige orbitale Bewegung des Satelliten beginnt. Bahnspuren über eine größere Zahl von Umläufen sind bei den einzelnen Systembeispielen (Teil 2) dargestellt.

Die Tab. 1.4 - 3 gibt mit dem Argument a bzw. a/R die mittlere Höhe $\overline{H}$ (Mittel aus größter und kleinster Höhe) über einer kugelförmigen Erde mit dem mittleren Radius 6371 km, die Umlaufszeit in min., die mittlere Winkelgeschwindigkeit n in Grad/min. und die Kreisbahngeschwindigkeit in km/sec an. Die vorletzte Spalte bezieht sich auf die sog. 24^h - Bahn, bei der U gleich der Rotationsdauer der Erde, d.h. gleich einem Sternentag ist, so daß ein Satellit in diesem Abstand, falls er die Äquatorebene umläuft (i = 0°), über dem gleichen Erdort stehen bleibt (er unterliegt allerdings starken Störungen durch Sonne und Mond). Man spricht in diesem Fall von stationären Satelliten. Die letzte Zeile bezieht sich auf den Mond (Bohrmann 1966).

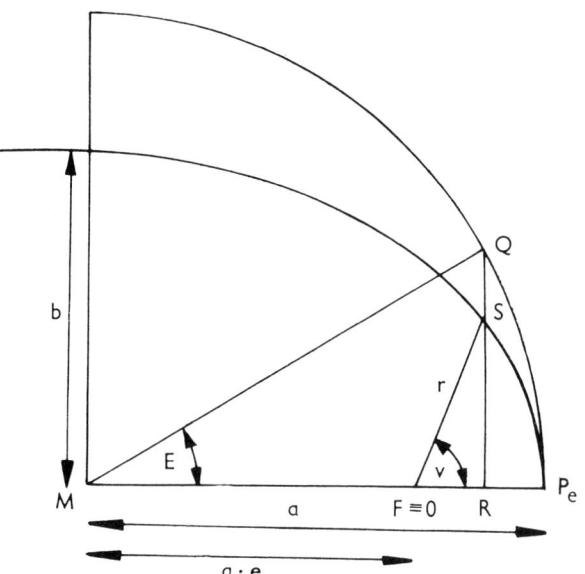

Fig. 1.4 - 2: Parameter einer Ellipsenbahn (nach Bohrmann 1966)
a, b große bzw. kleine Halbachse, v wahre Anomalie, e Exzentrizität; M Bahnmittelpunkt, F Erdmittelpunkt, P_e Perigäum, S Position des Satelliten im Zeitpunkt t, E exzentrische Anomalie

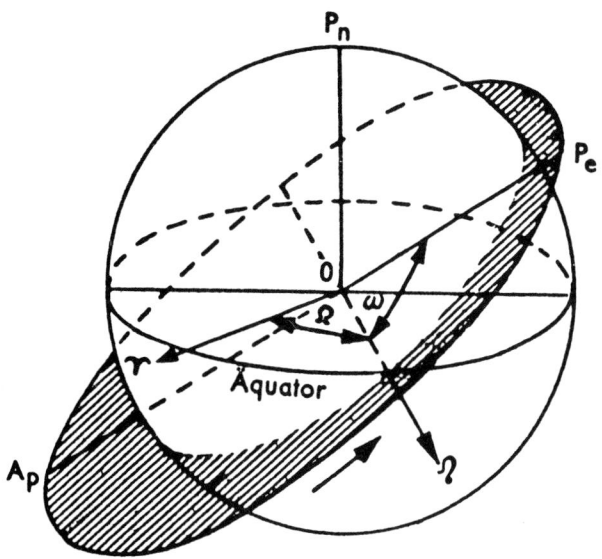

Fig 1.4 - 3: Erde und Satellitenbahn; Definition der Bahnparameter

$\overline{H}$ = 200 km ist wegen der Reibung in der Erdatmosphäre praktisch die Untergrenze des möglichen Satelliteneinsatzes. Bis ca. 400 km Höhe spricht man von niedrigen, zwischen 400 km und 1000 km Höhe von mittelhohen, und darüber von hohen Satellitenbahnen. $\overline{H}$ = 1000 km bildet in der Praxis die Obergrenze erdbeobachtender Satelliten.

Eigenschaft	Werte für H =			
	150 km	800 km	1500 km	
Satelliten-geschwindigkeit	7,81	7,45	7,11	km/sec
Satelliten-geschwindigkeit über Grund *)	7,63	6,62	5,76	km/sec
Satellitenperiode	1,28	1,41	1,56	
Anzahl der Umläufe pro Tag	16,5	14,3	12,4	
Abstand der aufsteigenden Spuren am Äquator	2434	2807	3227	km
Spurabstand bei gleicher Verteilung	13,3	15,4	17,7	km in 6 Monaten
Satelliten-präzessionsrate **)	3,14	2,26	1,63	°/Tag

*) Die aus der Erdrotation resultierende Geschwindigkeit muß noch addiert werden.

**) Die angegebenen Werte gelten für eine Inklination i = 110° und eine sonnensynchrone Umlaufbahn mit einer Präzessionsrate von 0,99°/Tag.

Tab. 1.4 - 2: Orbitale Eigenschaften von Satelliten auf Kreisbahnen in Abhängigkeit von ihrer Flughöhe H bei konstantem Erdradius R (= 6370 km) und konstanter Erdbeschleunigung g (= 9,80 m/sec^2) (nach Gower/Apel 1986)

a	a/R	$\bar{H}$	U	n	V_k	
km		km	min.	Grad/min.	km/sec	Satelliten
6 378	1,0000	7	84,49	4,261	7,91	keine
6 400	1,0034	29	84,92	4,239	7,89	
6 500	1,0191	129	86,92	4,142	7,83	
6 600	1,0348	229	88,94	4,048	7,77	Space Shuttle
6 700	1,0505	329	90,97	3,958	7,71	
6 800	1,0661	429	93,01	3,871	7,66	
6 900	1,0818	529	95,07	3,787	7,60	
7 000	1,0975	629	97,14	3,706	7,55	
7 200	1,1288	829	101,34	3,552	7,44	LANDSAT
7 400	1,1602	1 029	105,58	3,410	7,34	
7 600	1,1916	1 229	109,89	3,276	7,24	
7 800	1,2229	1 429	114,26	3,151	7,15	
8 000	1,2542	1 629	118,69	3,033	7,06	
9 000	1,4111	2 629	141,62	2,542	6,65	
10 000	1,5678	3 629	165,64	2,174	6,31	
15 000	2,3518	8 630	5 h 4 m 43 s	1,1814	5,15	
20 000	3,1357	13 630	7 49 8	0,7674	4,47	
42 160	6,611	35 790	23 56 4	0,2507	3,07	METEOSAT
384 400	60,266	-	27 d 7 h 43 m	0,00915	1,02	Mond

Tab 1.4 - 3: Umlaufzeit U, mittlere Winkelgeschwindigkeit n und mittlere Geschwindigkeit V_k (Kreisbahngeschwindigkeit) als Funktion der großen Halbachse a bzw. der mittleren Höhe H über der Erdoberfläche (nach Bohrmann 1966)

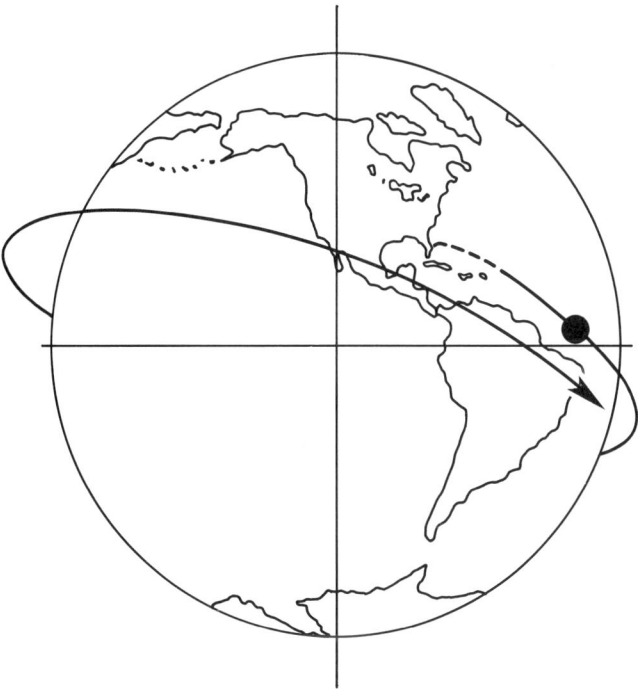

Fig 1.4 - 4: Räumliche Darstellung einer Satellitenbahn

Nach der Neigung der Satellitenbahnebene zur Äquatorebene unterscheidet man polare, schiefe - oder geneigte - und äquatoriale Bahnen. Die Inklination ist der Winkel zwischen der Ostrichtung des Äquators und der Süd-/Südwestrichtung der Satellitenspur über einer nicht rotierenden Erde (nach Kreuzung des Äquators in absteigender Bahn). Mit der Bahnhöhe und der Inklination ist die Bahnüberdeckung der Erdoberfläche festgelegt.

i = 0° bedeutet äquatoriale Bahnen, z.B. die geostationäre Bahn von METEOSAT (s.u.); i = 90° heißt polare Bahnen. Bei annähernd polaren Bahnen, z.B. i = 98°, sind sonnensynchrone Bahnen möglich, z.B. bei LANDSAT und NOAA-Satelliten (vgl. Fig. 1.4 - 5).

Price (1982) bringt in einfacher Form die Ableitung der räumlichen und zeitlichen Bahnparameter für geostationäre, für häufig wiederkehrende und für weniger häufig wiederkehrende polar und fast polar umlaufende Satelliten.

Ein wichtiger Sonderfall ist durch eine bestimmte Bahnhöhe definiert. Für den Wert a = 42 160 km oder eine Höhe H = 35 790 km über der Erdoberfläche erhält man als Umlaufsdauer 23 Stunden 56 Minuten und 4 Sekunden (d.h. einen Sternentag). Falls dieser Satellit in der Äquatorebene umläuft (Inklination i = 0°), hat er dieselbe Winkelgeschwindigkeit n wie die Erdrotation und bleibt daher scheinbar über dem gleichen Erdort stehen. Diese Bahn (vgl. Fig. 1.4 - 6) wird daher geostationär genannt. Für den allgemeinen Fall (i ≠ 0°) heißen solche Bahnen geosynchron, weil nach einem Sternentag (d.h. einer Erdumdrehung) wieder die gleiche geometrische Konfiguration gegenüber der Erde erreicht wird. Die Projektion der Bahn auf die Erdoberfläche beschreibt dabei eine der Ziffer 8 ähnliche Figur mit 2i (in Grad) als Breitenabstand. Solche geostationären Bahnen haben wegen des ununterbrochenen Kontaktes zu einem großen Teil der Erdoberfläche eine besondere Bedeutung für Nachrichten- und Wettersatelliten.

Bei der Planung eines Erdbeobachtungssystems spielen mehrere Parameter - vor allem Bahnneigung, Höhe und Exzentrizität - eine Rolle, die für die Definition der zu wählenden Satellitenbahn wesentlich sind. Bedeutung für die Bahndefinition haben folgende Gesichtspunkte:

- zu erfassende Gebiete auf der Erde (z.B. nur Tropengürtel oder aber globale Erfassung)
- zeitlicher Maximalabstand zwischen zwei Beobachtungen (definiert die Repetitionsrate)

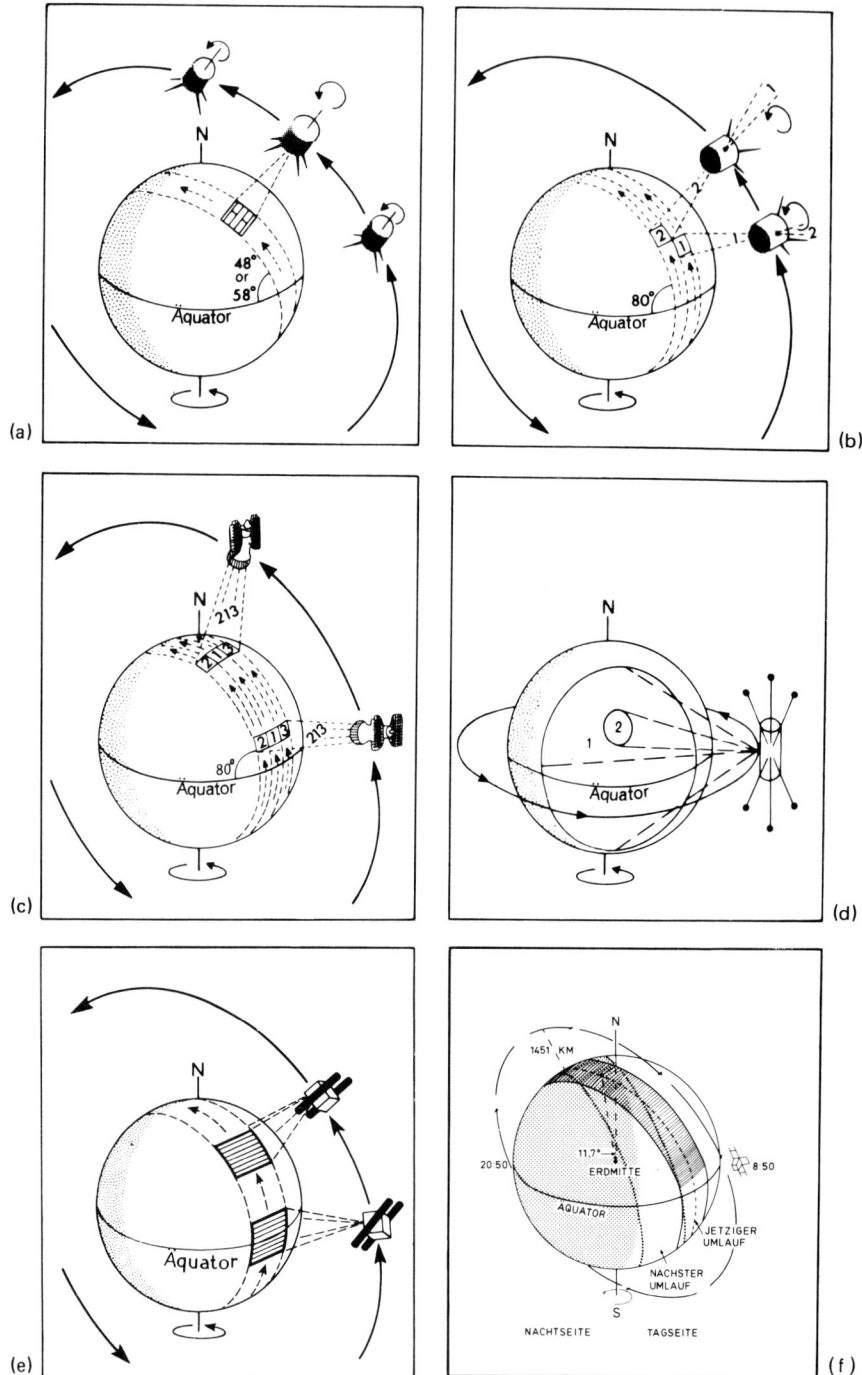

Fig. 1.4 - 5: Die orbitale Konfiguration der Haupttypen der amerikanischen Wettersatelliten. Entwicklung des Einsatzes der Satelliten nach der Planung der Bahnen von a ... d
1960 - 75: (a) Tiros, (b) Essa, (c) Nimbus, (d) ATS/SMS, (e) NOAA. (a) geneigte Bahn, (b), (c), (e) polare Bahnen, (d) Äquatorbahn geostationär (wie METEOSAT), (f) Erdumlauf des Satelliten NOAA 2. Die Beleuchtungsverhältnisse der Erde sind für den Zeitpunkt der Äquinoktien gekennzeichnet. 1,2,3 Aufnahmeszenen auf den Aufnahmestreifen von einer Umlaufbahn (nach Ostheider 1975 und Barrett/Curtis 1976)

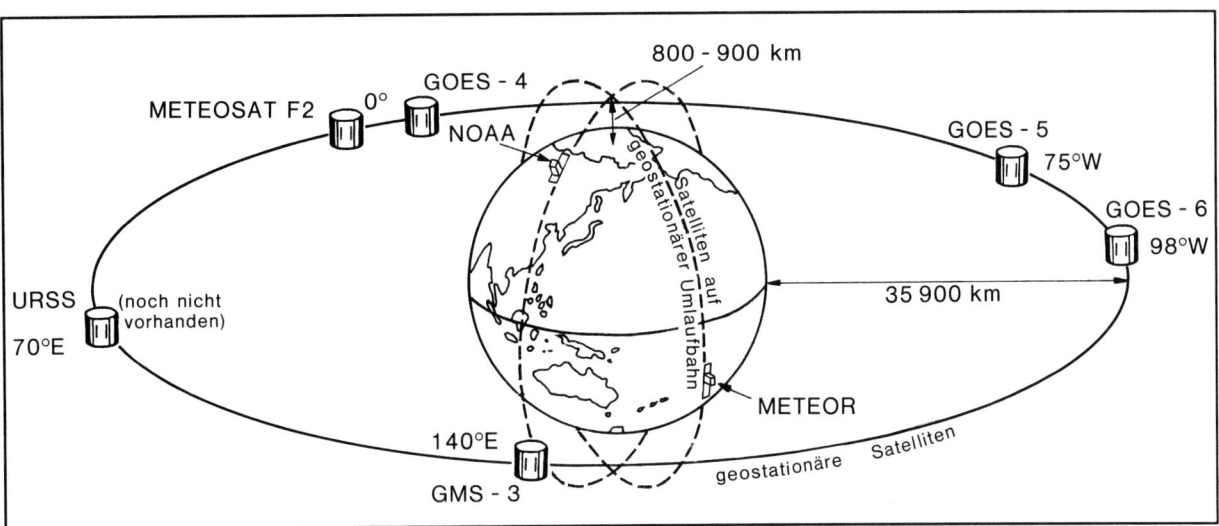

Fig. 1.4 - 6: Darstellung des Netzes geostationärer meteorologischer Satelliten ab Sommer 1985 auf äquatorialer Bahn und auf polaren Bahnen (nach EARTHNET 1984)

- räumliche Auflösung (vgl. 1.7)
- Beleuchtungsbedingungen durch die Sonne bei der Messung (vgl. 1.10)
- Vergleichbarkeit/Einheitlichkeit der Messungen zu unterschiedlichen Zeiten und an verschiedenen Orten.

Vom Satelliten aus ist stets nur ein klar bestimmter Teil der Erdoberfläche, eine Erdkalotte, sichtbar. Die Größe der sichtbaren Kalotte wird durch die Bahnhöhe H des Satelliten und den Öffnungswinkel des Aufnahmesystems festgelegt.

Entsprechend dem Sichtbarkeitsbereich des satellitengetragenen Aufnahmesystems gibt es aus geometrischen Gründen Aufnahme- und Erfassungsbereiche der Bodenstationen, an welche die Satelliten ihre registrierten Daten per Funk übertragen. Die Fig. 1.4 - 7 zeigt den Erfassungsbereich unter der Annahme, daß ein typisches LANDSAT-Bodenstationsnetz vorhanden ist. Während Europa durch 3 Stationen in Kiruna, Fucino und Maspalomas ziemlich gut abgedeckt ist, gibt es beträchtliche Beobachtungslücken in Afrika; die Antarktis wird überhaupt nicht erfaßt.

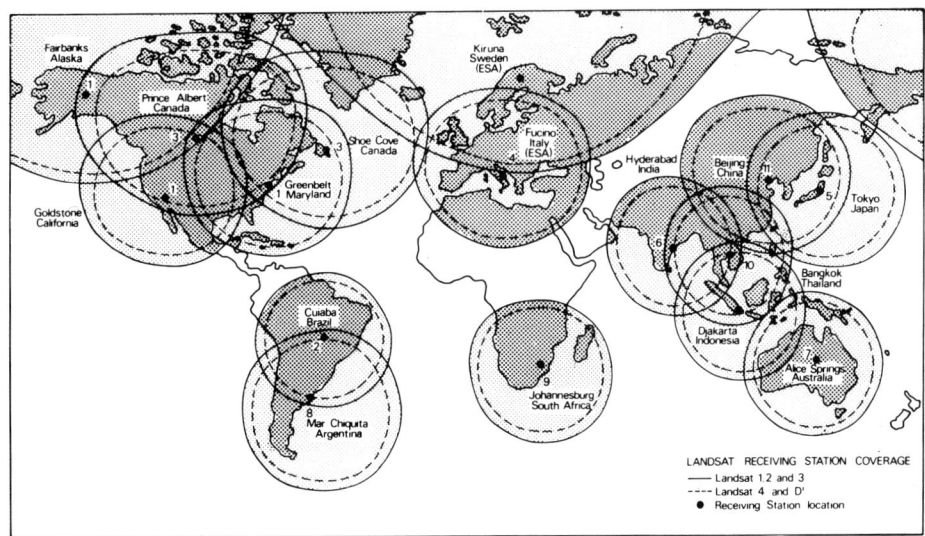

Fig. 1.4 - 7: Erfassungsbereich von Satelliten durch Bodenstationen am Beispiel des LANDSAT-Bodenstationsnetzes. Reichweiten: 5° über dem Horizont = äußerer Kreis, 10° Höhe über dem Horizont = innerer Kreis (nach ESA 1983 und Gierloff-Emden 1988)

1.5 Geometrie von Satellitenbildern

Die verschiedenen Sensoren der Satelliten weisen unterschiedliche Abbildungsgeometrien auf, die nicht immer einheitlich und explizit analytisch beschrieben werden können. Photographien sind Zentralperspektivitäten, Zeilenabtaster bilden in Flugrichtung orthographisch, quer zur Flugrichtung panoramisch ab, die Radargeometrie ist distanz- und laufzeitabhängig. Dieses gilt für Luftaufnahmen wie für Satellitenaufnahmen. Die geometrische Besonderheit von Satellitenbildern liegt in dem zusätzlichen Einfluß von Erdkrümmung und Erdatmosphäre begründet, während der Einfluß des Reliefs vermindert ist (Fig. 1.5 - 1). Nur das besonders akzentuierte Relief kann Lagefehler im Satellitenbild verursachen. Weicht ein Bild von demjenigen ab, das durch eine senkrechte Projektion erzeugt wurde, so spricht man von Verzerrungen oder Lagefehlern. In Satellitenbildern treten erderzeugte und aufnahmesystemerzeugte Lagefehler auf.

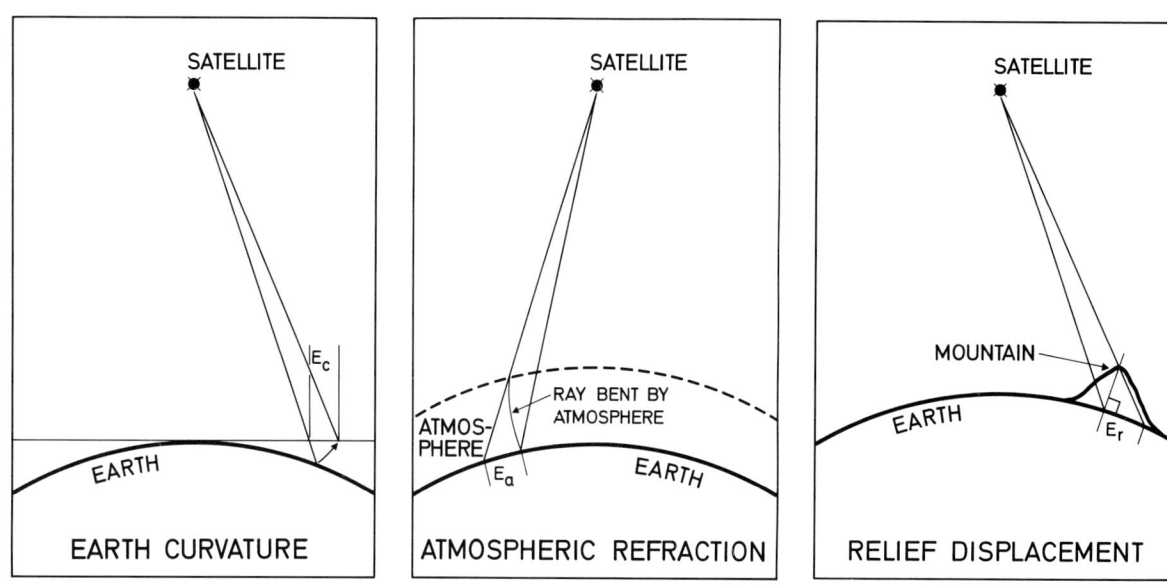

Fig. 1.5 - 1:   Einige erderzeugte geometrische Fehler in Satellitenbildern (nach Steiner 1971)

Da die Erde kugelförmig gekrümmt ist, erfaßt die Kamera des Satelliten auf ihrer ebenen photographischen Platte ein Bild (B_2 in Fig. 1.5 - 2) von einem Erdoberflächenausschnitt (B_1), der größer ist, als seine perspektivische Projektion auf die Horizontebene (hier ein Schnittbild mit Strecken). In Wirklichkeit wird also ein Viereck auf der Kugel (Sphärisches Quadrat) auf ein flächenmäßig kleineres Quadrat auf einer Horizontebene abgebildet (Azimutalprojektion). Somit ist zu den Randbereichen des Photos die Abbildung zunehmend verzerrt (gestaucht). Der Abbildungsmaßstab wird also zum Rande des Photos hin zunehmend kleiner, da die immer größer werdende Strecke dort "untergebracht" werden muß. Dieses Beispiel gilt nur für senkrecht gelungene Aufnahmen, bei denen der Bildmittelpunkt mit dem Fußpunkt des Satelliten (Nadir = Subsatellitenpunkt) zusammenfällt. Der erfaßte Ausschnitt ist durch den Aufnahmewinkel der Kamera, also durch das Objektiv bedingt (Öffnungswinkel). Bei nicht senkrecht gelungenen Aufnahmen werden die Abbildungsverhältnisse sehr kompliziert (Gierloff-Emden/Schroeder-Lanz 1970).

Im Bild bewirkt der Einfluß der Erdkrümmung einen Punktversatz zum Bildnadir hin.

vertikaler Lagefehler	$\Delta h = \dfrac{s^2}{2R}$	h:	Flughöhe [km]
horizontaler Lagefehler	$\Delta l = \dfrac{r + \Delta r}{c} \cdot \Delta h$	s:	Abstand vom Nadir [km]
		P:	Erdradius [km]
Lagefehler im Bild	$\Delta r = \dfrac{h \cdot r^3}{2R \cdot c}$	r:	Abstand vom Bild-Nadir [mm]
		c:	Brennweite [mm]

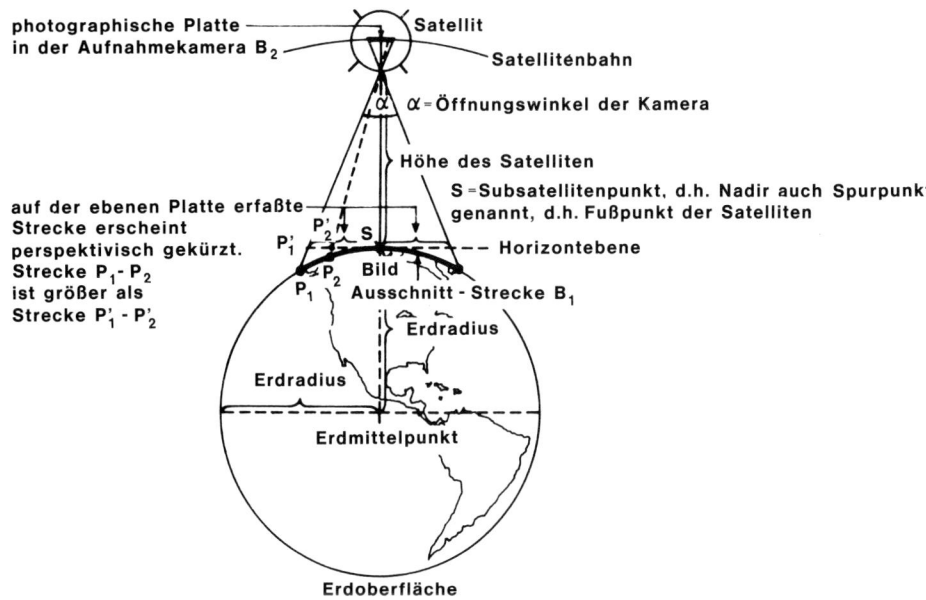

Fig 1.5 - 2: Verzerrungen der photographischen Abbildungen von Satelliten (nach Gierloff-Emden/Schroeder-Lanz 1970)

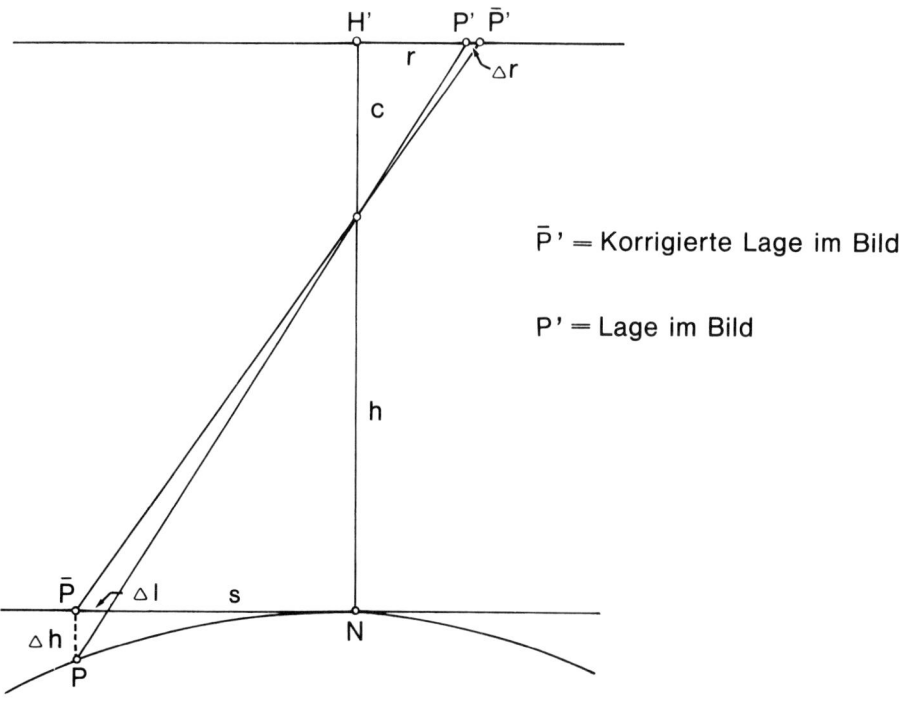

Fig 1.5 - 3: Einfluß der Erdkrümmung auf vertikale und horizontale Lagefehler in einer Photographie (nach Gierloff-Emden et al. 1985)

Für das Metric Camera-Photo "Rhône-Delta" haben Gierloff-Emden/Dietz/Halm (1985) die folgenden Werte errechnet:

s	[km]	94.5	60	30
Δh	[m]	700	283	71
Δl	[m]	65	74	9.3
Δr	[mm]	0.3	0.09	0.01

D.h. für das Untersuchungsgebiet (s = 60 km) liegen die Werte des Punktversatzes (Δr) unter der Grenze der Zeichengenauigkeit von 0,1 mm für ein Objekt.

In Abtastbildern beeinflußt die Erdkrümmung vor allem die Form und Größe der Geländeelemente (IFOV-Felder, vgl. 1.7).

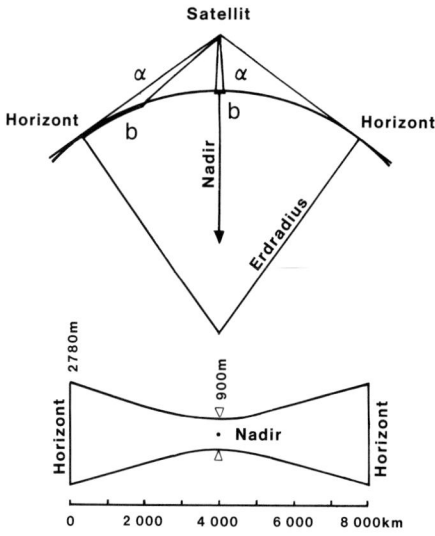

Fig. 1.5 - 4: Variation des IFOV-Feldes am Boden entlang einer Abtastzeile von Horizont zu Horizont; Beispiel Sensor VHRR von Satellit NOAA
oben in der Abtastebene: wegen der Lesbarkeit der Abbildung ist der IFOV-Winkel α vergrößert dargestellt, b ist das dem IFOV entsprechende Bogenstück der Erdoberfläche;
unten in der Horizontebene: die Breite der Abtastzeile entspricht dem durch IFOV angeschnittenen Bogenstück und variiert von 900 m im Nadir bis 2780 km am Rand der Zeile (nach Verger 1982)

Winkel zwischen der Aufnahmerichtung des Sensors und dem Nadir (in Grad)	in Richtung der Abtastung (b)	transversal zur Richtung der Abtastung (u)
0	900	900
10	940	920
20	1070	970
30	1380	1080
40	2130	1300
50	5500	1790
54	(∞)	2780

Tab. 1.5 - 1: Ausmaße des IFOV-Feldes im Gelände für den Sensor VHHR des Satelliten NOAA 2 bis 5 (nach Verger 1982)

Lagefehler können, analog zu denen der Satellitenphotos, bei Abtastbildern von Satelliten durch Sensoreigenschaften (z.B. Schwenkspiegelbewegung) oder durch Satellitenbewegungen während der Aufnahme (z.B. Erdrotation, Satellitengeschwindigkeitsänderung, Lageschwankungen) entstehen. Während der Abtastung dreht sich der Erdkörper unter dem Aufnahmesystem nach Osten, hierdurch wandern die Abtastzeilen nach Westen. Schwankungen der Satellitengeschwindigkeit dehnen oder stauchen die Abtastzeilen in Flugrichtung. Flughöhenschwankungen verursachen Maßstabsänderungen in Flugrichtung. Quer- und Längsneigung sowie Kantung verursachen weitere Lagefehler und damit Verzerrungen der Bildzeilen.

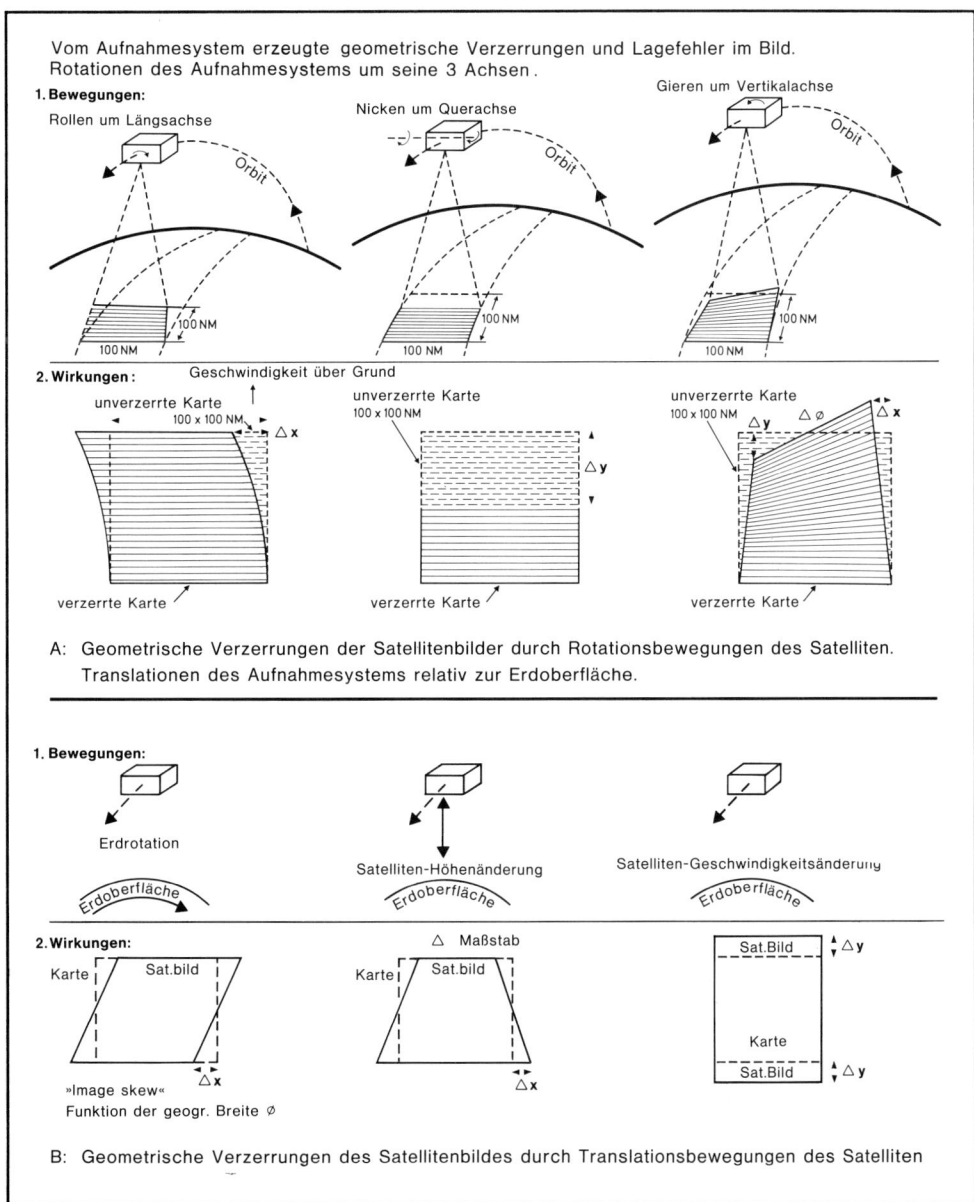

Fig 1.5 - 5: Mögliche geometrische Verzerrungen von LANDSAT-MSS-Bildern durch Bewegungen des Satelliten während der Aufnahme (nach Gierloff-Emden 1988)

Die Mittelpunkte der Abtastzeilen liegen auf der effektiven Spurlinie, und diese bildet wegen der Erdrotation mit der durch den Schnitt der Orbitebene mit der Erdoberfläche festgelegten Bahnspur einen Winkel, $\beta - \alpha$ in der Fig. 1.5 - 6.

Der Geschwindigkeitsvektor v_s in der Bahnebene schneidet einen bestimmten Breitenkreis unter dem Winkel β. Infolge der Rotationsgeschwindigkeit der Erde v_r resultiert für die Bewegung des Subsatellitenpunkts auf der Erdoberfläche (ground track) ein Geschwindigkeitsvektor v_g, der den obengenannten Breitenkreis unter einem Winkel α schneidet. Es muß somit bei der photographischen Erzeugung aus den Magnetbanddaten ein Bild entstehen, dessen aufeinanderfolgende Scanstreifen jeweils in Zeilenrichtung um einen gewissen Betrag verschoben sind, im übrigen aber senkrecht zur Orbitebene stehen. Diese Verschiebung des Bildinhaltes wird mit "skew" bezeichnet, der Verschiebungsbetrag wird durch den Winkel β - α bestimmt (nach Binzegger 1975).

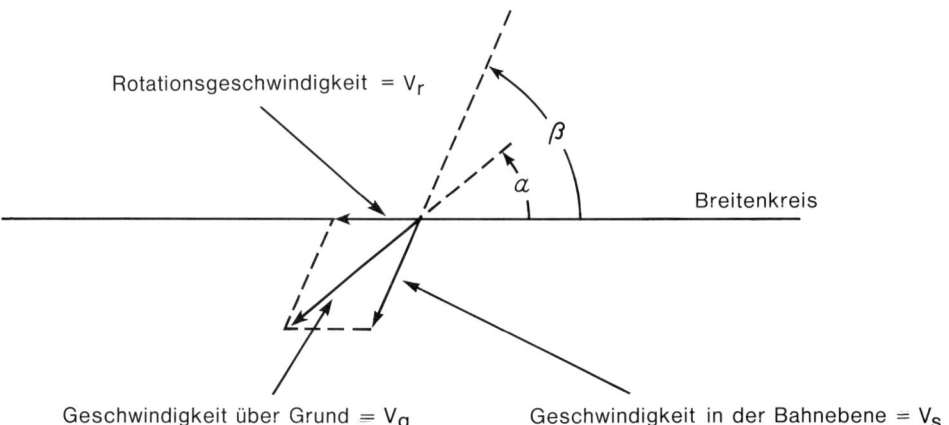

Fig. 1.5 - 6: Vergleich der Fortbewegungsrichtung des Satelliten und des Subsatellitenpunktes auf der Erdoberfläche (nach Binzegger 1975)

Wegen der Erdrotation während der Überfliegung und des Abtastens liegen die Abtastzeilen nicht genau senkrecht zur Subsatellitenbahn (Fig. 1.5 -7) und sind die Abtastlinien einer Szene nach Westen versetzt ("skew", Schiefe). Der MSS der LANDSAT-Serie (vgl. Fig. 1.5 - 8) registriert Strahlungsintensitäten nur in einer Schwenkrichtung des Spiegels (von West nach Ost auf dem absteigenden, d.h. Tageslicht-Ast der Umlaufbahn). Der Thematic Mapper (TM) der neueren LANDSAT-Serie ist in beiden Schwenkrichtungen des Abtastspiegels aktiv; daher überlappen die Zeilen teilweise nach außen, teilweise sind sie gespreizt, und Geländeausschnitte können nicht aufgenommen werden. Dieser Registrierfehler des TM wird während der Aufnahme durch Kompensationsbewegungen eines zweiten Spiegelsystems korrigiert, so daß die resultierenden Abtastzeilen parallel zueinander und senkrecht zur Subsatellitenbahn liegen.

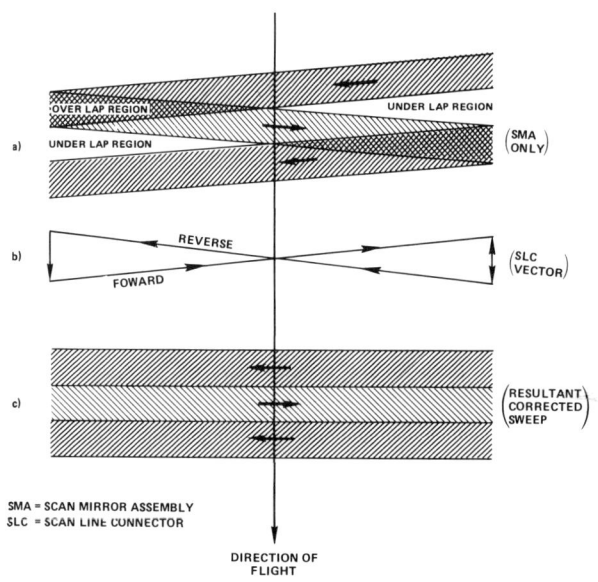

Fig. 1.5 - 7: Unkorrigierte und korrigierte Lage von TM-Zeilen (nach Freden/Gordon 1983)

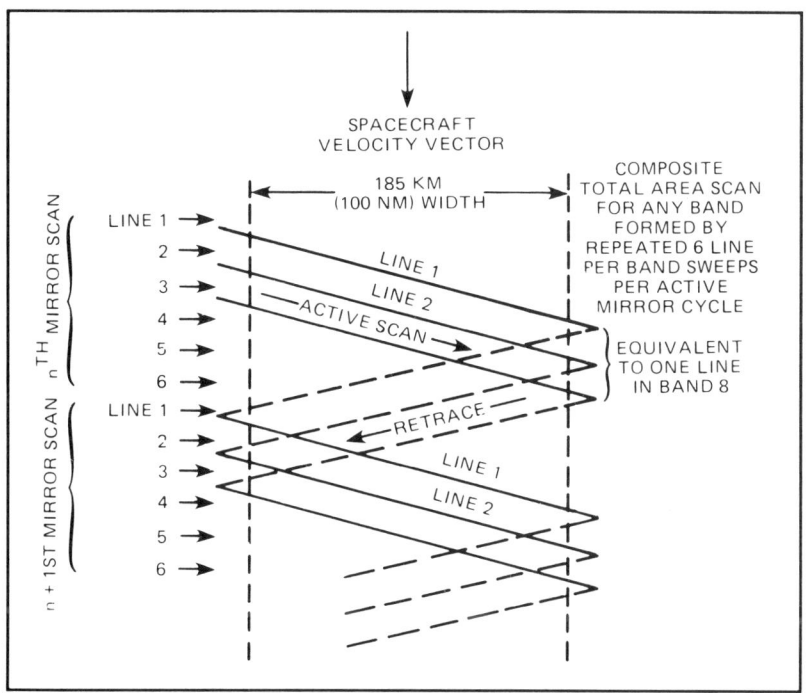

Fig. 1.5 - 8: Geländeäquivalent der Abtastzeilen des MSS (nach Freden/Gordon 1983)

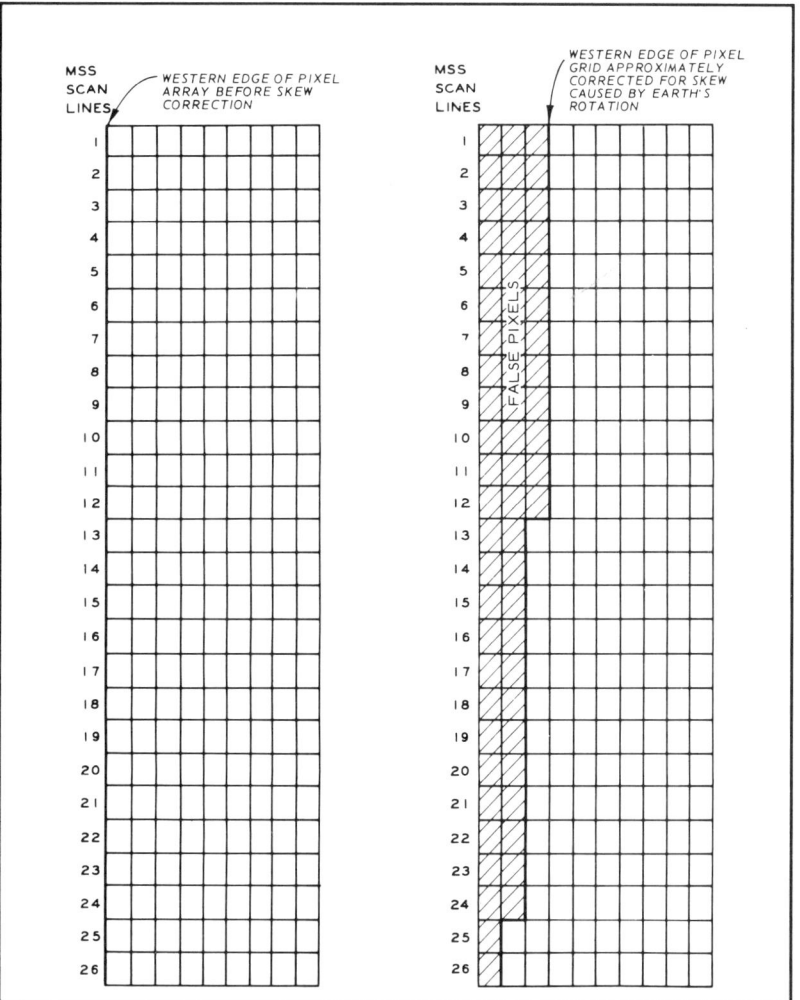

Fig. 1.5 - 9: "Skew"-Korrektur der Pixelanordnung im Landsat-MSS-Bild (nach Williamson 1977)

Dieses Entzerrungsproblem tritt nicht bei allen Zeilenabtastern auf. Der MSS z.B. ist nur während des West-Ost-Spiegelschwenks aktiv, sechs gleichzeitig empfangene Bildzeilen liegen parallel zueinander, jedoch schräg zur Subsatellitenbahn; die folgenden sechs Zeilen schließen direkt an. Dieser Effekt ist hier übertrieben dargestellt. Die Abweichung von der senkrechten Richtung beträgt real 0.06°; sie ist vernachlässigbar.

Der "skew"-Effekt wird näherungsweise rechnerisch korrigiert, indem Gruppen von 12 Zeilen jeweils um 1 Pixel nach Westen verschoben werden. Insgesamt werden pro Abtastzeile 260 unechte Pixel vorne und hinten angefügt, um den durch die Erdrotation entstandenen geometrischen Fehler auszugleichen. Hierdurch erhält jede Abtastzeile 3500 Pixel.

Die registrierten Pixel sind nicht quadratisch, so z.B. 57 m x 79 m beim LANDSAT-MSS. Ein photographisch erzeugtes Bild besteht aus einem senkrechten Raster kleiner quadratischer Felder, die alle einen jeweiligen Grauton erhalten, der dem Intensitätswert - der optischen Dichte - des entsprechenden Pixels auf dem Magnetband entspricht. Um die Pixel auf quadratische Form zu bringen, werden alle dritten und alle zwanzigsten Abtastzeilen verdoppelt; hierdurch erhöht sich die Anzahl der Abtastzeilen von ursprünglich z.B. 2340 auf nun 3237. Das Bild wird in Satellitenflugrichtung "gedehnt", um geometrisch möglichst gut der aufgenommenen Geländeoberfläche zu entsprechen (Williamson 1977).

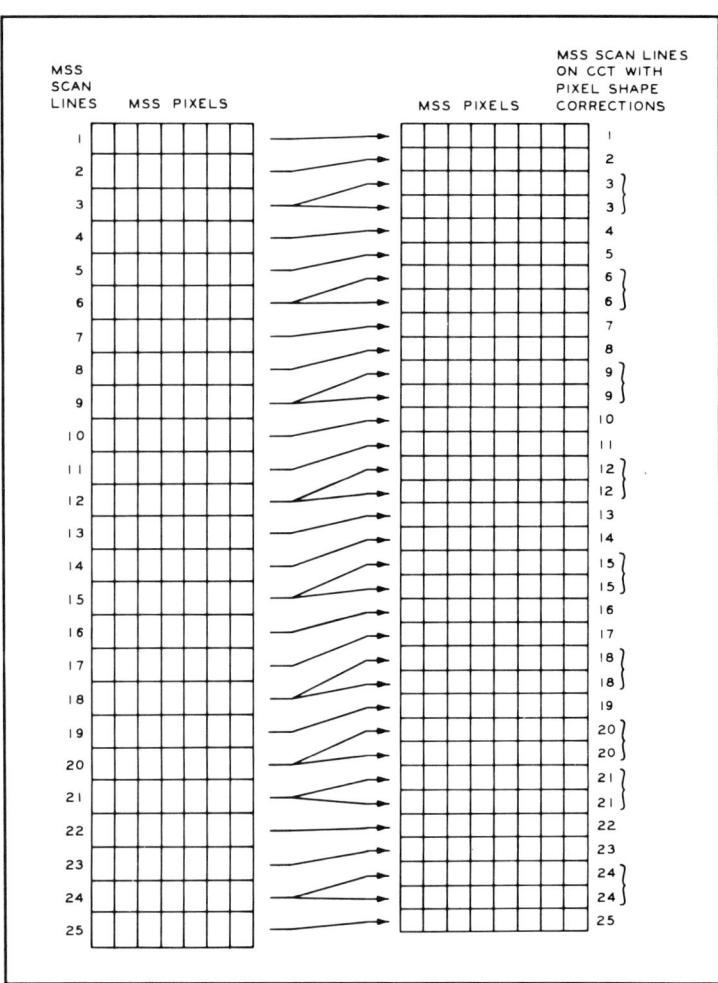

Fig. 1.5 - 10: Korrektur der Pixelform durch Verdopplung einiger Zeilen (nach Williamson 1977)

Wegen solcher Rechenprozeduren entsprechen die resultierenden Pixel nicht mehr den ursprünglichen, und daher müssen auch ihre Intensitätswerte neu berechnet werden (vgl. hierzu 1.12).

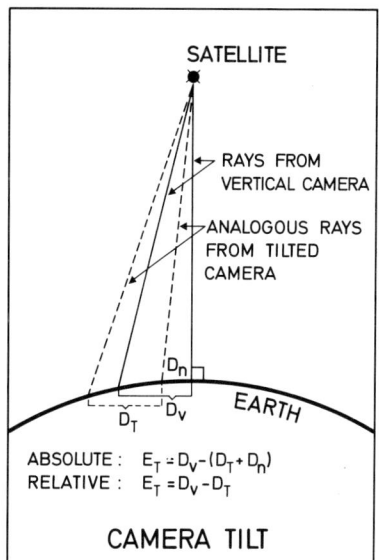

Fig. 1.5 - 11: Lagefehler im Satellitenphoto durch Kameraneigung (nach Steiner 1971)

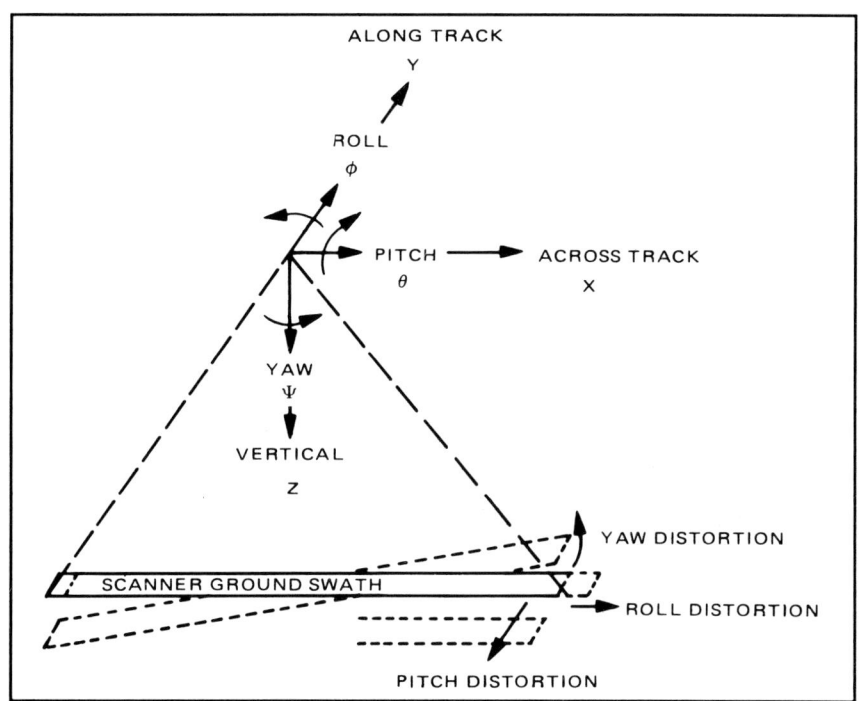

Fig. 1.5 - 12: Lagefehler im Zeilenabtastbild durch unkontrollierte Bewegungen des Satelliten (nach Billingsley 1983)

pitch $\theta \triangleq \Phi$ Längsneigung
roll $\Phi \triangleq \omega$ Querneigung
yaw $\psi \triangleq \kappa$ Kantung

Zwar sind Satelliten praktisch lagestabilisiert, doch können unkontrollierte Satellitenbewegungen auftreten. Wie die Bewegungen von Flugzeugen werden auch sie durch drei Grunddrehungen um die Achse eines dreidimensionalen cartesischen Koordinatensystems beschrieben (roll, pitch und yaw bzw. Querneigung, Längsneigung und Kantung).

Für die Auswertung von Satellitenbildern ist es notwendig, Art und Ausmaß der geometrischen Entzerrung des vorliegenden Bildmaterials zu kennen. Diese Information ist den Nutzerhandbüchern (User's Manuals) zu entnehmen oder beim Verkäufer zu erfragen. Grundsätzlich gibt es mathematisch strenge, funktional berechnete Entzerrungen systematischer Fehler und näherungsweise Entzerrung mit Hilfe von koordinatenmäßig bekannten Bodenkontrollpunkten, z.B. bei Höhen- und Neigungsfehlern.

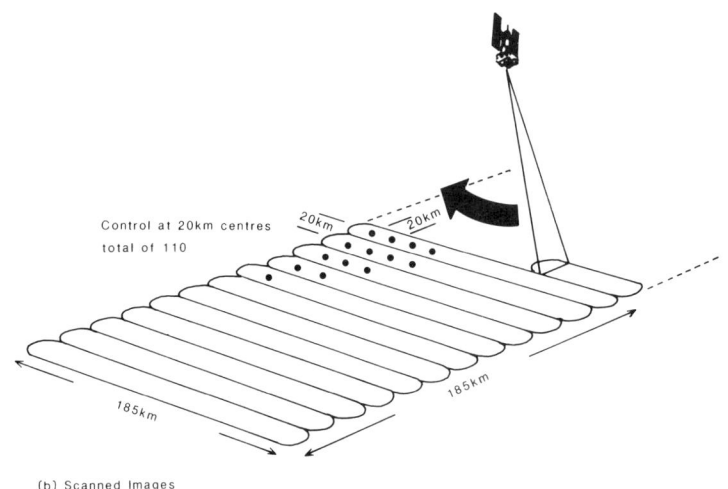

Fig. 1.5 - 13:   Bodenkontrolle zur Bild-Entzerrung (nach Bullard/Dixon-Gough 1985)

Zur Entzerrung werden die x- und y-Koordinaten von Geländepunkten benötigt, die im Bild wiedergefunden werden können. Als x-Richtung ist die Flugrichtung der Subsatellitenbahn definiert, als y-Richtung die Zeilenabtastrichtung. In Großbritannien (vgl. Fig. 1.5 - 13) werden z.B. 110 Geländekontrollpunkte pro LANDSAT-MSS-Szene verwendet.

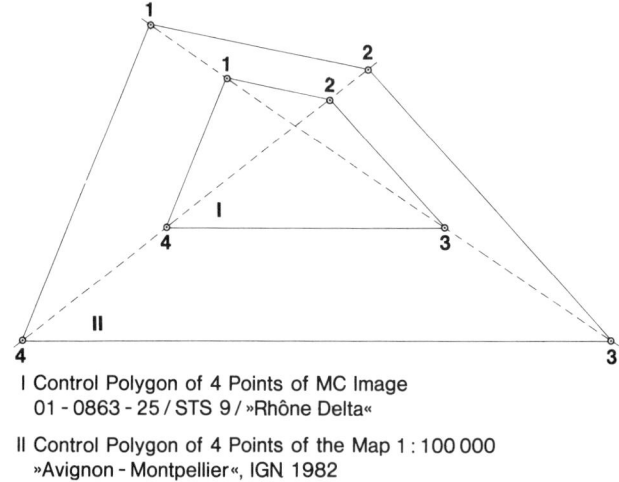

I Control Polygon of 4 Points of MC Image
01 - 0863 - 25 / STS 9 / »Rhône Delta«

II Control Polygon of 4 Points of the Map 1 : 100 000
»Avignon - Montpellier«, IGN 1982

Fig. 1.5 - 14:   Geometrische Kontrolle des MC-Bildes "Rhône-Delta" (nach Gierloff-Emden/Dietz/Halm 1985)

    1 Nîmes Aéroport
    2 Arles / Grand Rhône
    3 Ecluse / Canal du Rhône à Fos
    4 Aigues-Mortes

Beim Vergleich der Lage der Bildpunkte in entzerrten Satellitenbildern mit der Lage der entsprechenden Punkte in topographischen Karten ist zu berücksichtigen, daß
- die Satellitenbilder (z.B. LANDSAT) auf einen fertigen Mercatorentwurf (SOM, Space Oblique Mercator, vgl. 1.6) rechnerisch entzerrt werden,
- die Topographischen Karten auf andersartige Kartennetzentwürfe bezogen sind, z.B. UTM oder Gauß-Krüger,
- in Grenzgebieten nach den jeweiligen staatlichen Landesvermessungen die Topographischen Karten auch untereinander auf verschiedene Kartenentwürfe bezogen sind.

Die hier erforderlichen Umrechnungen sind Aufgabe der Geodäsie.

Für die Kombination von Satellitenbildern mit Geographischen Informationssystemen (GIS) ist erforderlich, die Lagekoordinaten auf ein gemeinsames System zu beziehen. Hierfür gibt es Umrechnungsalgorithmen. Bei Satellitenbildinterpretationen genügt in der Praxis meist schon relative Lagegenauigkeit, da bei mittleren Kartenmaßstäben die Abweichungen von der absoluten Lagegenauigkeit im Rahmen der Zeichengenauigkeit bleiben. Für Satellitenphotos gelten die Regeln der photogrammetrischen Entzerrung.

Eine geometrische Kontrolle wurde für das Metric Camera-Bild vom Rhône-Delta zwischen der Topographischen Karte 1:100 000 von Frankreich (Konische Lambert-Projektion) und einer photographischen Vergrößerung 1:200 000 des Bildes (Zentralperspektive) durchgeführt. Die geometrische Kontrolle von vier identischen Punkten aus Karte und MC-Bild zeigt, daß keine wesentlichen Verzerrungen auftreten, da die Diagonalen der Vierecke übereinstimmen.

1.6 Kartennetzentwürfe für Satellitenbilder

Die Satellitenbahnen erdbeobachtender Orbitalsysteme liegen im nahen Weltraum, im Schwerefeld der Erde. Die Position eines Satelliten auf seiner Bahn ist eine Funktion der Zeit. Sie läßt sich aus astronomischen und geophysikalischen Parametern der Erde nach den Gesetzen der Himmelsmechanik berechnen. Danach kann eine von einem Orbitalsystem aufgenommene Szene (Satellitenbild) nach ihrer Lage auf der Erdoberfläche berechnet werden. Hiernach kann die Szene mit Hilfe eines Kartennetzentwurfes auf eine Karte übertragen werden.

Ein Bildpunkt hat die Bildkoordinaten (x,y), seine Lage auf der Oberfläche des Erdkörpers (Ellipsoid) ist bestimmt mit (λ,ϕ); die graphische Ausgabe der Position erfolgt in einer Karte (Ebene).

Die prinzipiellen Probleme werden am Beispiel des LANDSAT-MSS-Systems vorgestellt. Der LANDSAT-Satellit läuft auf einer fast polaren Bahn, mit 99° Inklination; die Aufnahmen erfolgen bei Tageslicht auf dem von N nach S absteigenden Ast seiner Bahn und bilden einen ca. 185 km breiten Streifen auf der Erdoberfläche. Zur Darstellung von LANDSAT-Szenen sind Kartennetzentwürfe geeignet, wenn diese Nord-Süd-Streifen konform abbilden, z.B. die Transversale Mercator-Projektion mit Berührungszylinder oder die Universale Transversale Mercator-Projektion (UTM) mit Schnittzylinder.

Aus folgenden Gegebenheiten sind diese Entwürfe doch nur bedingt geeignet: UTM hat am Äquator eine Verzerrung von 1:1000, das sind 185 m pro LANDSAT-Szene. UTM beruht auf Streifen von sechs Längengraden Breite, konvergierend mit der geographischen Breite, und ist daher für Polarregionen weniger geeignet; denn eine LANDSAT-Szene in höheren Breiten erstreckt sich über zwei oder mehrere UTM-Streifen.

Als gut geeignet erweist sich eine schiefachsige Projektion, die der LANDSAT-Subsatellitenbahn angepaßt ist: SOM Space Oblique Mercator-Projektion (Colvocoresses 1974). Diese wurde 1975 bei der NASA zur Nutzung eingeführt (war aber zunächst nicht mathematisch formuliert). Eine Maßstabsvariabilität wegen der Erdrotationsbedingungen (Äquator - Pol) nach der Breite war nicht berücksichtigt (Rowland 1976). Snyder (1978 und 1981) hat die SOM mathematisch abgeleitet.

SOM berücksichtigt in einem dynamischen Modell die Drehung der Erde, die Projektionsfläche ist fix im Raum gedacht mit der sich darunter drehenden Erde. Die X-Achse ist durch die Schnittpunkte der Bahnkurve mit dem Äquator definiert, wobei die X-Werte positiv in Richtung der Satellitenbewegung ansteigen. Die Y-Achse steht normal dazu. Wie schon erwähnt, werden alle Meridiane und Parallelkreise als Kurven abgebildet. Eine Ausnahme bildet jener Meridian, der von der Bahnkurve an der polnächsten Stelle geschnitten wird. Dieser Meridian wird dann als Gerade abgebildet. Die Projektion ist grundsätzlich nicht konform, jedoch sind die Verzerrungen so klein, daß sie vernachlässigt werden können. Die Bahnkurve selbst wird maßstabsgetreu abgebildet. Etwa 1° links und rechts von der Bahnkurve ist der Maßstab um ca. 0,015 % größer als der an der Bahnkurve selbst (Fig. 1.6 - 1, 2, 3). Die Spur des LANDSAT in der Kartenebene ist beim SOM-Prinzip eine sinusförmige Kurve (Fig. 1.6 - 4).

Die Hotine Oblique Mercator-Projektion (HOM) beruht auf der Annahme einer mittleren Oberfläche konstanter Krümmung, die eine Approximation an die Kugeloberfläche über ein räumlich begrenztes Areal der Erde darstellt. Für LANDSAT-Szenen wird dieser Kartenentwurf nach 5 Breitenzonen berechnet. Durch

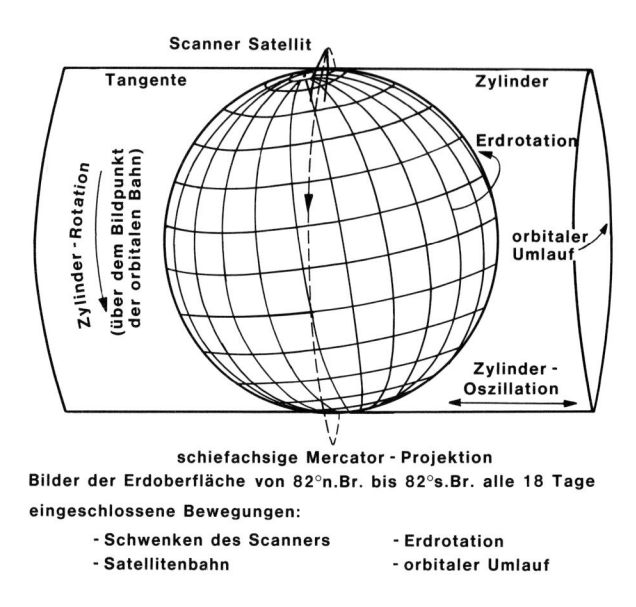

Fig. 1.6 - 1: Eine schiefachsige Mercator-Projektion. LANDSAT 1-3 bilden die Erde zwischen 82°N und 82°S alle 18 Tage ab. Die Bewegungen, die sich auf dem Bild auswirken, beinhalten Satellitenbahn, Erdrotation, Bahnpräzession und Scannerschwenk (nach Colvocoresses 1979)

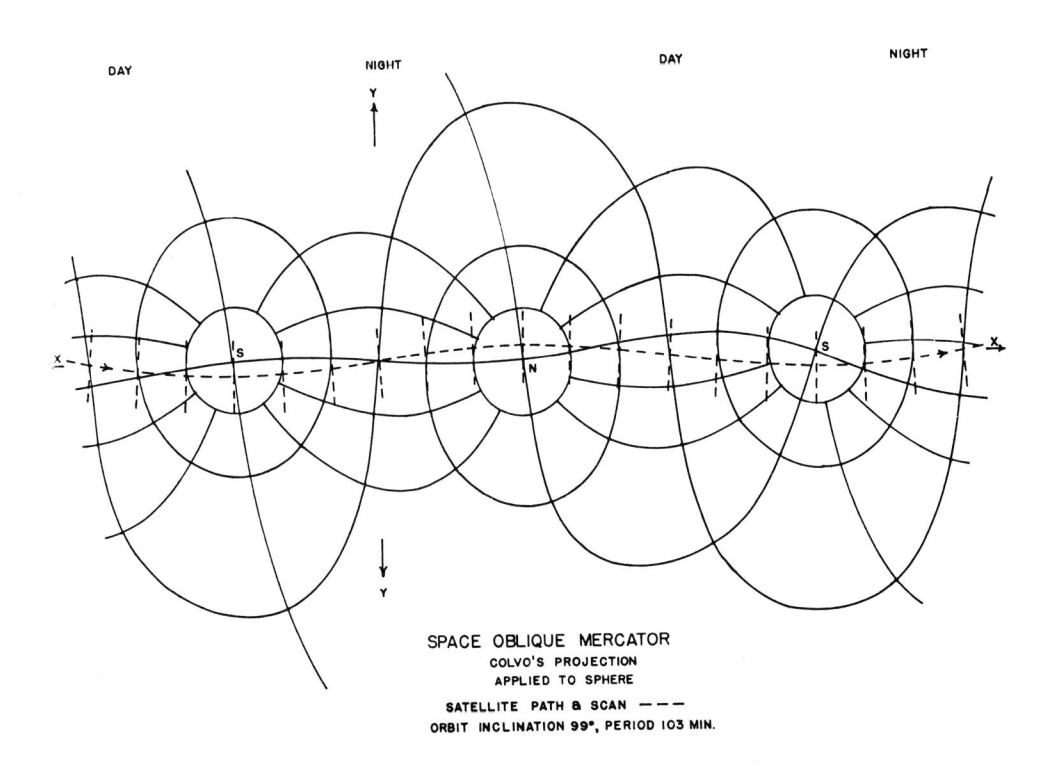

Fig. 1.6 - 2: 30°-Gradnetz für eineinhalb Satellitenumläufe im SOM-Entwurf für eine Kugeloberfläche (nach Snyder 1978)

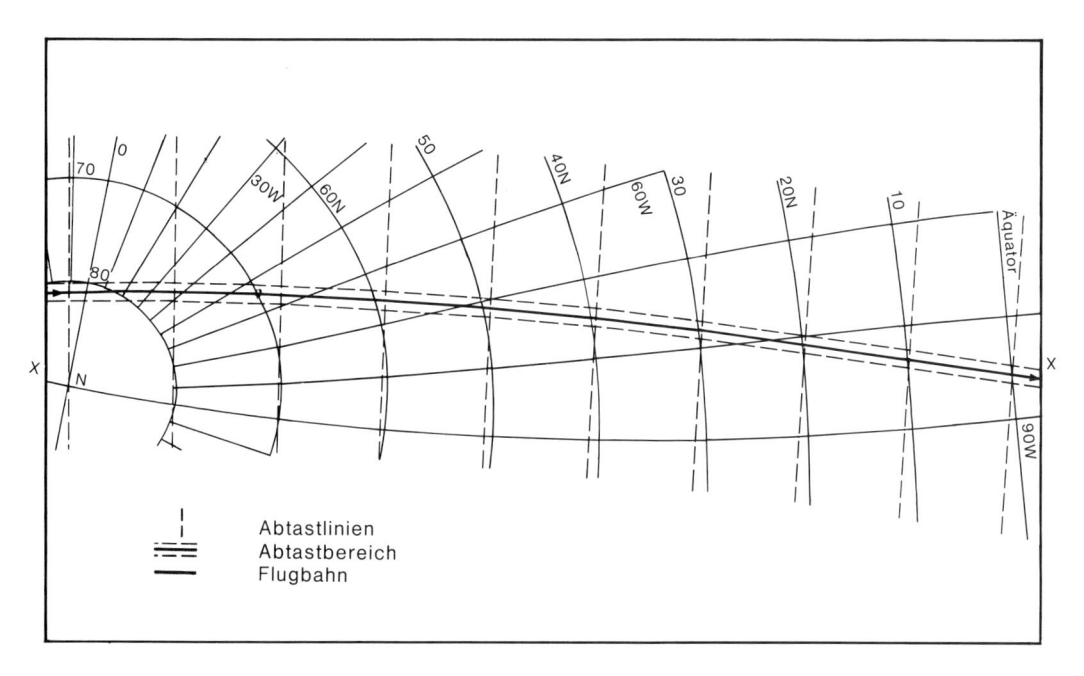

Fig. 1.6 - 3: Space Oblique Mercator, 10°-Netz für ein Viertel des Umlaufs; Abtastlinien über Abtastbereich hinaus verlängert (nach Snyder 1978)

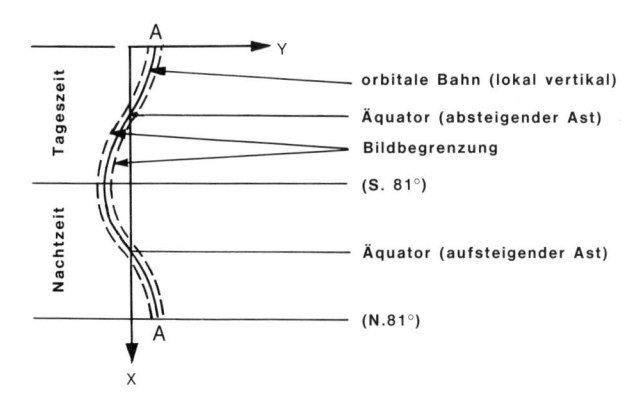

Fig. 1.6 - 4: Lage des Szenestreifens auf der Kartenebene (nach Colvocoresses 1974)

einen Punkt und eine Richtung wird die Projektionsachse definiert. Der Maßstabsfaktor ist 1000 auf der Achse selbst und nimmt mit wachsender Distanz von der Achse zu. HOM ist eine konforme Abbildung und bezüglich der Erdrotation korrigiert. Die Differenz von HOM zu SOM beträgt < 1:10 000, d.h. die Differenz von Pixelpositionen liegt im Meter-Bereich (Rowland 1977).

Jede LANDSAT-Aufnahmereihe der Umlaufbahn ist wegen der Erdrotation zur folgenden Bahn am Äquator versetzt, d.h. ist eine Funktion der Zeit. Die Satellitenbahn ist aber sonnensynchron: Die Wanderung der Bahn des Satelliten gegen die Länge λ am Äquator behält ihren Orbitalwinkel zur Sonne.

Die wirkliche Bahnspur der Satelliten auf der Erdoberfläche ist strenggenommen elliptisch (Großkreis auf der Kugel), wenn (geodätisch) das Rotationsellipsoid als Erdfigur zu Grunde gelegt wird. Da der polare Erdradius ca. 20 km kleiner ist als der äquatoriale, müßten maßstabskonstante Satellitenaufnahmen elliptische Bahnen erfordern. Für LANDSAT müßte es eine Bahn mit 2 Perigäen bei 81° geographischer Breite geben, was physikalisch nicht realisierbar ist.

Das Aufnahmesystem (Scanner) soll die Erdoberfläche vertikal aufnehmen. Die Ausrichtung des Systems wird jedoch nicht geometrisch, sondern geophysikalisch gesteuert und ist auf das Massenzentrum der Erde ausgerichtet, nicht auf den Mittelpunkt. Die somit auftretende Winkeldifferenz entlang der Bahnspur beträgt maximal 12' (Bogenminuten). Das macht am Boden (Erde) bis zu ~1 km aus. Diese Differenz ist maßstabsbedingt kartographisch zu vernachlässigen.

LFC-Aufnahmen von Space Shuttle wurden dagegen geometrisch-astronomisch (nautisch) mit sternenorientierten Kameras kontrolliert; daher tritt dort dieser Lagefehler nicht auf.

1.7 Auflösungsvermögen

Der Informationsgehalt eines Bildes ist entscheidend von der Auflösung des Aufnahmesystems bestimmt. Die Definitionen zum Begriff "Auflösung" sind nicht einheitlich, da man zwei Kategorien unterscheidet, die entsprechend verwendet werden, nämlich die technische und die auf den Anwender bezogene. Allgemein wird unter der Auflösung oder dem Auflösungsvermögen eines Aufnahmesystems seine Fähigkeit verstanden, dicht beieinander liegende Signale zu unterscheiden, sei es räumlich, zeitlich, spektral oder radiometrisch. Rosenberg (1971) hat betont, daß der technische Begriff der Auflösung in bezug auf ein Meßverfahren definiert sein muß.

Auf den Bildauswerter bezogen, verwendet er zusätzlich zum technisch definierten Auflösungsbegriff zwei Erkennbarkeitsbegriffe. Er spricht von 'detectability', d.h. der Existenzfeststellung eines Signals, und 'recognizability', d.h. der Fähigkeit, das festgestellte Signal zu identifizieren. Andere Autoren (z.B. Dodt 1984) sprechen hier von Wahrnehmung und Identifikation (vgl. Fig. 1.14 - 1). Als Meßgröße für eine solche, von der Person des Auswerters und vom Aufnahmesystem abhängigen Auflösung wird das 'minimum visible', das kleinste erkennbare Objekt, gewählt. Es kann wegen des Überstrahlungseffektes häufig kleiner sein als ein Bildelement (Pixel, IFOV; vgl. Fig. 1.11 - 5).

Spektrale Auflösung ist definiert durch Anzahl und Breiten der genutzten Spektralbereiche eines Systems, d.h. hohe spektrale Auflösung wird durch viele schmale Spektralbereiche (Bänder, Kanäle) erzielt. Durch schmale Spektralbereiche wird eine genauere spektrale Signatur der Objekte gemessen als durch weite.

Radiometrische Auflösung ist bestimmt durch die Anzahl diskreter Werteniveaus, in die ein Signal unterteilt werden kann. So wurden von den ersten LANDSAT-MSS empfangene Strahlungssignale in 64 ($= 2^6$) möglichen Zahlenwerten registriert, neuerdings verwendet man 256 ($= 2^8$) Werte. Die radiometrische Auflösung ist verbessert worden. Bei Thermalbildern wird in der Regel die radiometrische Auflösung in K (Kelvin) angegeben. In Satellitenphotos wird sie häufig durch einen gestuften Graukeil angedeutet.

Zeitliche Auflösung eines Aufnahmesystems ist gegeben durch das Zeitintervall zwischen zwei Aufnahmen derselben Szene (Repetitionsrate). Der Begriff der zeitlichen Auflösung wurde besonders für satellitengetragene Aufnahmesysteme eingeführt, die eine feste Repetitionsrate aufweisen.

Räumliche Auflösung ist ein sehr komplexer Begriff; Forshaw et al. (1980) zeigten, daß er in verschiedenen Kategorien definiert werden kann:
- nach dem kleinsten Öffnungswinkel (IFOV), vor allem für Abtastsysteme;
- über die Unterscheidbarkeit von zwei Punkten a und b (Rayleigh- Kriterium);
- als Periodizität sich wiederholender Objekte (Streifenraster), vor allem für Photographien.

Für Photographien wird die räumliche Auflösung in der Regel definiert als die Anzahl von Linienpaaren eines standardisierten Schwarz-Weiß-Streifenrasters pro Längeneinheit (lp/mm), die vom menschlichen Auge unter ganz bestimmten normierten Betrachtungsbedingungen gerade noch wahrnehmbar sind. Damit sind Messungen und Angaben räumlicher Auflösung von Photographien nicht ganz objektiv, bestenfalls intersubjektiv, und nicht streng reproduzierbar. Bestimmt wird die Auflösung einer Photographie durch die Kombination der Auflösungen des Objektives, der Filmemulsion und der Bildwanderung.

Für Nichtphotographien wird die räumliche Auflösung in der Regel definiert durch das IFOV (Instantaneous Field of View), den momentanen Öffnungswinkel. Er wird angegeben als Raumwinkel in Steradiant (1 sr); nach Frost (1981) ist ein Steradiant der räumliche Winkel, der als gerader Kreiskegel mit der Spitze im Mittelpunkt einer Kugel vom Halbmesser 1 m aus der Kugeloberfläche einer Kalotte der Fläche 1 m^2 ausscheidet. Oder er wird als Fläche oder Seitenlänge des zugehörigen Geländeelementes (Bodenauflösung) angegeben bzw. als Seitenlänge des zugehörigen Bildelementes (Pixels).

Neben diesen beiden Hauptbegriffen räumlicher Auflösung sind weitere eingeführt worden:
- EIFOV (Effective IFOV), der Betrag von 1/2 der Ortsfrequenz, für die die Modulation eines Objektes in einer sinusoidalen Verteilung der Strahlung unter 50 % ihres Ausgangswertes fällt, als Resultat der MTF des Systems (Townshend 1980).
- ERE (Effective Resolution Element), die Größe eines Areals, für das ein einzelner Strahlungswert zugewiesen werden kann und zwar mit so hinreichender Sicherheit, daß er nur 50 % vom Wert der tatsächlichen relativen Strahlung abweicht (Colvocoresses 1979).
- AWAR (Area Weighted Average Resolution), ein einziger über das Bild gemittelter Wert räumlicher Auflösung; denn in Abhängigkeit vom Aufnahmewinkel ist die Auflösung im gesamten Bildausschnitt nicht gleich (s.u.).

Durch die Algorithmen rechnerischer Bildverarbeitung können unechte Signale entwickelt werden (Artefakte), die besonders bei kleinen Maßstäben echte Information im Bild unterdrücken. Andererseits können die digital im Bild gespeicherten Grauwerte der Bildelemente durch Rechnung so verändert werden, daß die Interpretationsfähigkeit des Bildes gesteigert wird (vgl. 1.12).

Für Abtastbilder ist die Bildpixelgröße nach dem Shannon-Theorem mit dem sogenannten Kell-Faktor zu multiplizieren, um die photographische Auflösung zu erhalten; denn ein Pixel alleine kann noch nicht ein Linienpaar der Testbalken oder -streifen (s.u.) auflösen. Der Kell-Faktor ist vom Bildkontrast abhängig, er wird häufig mit 2,83 für einen Kontrast 3:1 und mit 4 für einen Kontrast 1,6:1 angegeben. Aus einer bekannten photographischen Auflösung kann durch Division der Linienpaarbreite mit dem Kell-Faktor dann die äquivalente Pixelgröße berechnet werden:

photographische Auflösung [lp/mm] = 1 : Linienpaarbreite [mm/lp],
Linienpaarbreite [mm/lp] = 2,83 x Pixelgröße [mm].

Für photographische Luft- und Satellitenbilder errechnet sich die Bodenauflösung in m/lp aus der photographischen Auflösung [lp/mm] über die Linienpaarbreite [mm/lp], als diese multipliziert mit der Bildmaßstabszahl m_b:

Bodenauflösung [m/lp] = Lp-Breite [mm/lp] x m_b.

Entsprechend ist dann die äquivalente Pixelgröße am Boden = Bodenauflösung : 2,83 [m].

Und daher bestimmt sich aus der bekannten Boden-Pixelgröße eines Abtastsystems (m oder m/Pixel) die äquivalente Bodenauflösung [m/lp] zu 2,83 x Bodenpixelgröße.

Die Auflösung von photographischen Bildern ist im wesentlichen durch die Filmauflösung bedingt. Die Auflösung photographischer Filme ist von ihrer Empfindlichkeit abhängig. Hochempfindliche Filme haben grobes Korn und liefern eine geringe Auflösung. Niedrigempfindliche Filme haben dagegen feines Korn mit hoher Auflösung.

Hersteller	Name	Empfindlichkeit DIN	Auflösung bei Kontrast 1:1000	Auflösung bei Kontrast 1,6:1
Agfa Gevaert	Aviphot Pan 30	20	133	65
Agfa Gevaert	Aviphot Pan 33	24	95	48
Agfa Gevaert	Aviophot Pan 200	20–25	100	50
Agfa Gevaert	Aviphot CNS (Farbnegativ)	20	85	42
Agfa Gevaert	Aviphot (Diapositiv)	18	90	45
Kodak	Plus X 2402	22	100	50
Kodak	Double X 2403	24	100	50
Kodak	High Definition 3414	7	630	250
Kodak	Infrared Aerographic 2424	26	80	40

Tab. 1.7 - 1: Auflösung von Luftbildfilmen (nach Konecny/Lehmann 1984)

Die Auflösung ist eine Funktion der Kontrastwiedergabe (Heynacher/Köber 1964). Nicht die Erkennbarkeit der ganz feinen Details bestimmt die Bildqualität, sondern die der leicht erkennbaren gröberen Strukturen, durch die die Güte der Helligkeitswiedergabe oder Kontrastübertragung in Abhängigkeit von der Detailgröße bestimmt wird.

Zur Bestimmung des Kontrastes verwendet man dabei sehr einfache Objekte, nämlich Linienraster mit hellen Linien und dunklem Grund mit gleicher Linien- und Zwischenraumbreite, und als Maß für die Feinheit der Details die Anzahl der Linien, die auf einer Strecke von 1 Millimeter Länge Platz haben (lp/mm).

Die Kontrastübertragung wird durch die Modulations-Übertragungsfunktion MTF (modulation-transfer-function) beschrieben. Sie ist aus den Einzelfunktionen für Photographische Schicht - Objektiv - Bildwanderung durch Addition zu einer Gesamtfunktion zusammengesetzt. Darin wird das Verhältnis zwischen dem Objektkontrast K und dem bei der Übertragung entstehenden Bildkontrast K' angegeben. Der Quotient K/K' ist eine Funktion der Ortsfrequenz N, d.h. der Dichte der Objektstrukturen, gemessen in Linienpaaren pro Millimeter (Albertz/Kreiling 1980).

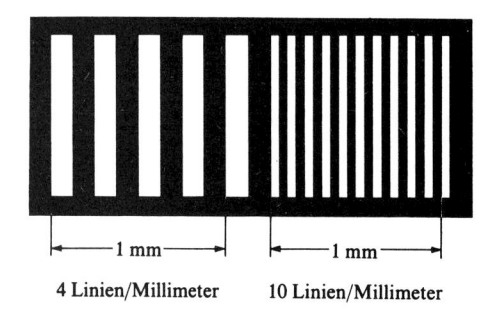

Fig. 1.7 - 1: Beispiele für Linienraster zur Ermittlung des Auflösungsvermögens und der Kontrastwiedergabe (nach Heynacher/Köber 1964)

Satellit	Sensor	Bodenauflösung im Nadir
METEOSAT	Radiometer	2,5 km VIS, 5 km IR und WV
TIROS-N NOAA 6 bis 9	AVHRR	1,0 - 1,1 km
NIMBUS 7	CZCS	825 m
DMSP	OLS	600 m
HCMM	HCMR	500 m
LANDSAT 1 bis 3	MSS	80 m
LANDSAT 1 bis 3	RBV	40 m
LANDSAT 4 und 5	TM	30 m
SKYLAB	S-190 B	25 m
SEASAT 1	SAR	25 m
Space Shuttle	MOMS	20 m
Space Shuttle	MC	20 m
Space Shuttle	LFC	10 m
SPOT	HRV	10 m panchromatisch, 20 m multispektral
LANDSAT 6	ETM	15 m (geplant)

Tab. 1.7 - 2: Räumliche Auflösung auf der Erdoberfläche im Nadir für verschiedene Satellitenbildsysteme (für Abtasterbilder als Geländeelementgröße, für Photos aus der photographischen Auflösung umgerechnet; Angaben der Betreiber)

Das räumliche Auflösungsvermögen ist auch von der Aufnahmerichtung abhängig, dies gilt besonders für Abtaster (Kähler/Ladstätter 1984).

Photographische Schichten weisen eine richtungsunabhängige, zufällige Verteilung ihrer lichtempfindlichen Teile (Silberhalogenide) auf. Für die Bestimmung des Auflösungsvermögens ist es daher unerheblich, unter welchem Kantungswinkel ein Testbild aufgenommen wird.

Abtastbilder hingegen haben einen matrixähnlichen Aufbau aus diskreten Bildelementen (Pixel). Dies hat zur Folge, daß die Abbildungseigenschaften von Abtastsystemen auch von der Lage des Objektes zur Abtastrichtung abhängig sind. Die Richtungsabhängigkeit der Aufzeichnungsgüte von Abtastsystemen ist eindeutig erwiesen. Sowohl mit den Mitteln der Signalübertragungstheorie, als auch aus empirischen Messungen ist sie ableitbar.

Curran (1985) klassifiziert die Satellitenbilder nach der räumlichen Auflösung in schlecht (> 1,2 km), mittel (1,2 km - 250 m), gut (250 m - 35 m) und sehr gut (< 35 m) auflösend (Fig. 1.3 - 1). Todd/Wrigley (1986) klassifizieren in sehr schlecht auflösend (500 m - 1,1 km; noch gröbere Auflösungen wurden nicht untersucht), schlecht (ca. 80 m), mittel (40 - 30 m) und gut (< 25 m) auflösend (Einteilung in Tab. 1.7 - 2).

Die technische Entwicklung der Aufnahmesysteme geht in die Richtung höherer räumlicher Auflösung, z.B. LANDSAT-TM, SPOT-HRV oder Space Shuttle-LFC. Für das LANDSAT-System, speziell die Satelliten 6 und 7, sind verbesserte Sensoren in der Entwicklung, z.B. der ETM (Enhanced Thematic Mapper) mit nominal 15 m Bodenauflösung in einem neuen panchromatischen Kanal (450 - 720 nm).

Die Fig. 1.7 - 2 zeigt Flugzeug-Rechner-Simulationen von Bodenauflösungen desselben Gebietes (Oakland, Cal.) mit 30 m (TM), 15 m (ETM) und 10 m (für LANDSAT 7 geplant) im Vergleich.

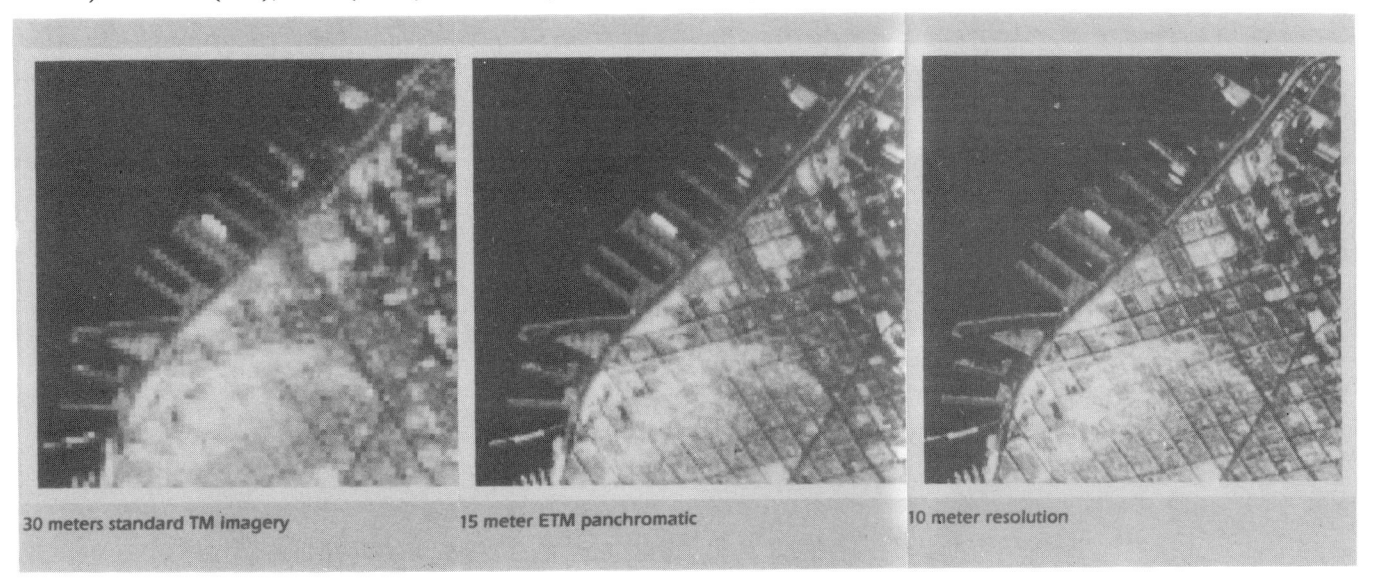

Fig. 1.7 - 2: Simulierte Bodenauflösung von 30 m, 15 m und 10 m im Vergleich (EOSAT)

Das Objektinventar eines Geländeausschnittes ist jedoch auf einer räumlichen Skala nicht gleichverteilt, es gibt Gruppen bestimmter realer Objektgrößen. Dabei sind gleiche Intervalle der Verbesserung der Auflösung für die Erweiterung der Objekterfassung und -identifikation qualitativ verschieden. Die meisten Objekte der Erdoberfläche haben eine solche Größenordnung, daß ihre fernerkundliche Erfassung und z.B. ihre kartographische Darstellung in Maßstäben 1:50 000 und größer ein räumliches Auflösungsvermögen um bzw. unter 5 m verlangt. Ein für die Anwendung von Satellitenbildern wichtiger Qualitätssprung der räumlichen Auflösung lag zwischen 30 m und 15 m; die Verbesserung auf 10 m kann hier nicht mehr viel bringen.

Das Auflösungsvermögen des Auges wird mit 7 Linienpaaren pro mm (7 lp/mm) angegeben (ohne Lupe). Ein Bild sollte aber mindestens 10 Linien pro mm Auflösung haben, um den Informationsumfang bei visueller Auswertung ausnützen zu können.

In Spalte (1) von Fig. 1.7 - 3 ist das Auflösungsvermögen im Satellitenbild dargestellt. Als Satellitenbild ist zu verstehen: Satellitenphotographie oder photographische Ausgabe eines digital bearbeiteten Scannerbildes (Hardcopy). Dieser entspricht bei LANDSAT eine Szene im Maßstab 1:1 000 000 als photographisches Bild, ausgehend von 3500 x 3500 Pixeln auf 185 mm, also eine Abbildung mit Pixelgröße ca. 0,05 mm, d.h. ca. 20 Pixel/mm - für das Auge nicht sichtbar.

Spalte (2) zeigt die visuelle Perzeption des Halbtonbildes. Das menschliche Auge kann 7 - 10 lp/mm wahrnehmen. Die Bildinterpretation ist bei 0,5 - 1,5 lp/mm gut durchführbar (Kontrastoptimum).

In Spalte (3a) ist die Kartenherstellung mit Hilfe der Strichgravur dargestellt. Die kleinste Strichstärke beträgt 0,1 mm, d.h. 5 lp/mm. Spalte (3b) zeigt den Druck der Strichkarte mit 10 lp/mm (reprotechnische Verkleinerung).

Spalte (4) zeigt die visuelle Perzeption der Strichkarte, 7 lp/mm.

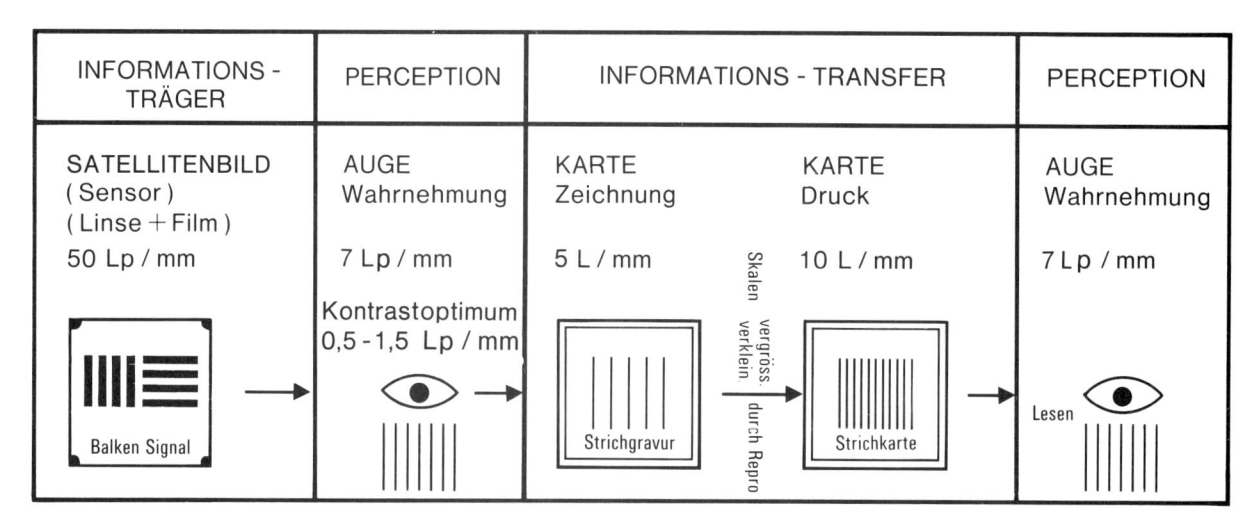

INFORMATIONS - TRÄGER	PERCEPTION	INFORMATIONS - TRANSFER		PERCEPTION
SATELLITENBILD (Sensor) (Linse + Film) 50 Lp/mm	AUGE Wahrnehmung 7 Lp/mm Kontrastoptimum 0,5-1,5 Lp/mm	KARTE Zeichnung 5 L/mm Strichgravur	KARTE Druck 10 L/mm Strichkarte	AUGE Wahrnehmung 7 Lp/mm Lesen

Fig. 1.7 - 3: Grenzwerte der räumlichen Auflösung im Arbeitsgang visuell-manueller Satellitenbildauswertung und -kartierung (nach Gierloff-Emden/Dietz 1983). In der Photographie wird gerechnet nach lp/mm = line pairs/mm; in der Kartographie wird mit l/mm = lines/mm gerechnet.

Die hier dargestellten Faktoren haben Einfluß auf das nutzbare Maß der Vergrößerung des Satellitenbildes.

– Der Bereich der optimalen Kontrastwahrnehmung des Gesichtssinnes liegt bei 10 - 30 lp/mm auf der Netzhaut. Bei einem Sehabstand von 25 cm entspricht diesem Bereich der von 0,6 - 1,5 lp/mm im Bild (s.o.).

– Ein Objekt der Ortsfrequenz 1 lp/mm wird beim Sehabstand von 25 cm auf die Netzhaut mit der Ortsfrequenz von 17 lp/mm abgebildet.

– Die Auflösungsgrenze des Gesichtssinnes liegt bei ca. 160 lp/mm auf der Netzhaut; dem entsprechen im Sehabstand von 25 cm ca. 10 lp/mm im Bild.

– Filmemulsionen lösen deutlich höher auf als der Gesichtssinn. Zur optimalen visuellen Wahrnehmung der Bilddetails bei höher auflösenden Filmen (z.B. 50 lp/mm) wäre eine Vergrößerung auf 0,6 - 1,5 lp/mm notwendig, d.h. 30- bis 80fach. Als Regel kann gelten, daß die Texturen dann optimal auswertbar werden, wenn die Vergrößerung der Ortsfrequenz des Bildes entspricht.

– Diese optimale Vergrößerung des Satellitenbildes ist nur im Auswertegerät erreichbar (virtuelles Bild). Wegen der Verluste in der Grautonskala und in der Bildschärfe (Kontrastverluste) ist sie nicht durch photographische Vergrößerung (reelles Bild, Dia oder Papierabzug) erreichbar.

– Diese optimale Vergrößerung läßt sich z.B. mit dem Bausch & Lomb Stereo Zoom Transferscope (0,6- bis 16,1fache Vergrößerung), mit dem Bausch & Lomb Zoom "70" Stereoskop (stufenlose Vergrößerung 7- bis 60fach), Zeiss Stereomikroskop III (stufenlose Vergrößerungsbereiche 5- bis 20fach, 8- bis 32fach, 10- bis 40fach) und Zeiss (Jena) Interpretoskop (2- bis 15fach) erreichen.

- Die optimale Vergrößerung ist jedoch nur dann nutzbar, wenn mit dem Auswertegerät die vergrößerte Strichzeichnung hergestellt werden kann; mit Zeiss Planimat und Standard-Optik ist dies z.B. nicht möglich, da nur eine 8fache Vergrößerung erreichbar ist.

Das Satellitenbild kann photogrammetrisch von der perspektivischen Projektion des Photos in eine Ortho-Projektion überführt werden (Orthophoto). Die Orthophotokarte als Bildkarte erfordert zur Lesbarkeit jeweils die Interpretation der Nutzung, also einen weiteren Schritt. Die Strichkarte enthält dagegen zur Lesbarkeit die semantische Legende.

Das Satellitenphoto (MC-Bild) enthält als Datenspeicher $> 10^8$ bit; die Strichkarte enthält nur einen Bruchteil dieser Datenmengen. Die Karte (Strichkarte) kann nach eigenen Bedingungen der Herstellung (Zeichnung, Druck, Lesbarkeit) nur die Informationen enthalten, die den Maßstabsverhältnissen entsprechen. Diese sind in der Kartenwissenschaft festgelegt (Arnberger und Kretschmer 1975).

1.8 Karteneignung

Satellitenbilder sind wie Karten verkleinerte und verebnete Abbilder von Teilen der Erdoberfläche. Zur Darstellung der Objekte in Karten werden Kartenzeichen (graphische Gestalten) benutzt, deren Bedeutung festgelegt ist. Zudem liegt Karten ein Koordinatensystem (Kartennetz) zugrunde, dessen Bezug zum geographischen Koordinatensystem bekannt ist. Bei den Karten wird zwischen Linienkarte (auch Strichkarte, vgl. 1.9) und Bildkarte unterschieden. Die Inhaltsdarstellung einer Linienkarte ist überwiegend auf linienhaften graphischen Elementen aufgebaut. Eine Bildkarte entsteht aus einem entzerrten Bild (Bildplan) durch kartographische Ergänzungen (z.B. Kartengitter, Höhenliniendarstellung, Namen usw.). Bei einer Weltraumbildkarte wird das von einem Raumfahrzeug aufgenommene Weltraumbild benutzt, bei einer Satellitenbildkarte das Satellitenbild.

In Linienkarten soll der abzubildende Erdoberflächenausschnitt charakteristisch vereinfacht und begrifflich klar dargestellt werden. Hierbei wird Zusammengehöriges durch einheitliche farbliche oder andere graphische Darstellung dargeboten. Die geforderte charakteristische Vereinfachung des Objektinventars wird als Generalisierung bezeichnet. Sie umfaßt folgende Schritte: Inhaltsauswahl im Gelände und im gewählten Maßstab, Objektvereinheitlichung, Zusammenfassung mehrerer gleichartiger, benachbarter Objekte, Formenvereinfachung, Koordinierung der Generalisierung aller Darstellungsgruppen in der Karte, Verdrängung aus der Soll-Lage (Schmidt-Falkenberg 1970).

Satellitenbilder speichern alle Einzelheiten, die zum Aufnahmezeitpunkt vom Aufnahmeort aus 'sichtbar' waren und deren Größe und Kontrast zur Umgebung, bezogen auf das Auflösungsvermögen des Aufnahmesystems, hinreichend groß waren. Die Inhaltsauswahl hat also keinen direkten Bezug zu einer Aufgabenstellung, es fehlt eine Generalisierung. In Satellitenbildkarten fehlt eine strukturelle Gliederung (besonders in Schwarz-Weiß-Bildern), die das Erfassen des Bildinhalts erleichtern würde. Das 'Lesen' des Satellitenbildes wird durch eine biologische Grenze eingeschränkt, zu kleine Details können ohne Hilfsmittel visuell nicht mehr erkannt werden. In Linienkarten sind aus diesem Grund Mindestgrößen festgelegt, die ein bequemes Auffassen ermöglichen sollen (Schmidt-Falkenberg 1977).

Die Kartographischen Dienste haben Genauigkeitsanforderungen für Karten aufgestellt; nach Doyle (1975) hat der U.S. Geological Survey die folgenden Genauigkeitsstandards eingeführt:

- planimetrische (Lage-) Genauigkeit für Maßstäbe 1:20 000: mittlerer quadratischer Lagefehler der Testpunkte in m $= 3,4 \times 10^{-4} \times m_k$ (m_k = Maßstabszahl der Karte); für eine Karte 1:50 000 bedeutet das: $3,4 \times 10^{-4} \times 50\,000 = 17$ m;
- altimetrische (Höhen-) Genauigkeit unabhängig vom Maßstab: mittlerer quadratischer Höhenfehler der Testpunkte $= 0,34 \times$ Isohypsenäquidistanz; für eine Karte mit 20 m-Äquidistanz bedeutet das: $0,34 \times 20 = 6,8$ m.

Die Genauigkeitsanforderungen an Karten bedingen zusammen mit dem Kartenmaßstab die Verwendbarkeit von Satellitenbildern für die Herstellung topographischer und thematischer Karten. Räumliche Auflösung, Detailerkennbarkeit und inhaltliche Interpretierbarkeit der Bilder begrenzen den nutzbaren Kartenmaßstabsbereich bei vorgegebenem Bildmaterial und damit auch den Bildmaßstab.

Für die direkte Verwendung eines Satellitenbildes als Kartenbasis (Bildplan, Bildkarte), also für die visuelle Auswertung des Bildes als Karte, gibt Doyle (1975) an, daß die Kartenmaßstabszahl m_k der Bodenauflösung in m/lp (1.7) multipliziert mit 10^4 entspricht:

m_k = Bodenauflösung [m/lp] x 10^4.

Für die Ableitung dieser Formel setzt er ein Auflösungsvermögen des Auges mit ca. 7 lp/mm, des Bildes mit 10 lp/mm und eine minimale Kartenzeichen-Strichstärke von 0,1 mm voraus. Konecny (1981) leitet nach Doyle (a.a.O.) diese Formel aus den Voraussetzungen ab, daß das kleinste Kartenelement 0,25 mm groß ist und für eine photographische Identifizierung mindestens 2,5 lp erforderlich sind.

Für Abtastbilder ist die Beziehung dann wie folgt zu rechnen:

m_k = k x Bodenpixelgröße [m] x 10^4

mit k = Kell-Faktor. Vereinfacht geben Konecny, Schuhr und Wu (1982) die Formel mit m_k = 2 x Pixelgröße [m] x 10^4 an.

Ausgehend von der visuellen Auflösung von 10 lp/mm nennt Konecny (1981) als erlaubten Vergrößerungsfaktor für Satellitenbilder:

$V_{erl.}$ = 0,1 x photographische Auflösung [lp/mm].

Daraus folgt für Abtastbilder

$V_{erl.}$ = 0,1 x (1/k) x Anzahl [Pixel/mm].

Damit läßt sich bei vorgegebenem Kartenmaßstab $1:m_k$ und vorgegebener Auflösung bzw. erlaubtem Vergrößerungsverhältnis die erforderliche Bildmaßstabszahl m_b errechnen:

m_b = m_k x $V_{erl.}$,

also für Photos m_b = m_k x (0,1 x (lp/mm))

und für Abtastbilder m_b = m_k x (0,1 x (1/k) x (Pixel/mm)).

Entsprechend diesen Formeln gibt Doyle (1975) unter der Voraussetzung visueller Auflösung von 10 lp/mm als notwendige Bodenauflösung an:

Bodenauflösung [m] = m_k x 10^4.

Doyle (1975), Konecny (1981) und Leberl (1982) betonen, daß bei der Ableitung des erforderlichen bzw. optimalen Bildmaßstabes aus einem vorgegebenen Kartenmaßstab die Interpretierbarkeit des Bildinhaltes der begrenzende Faktor ist. Zur Interpretierbarkeit werden mehrere Linienpaare bzw. Pixel benötigt, daher ist sie gröber als die räumliche Auflösung des Bildes. Konecny nennt Untersuchungen, nach denen in einem Bild folgende Anzahl von Linien bzw. Linienpaaren notwendig war, um bestimmte Objekte mit 50 % Wahrscheinlichkeit zu erkennen und zu identifizieren (Johnson-Kriterium)
- für das Entdecken des Objektes: 2 Linien/1 Lp,
- für das Erkennen des Objektes: 7 Linien/3,5 Lp,
- zur Identifikation des Objektes: 14 Linien/7 Lp.

Doyle hingegen hält für eine photographische Identifizierung mindestens 5 Linien/2 Lp für erforderlich. Dieser Wert geht in seine teils empirischen Formeln ein; er scheint jedoch zu niedrig angesetzt.

Maßstab	Äquidistanz [m]	USGS-Genauigkeit		Notwendige Bodenauflösung			Zeichen-genauigkeit 0,1 mm
		Lage [m]	Höhe [m]	[m/lp]	[m/Pixel] k= 2,8	= 4	
1 : 25 000	5	8,5	1,7	2,5	0,89	0,63	2,5
1 : 50 000	10	17	3,4	5	1,79	1,25	5
1 : 100 000	20	34	6,8	10	3,57	2,5	10
1 : 250 000	25	85	8,5	25	8,93	6,25	25
1 : 500 000	50	170	17	50	17,86	12,5	50
1 : 1 000 000	100	340	34	100	35,71	25	100

Tab. 1.8 - 1: Genauigkeitsanforderungen an Bildkarten nach U.S.G.S.-Standard und Doyle (1975)

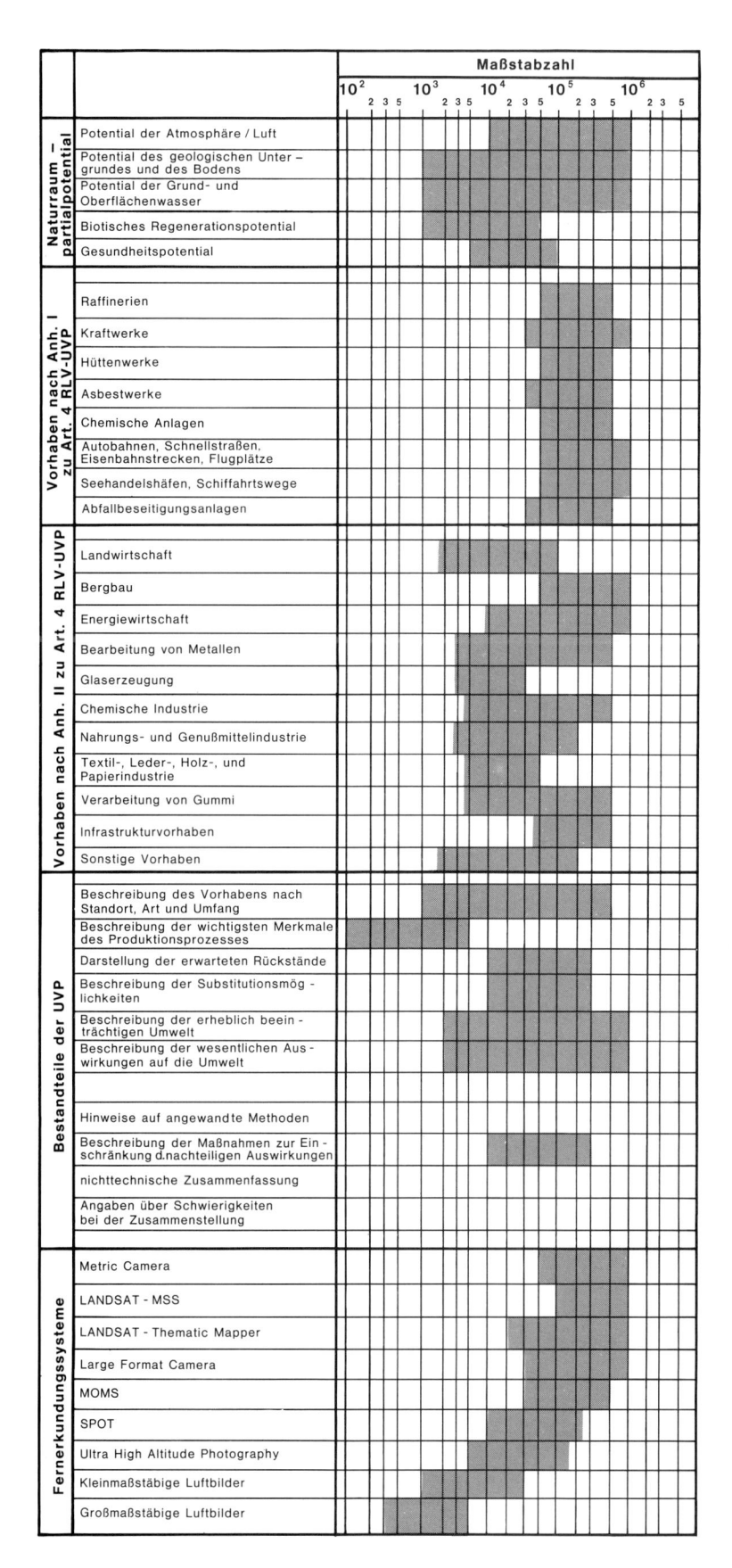

Fig. 1.8 - 1: Untersuchungsmaßstäbe von Großvorhaben und UVP-Bestandteilen im Vergleich mit Abbildungsmaßstäben wichtiger Fernerkundungssysteme (nach Halm 1986)

Darstellungsobjekt	Entsprechende Größen in mm auf der Karte im Maßstab 1 :								
	1 000	5 000	10 000	25 000	50 000	100 000	200 000	500 000	1 Mio.
Seen Breite 500 m	500,0	100,0	50,0	20,0	10,0	5,0	2,5	1,0	0,5
Seen und Ströme 100 m	100,0	20,0	10,0	4,0	2,0	1,0	0,5	0,2	0,1
Flüsse 50 m	50,0	10,0	5,0	2,0	1,0	0,5	0,3	0,1	0,1
Flüsse und Bäche 10 m	10,0	2,0	1,0	0,4	0,2	0,1	0,1	0,0	0,0
Bäche 5 m	5,0	1,0	0,5	0,2	0,1	0,1	0,0	0,0	0,0
Autobahnen Breite 20 m	20,0	4,0	2,0	0,8	0,4	0,2	0,1	0,0	0,0
Straßen bzw. Eisenb. 8 m	8,0	1,6	0,8	0,3	0,2	0,1	0,0	0,0	0,0
Straßen bzw. Eisenb. 6 m	6,0	1,2	0,6	0,2	0,1	0,1	0,0	0,0	0,0
Fahr- und Feldwege 3 m	3,0	0,6	0,3	0,1	0,1	0,0	0,0	0,0	0,0
Fußwege 1 m	1,0	0,2	0,1	0,0	0,0	0,0	0,0	0,0	0,0
Großstädte ø 10 km			1000,0	400,0	200,0	100,0	50,0	20,0	10,0
Geschl. städt. Siedlungsformen 2 km		400,0	200,0	80,0	40,0	20,0	10,0	4,0	2,0
Geschl. ländl. Siedlungen (Dörfer) 500 m	500,0	100,0	50,0	20,0	10,0	5,0	2,5	1,0	0,5
Geschl. ländl. Siedlungen (Dörfer) 200 m	200,0	40,0	20,0	8,0	4,0	2,0	1,0	0,4	0,2
Fabriken, Häusergruppen u. Weiler 150 m	150,0	30,0	15,0	6,0	3,0	1,5	0,8	0,3	0,2
Fabriken, Häusergruppen u. Weiler 100 m	100,0	20,0	10,0	4,0	2,0	1,0	0,5	0,2	0,1
Einzelhäuser Länge 25 m	25,0	5,0	2,5	1,0	0,5	0,3	0,1	0,1	0,0
Einzelhäuser 10 m	10,0	2,0	1,0	0,4	0,2	0,1	0,1	0,0	0,0

Tab. 1.8 - 2: Maßstabentsprechende Wiedergabe verschiedener Darstellungsobjekte (nach Arnberger 1966; verändert nach Gierloff-Emden/Dietz 1983). Trennlinien mit gestuftem Verlauf für Karten = untere Grenze der maßstabsentsprechenden graphischen Darstellbarkeit (kartographisch); Werte rechts unterhalb der Linie sind nicht mehr maßstabentsprechend darstellbar (weshalb Objekte dieser Größenordnung in der Kartenwiedergabe entweder entfallen oder generalisiert werden).
Die untere Grenze für die maßstabsentsprechende Wiedergabe stimmt bei verschiedenen Kartenelementen nicht überein. Die Grenze der visuellen Auflösung für ein Objekt liegt bei 0,05 mm. Die Grenze der Zeichengenauigkeit für ein Objekt liegt bei 0,1 mm - 10 lp/mm. Eine visuelle Konstante ist die Mindestgröße sichtbarer und unterscheidbarer Flecken (minimum visible).

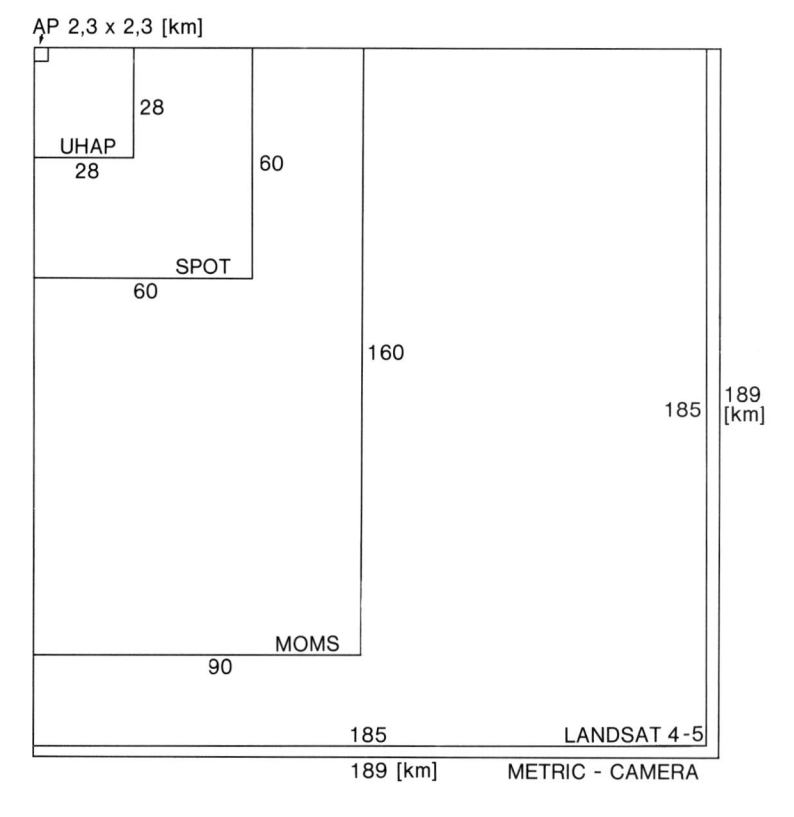

Fig. 1.8 - 2: Flächendeckung von Fernerkundungssystemen (Maßstab 1 : 2 000 000) (aus Gierloff-Emden/Dietz 1985)

Halm (1986) untersuchte die Eignung von Satellitenbildern für die Umweltverträglichkeitsprüfung (UVP) und stellte die Maßstabsabhängigkeit heraus (vgl. Fig. 1.8 - 1).

Ein wichtiger Vorteil von Satellitenbildern gegenüber konventionellen Luftbildern ist ihre wesentlich größere Flächendeckung. Um die Fläche eines MC- (Metric Camera-) Bildes zu überdecken, sind erforderlich (vgl. Fig. 1.8 - 2):
1 LANDSAT-MSS-Bild oder 3 MOMS-Bilder oder 10 SPOT-Bilder oder 46 UHAP-Bilder (Ultra High Altitude Photography) oder 6740 AP- Bilder (Aerial Photography; auch CA: Conventional Aerial Photography).

Gierloff-Emden (1986a, ergänzt 1986b) hat die Beziehung von Flächendeckung und Bodenauflösung von Satellitenbildern und der zugehörigen Maßstäbe für die kartographische Verwendungsmöglichkeit der Bilder untersucht. Die Darstellung erfolgt getrennt nach photographischen Verfahren (Fig. 1.8 - 3) und nach Abtastverfahren (Fig. 1.8 - 4).

Die Diagramme sind logarithmisch skaliert. In Fig. 1.8 - 3 verwendet er folgende Werte: Maßstäbe 1 : 25 000 (CA), 1 : 125 000 (UHAP), 1 : 800 000 (MC), 1 : 750 000 (LFC); Aufnahmeflächen pro Bild 25 km^2 (CA), 784 km^2 (UHAP), 35 700 km^2 (MC), 98 600 km^2 (LFC); Bodenauflösung < 1 m (CA), 1 - 5 m (UHAP), 10 - 20 m (MC), 10 - 25 m (LFC). In Fig. 1.8 - 4 verwendet er die Werte: Maßstäbe 1 : 800 000 (LANDSAT-MSS, -TM, MOMS) und 1: 400 000 (SPOT); Aufnahmeflächen 34 255 km^2 (LANDSAT-MSS und -TM), 19 000 km^2 (MOMS) und 3 600 km^2 (SPOT); Bodenauflösung 80 m (MSS), 30 m (TM), 20 m (MOMS) und 10/20 m (SPOT).

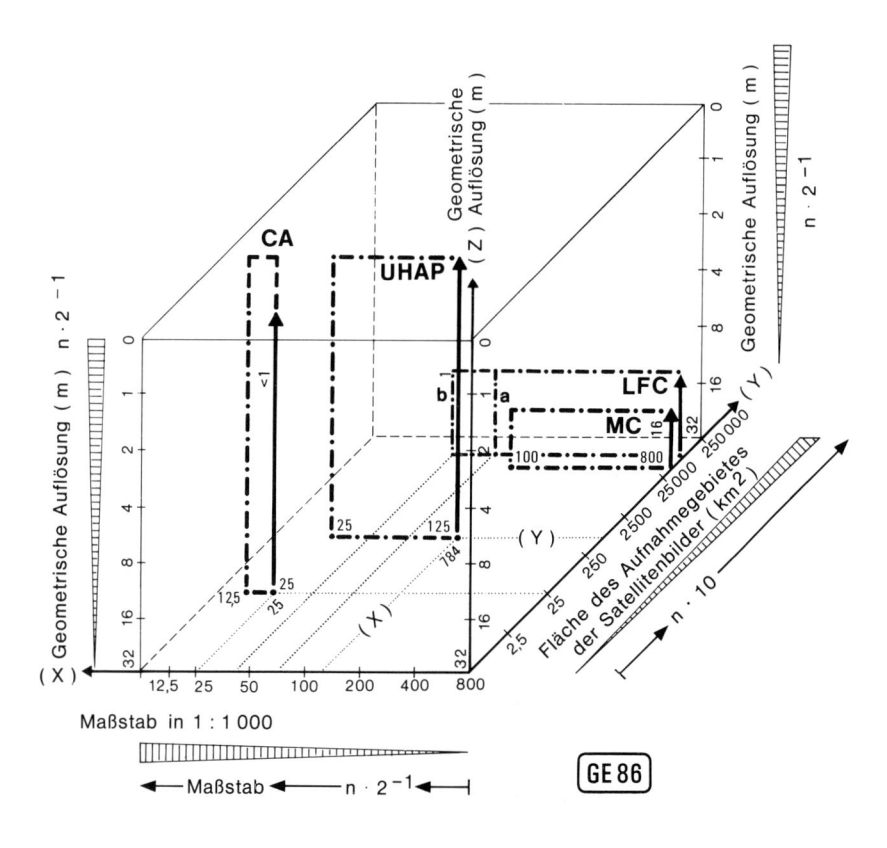

Fig. 1.8 - 3: Relation von Aufnahmemaßstab, Flächendeckung und Bodenauflösung bei LFC, MC, UHAP und CA (Gierloff-Emden 1986b). Die Skalierung der Achsen ist logarithmisch, für die aufgenommene Geländefläche pro Aufnahme in Zehnerlogarithmen. Die Pfeile verdeutlichen Maßstab, Fläche und Bodenauflösung der Originalaufnahme. Gerissene und strichpunktierte Linien zeigen durch Vergrößerung nutzbare Maßstabsbereiche an, bzw. für konventionelle Luftphotos erweiterte Bodenauflösung durch hochauflösende Filme. Die Achsen zählen nicht vom Koordinatenursprung aus; sie weisen in Richtung wachsender Fläche, wachsender Auflösung und wachsenden Maßstabs

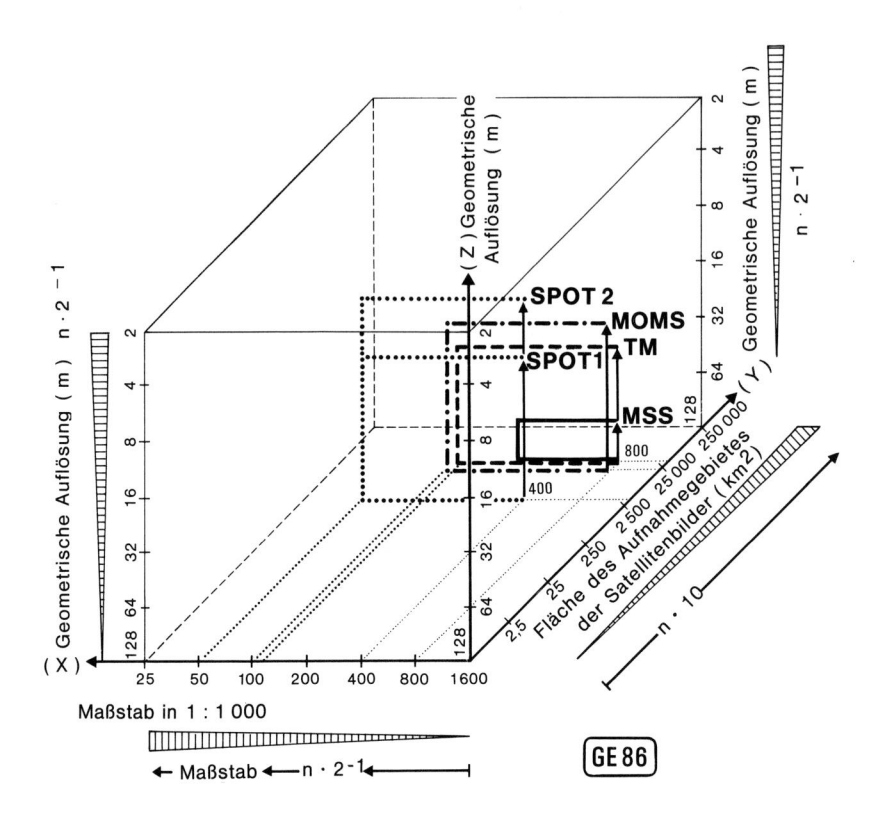

Fig. 1.8 - 4: Relation von Aufnahmemaßstab, Flächendeckung und Bodenauflösung bei LANDSAT 4-MSS und TM, MOMS, SPOT (nach Gierloff-Emden 1986b)

Wieneke (1987) faßte für photographische Fernerkundungssysteme die entsprechenden Werte tabellarisch zusammen (Tab. 1.8 - 3) und konstruierte aus diesen Werten ein modifiziertes Diagramm (Fig. 1.8 - 5). Das Diagramm mußte verändert werden, um auf allen drei Achsen erweiterte Skalen unterzubringen. Aus diesem Grund wurden alle drei Achsen dekadisch logarithmisch skaliert. Beziffert sind die so skalierten Werte arithmetisch. Die Achsen beginnen nicht im Koordinatenursprung, sondern in der Nähe der ungünstigsten Werte, die auftreten. Sie weisen in Richtung wachsender Bodenauflösung, wachsender Maßstabszahl und wachsender Aufnahmefläche. Unter Verwertung der Tab. 1.8 - 3 zeigt sich, daß photographische Fernerkundung aus der Luft einen Bodenauflösungsbereich von ca. 10 cm bis ca. 5 m umfaßt, diejenige aus dem Weltraum einen Bereich von ca. 9 m bis 125 bzw. 175 m. Es lassen sich mit hochauflösenden Filmen und Bewegungskompensation bei derzeit verfügbaren Objektiven optimal photographische Auflösungen von ca. 140 lp/mm erzielen. Im Format der Large Format Camera-Photos (1:800 000 oder 1:1 Mio.) ergeben sich damit minimale 6 m bzw. 7 m Bodenauflösung. D.h. hier schließen Weltraumphotographie und Luftphotographie aneinander an. Deutliche Lücken ergeben sich dagegen bei den Maßstäben und den Aufnahmeflächen der Systeme. Die Maßstabslücke zwischen ca. 1:750 000 (größter Maßstab der Weltraumphotos) und ca. 1:150 000 (kleinster Maßstab der Luftphotos) läßt sich durch Vergrößerung der Weltraumphotos oder Verkleinerung der UHAP-Photos schließen. G. Konecny (1981b) gibt als erlaubtes Vergrößerungsverhältnis ein Zehntel der photographischen Auflösung [lp/mm] an, also z.B. 4fach bei 40 lp/mm, 14fach bei 140 lp/mm. So ergibt sich ein erlaubter Maßstab der Vergrößerung bei Metric Camera- Aufnahmen von 1:200 000, bei Large Format Camera-Aufnahmen von bis zu 1:90 000. Die Lücke in der Skala der pro Bild aufgenommenen Fläche würde auch bei Einsatz einer Large Format Camera für Ultrahochbefliegungen bestehen bleiben, und zwar um eine Zehnerpotenz. Hier muß für Flächen im Zwischenraum mit Ausschnittsvergrößerungen aus Weltraumphotos oder mit Mosaiken aus Hochbefliegungsphotos gearbeitet werden.

In der Fig. 1.8 - 5 sind die in Tab. 1.8 - 3 aufgeführten Produkte photographischer Fernerkundung koordinatenmäßig als Ausgangspunkt zweier orthogonaler Pfeile eingetragen. Dieser Punkt hat die Koordinaten Originalmaßstab des Bildes, Aufnahmefläche des Bildes am Boden, Bodenauflösung des Bildes bei visueller Aus-

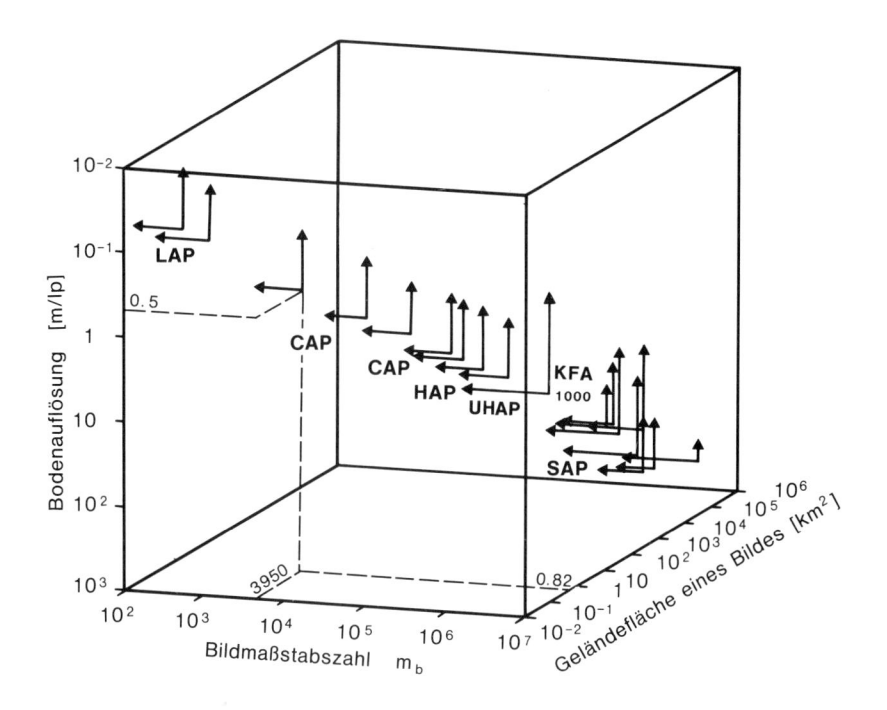

Fig. 1.8 - 5: Maßstab, Bodenauflösung und Geländefläche eines Bildes für verschiedene Systeme photographischer Fernerkundung. Die Systeme sind durch zwei orthogonale Pfeile dargestellt. Der Ausgangspunkt der Pfeile hat die Koordinaten Originalmaßstab der Aufnahme, Bodenauflösung bei visueller Auswertung und Aufnahmefläche des Bildes im Gelände. Die Pfeile zeigen den Effekt erlaubter (i.S. von Konecny 1981b) Vergrößerung auf die visuell nutzbare Auflösung und den Maßstab. Die Spitzen deuten graphisch an, daß weitere Vergrößerungen möglich sind.
LAP = Tiefbefliegungsphotographie; CAP = konventionelle Luftphotographie; HAP = Hochbefliegungsphotographie; UHAP = Ultrahochbefliegungsphotographie; SAP = Satelliten- bzw. Weltraumphotographie; KFA 1000 = Kosmosmissionen der UdSSR

Missionen	Höhe	Brennweite (mm)	Bildformat (cm³)	Maßstab	Auflösung (lp/mm)	Bodenauflösung (m/lp)	Aufnahme fläche
Luftphotographie							
Tiefbefliegungen	100 m	35	2,4x3,6	1: 2900	40	0.07	ca. 7000 m²
	300 m	610	23x23	1: 490	40,80,120	0.01 -0.003	12700 m²
Normalbefliegungen	1200 m	305	23x23	1: 3900	40,80,120	0.1 -0.03	0.82 km²
	1200 m	153	23x23	1: 7800	40,80,120	0.2 -0.065	3.25 km²
	1800 m	153	23x23	1: 11800	40,80,120	0.3 -0.1	7.3 km²
	4300 m	85	23x23	1: 50600	40,80,120	1.26-0.42	135.4 km²
	6400 m	85	23x23	1: 75300	40,80,120	1.9 -0.63	300.0 km²
Hochbefliegungen	13 km	150	23x23	1:86700	40,80,120	2.2 - 0.7	398.0 km²
	13 km	210	23x23	1:61900	40,80,120	1.55-0.52	201.6 km²
Ultrahochbefliegungen	20 km	150	23x23	1:133 300	40,80,120	3.3-1.1(2-3)	940.0 km²
Weltraumphotographie							
Gemini 4-7, 10-12	200 km	80	5.7x5.7	1:2.5 Mill	20	125	20 300 km²
Apollo 9	192-496 km	80	5.7x5.7	1:2.4-6.2 Mill	35	69-177	18700-124900 km²
Skylab S190A	435 km	152	5.7x5.7	1:2.9 Mill	29	99(38-79)	26 600 km²
Skylab S190B	435 km	460	11.5x11.5	1:945000	25	38 (17-30)	11800 km²
Metric Camera	244 km	305	23x23	1:800000	40	20	33900 km²
Large Format Camera	239, 272, 370 km	305	23x46	1:780000, 890000,1.2 Mill	40,70,90	20-30,11-17, 9-13(14-25)	64400,83800, 145000 km²
Soyuz - MKF 6	250 km	125	5.5x8.1	1:2 Mill	80	25(18-48)	17800 km²

Tab. 1.8 - 3: Originalmaßstab, Bodenfläche und Bodenauflösung für Luft- und Weltraumphotographie (nach verschiedenen Angaben zusammengestellt; berechnete Werte, Werte in Klammern nach der Literatur; nach Wieneke 1987)

wertung (Auflösungsvermögen des Auges hier mit 8 lp/mm angesetzt). Für Luftphotos ist nur eine photographische Auflösung von 40 lp/mm berücksichtigt worden. Die beiden Pfeile zeigen den Effekt erlaubter Vergrößerung des Bildes (i.S. von Konecny 1981b) bei visueller Auswertung: Das räumliche Auflösungsvermögen kann nun besser ausgeschöpft werden, der Maßstab vergrößert sich entsprechend. Im Grunde wäre ein diagonaler Pfeil einzuzeichnen, da bei gleitender Vergrößerung nutzbare Bodenauflösung und Maßstab gleichzeitig wachsen. Erfolgt die Vergrößerung nicht im virtuellen Bild eines Auswerteinstrumentes, sondern reprotechnisch, so sinkt die Bildqualität, und damit nimmt dann das photographische Auflösungsvermögen ab.

Der "Sprung" der Bodenauflösung nach Objekten von der Größenklasse 15-10 m (Minimum Visible von MC und LFC) auf die Größenklasse < 3 m (UHAP) ist relevant, da hiermit die Möglichkeit der Interpretation und der Kartenherstellung im Maßstab 1:25 000 erreicht werden kann. Bei UHAP, MC und LFC bietet das Stereoaufnahmesystem einen wesentlichen Informationsgewinn. Für eine eindeutige Identifikation von Objekten für die Kartenherstellung im Maßstab 1:50 000 und kleiner ist eine Auflösung am Boden von 5 m erforderlich (Konecny 1981b).

Der "Sprung" der Bodenauflösung nach Pixeln von der Größenklasse 30 m auf die Größenklasse 20 m ist nicht sehr relevant, da mit diesem Sprung der Auflösung keine wesentlich neuen Objektklassen der Erdoberfläche erfaßt werden (z.B. Gebäude, Felder nach Landnutzung etc.). Der bei SPOT vollzogene "Sprung" zu Größenklassen von 10 m Pixelgröße ermöglicht den Einsatz zur Herstellung von Karten im Maßstab ≅ 1:50 000, von thematischen Karten auch 1:25 000. Für SPOT besteht derzeit als einziges orbitales nichtphotographisches Aufnahmesystem die Möglichkeit der Stereoauswertung.

Für die Karteneignung der Satellitenbilder ist zu beachten, daß
- mit hoher räumlicher Auflösung die Zahl der Daten pro Fläche steigt,
- mit wachsender Fläche einer Aufnahme (Szene) eine steigende Anzahl von Landschaftseinheiten erfaßt wird, für deren Analyse im Bild es grundverschiedener Objektkategorien bedarf.

Die Flächendeckung größerer Teilgebiete der Erdoberfläche mit Satellitenbildern ist von der Lage der aufzunehmenden Gebiete zu den Satellitenspuren abhängig. Die volle Flächendeckung enthält Überlappungen. Bildkarten solcher Gebiete müssen aus entzerrten Mosaiken erstellt werden.

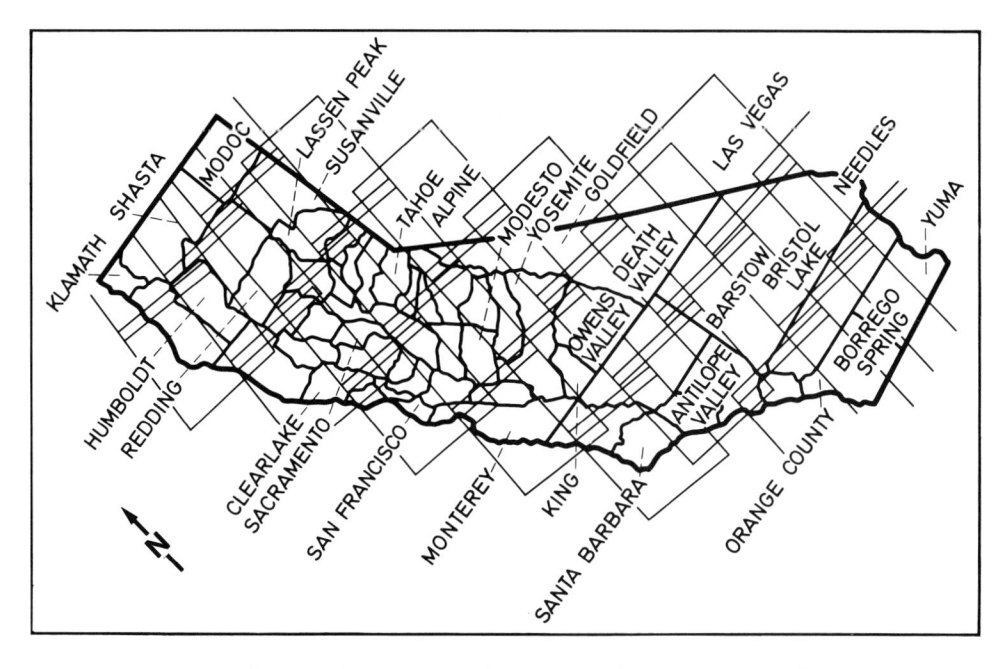

Fig. 1.8 - 6: Flächendeckung eines Gebietes (hier Kalifornien) durch LANDSAT-Szenen. Jede Szene deckt 185 km x 185 km. Um die 3000 km lange Küste Kaliforniens aufzunehmen, sind 9 Szenen aus 8 Umläufen notwendig.

1.9 Rasterdaten und Vektordaten

In analoger (bildhafter) Form sind Satellitenbilder entweder Halbtonbilder (Photos) oder Rasterbilder (vgl. Fig. 1.1 - 2). Alle nicht photographisch erstellten Bilder liegen als Rasterdaten vor. Rasterbilder sind aus diskreten Bildelementen (picture elements, "pixel") aufgebaut. In regelmäßiger Anordnung in Bildzeilen (lines) und -spalten (rows) bestehen die Signale der Pixel aus Grauwerten oder kodierten Farben. Die Werteskala reicht von 2 (schwarz - weiß) bis $2^8 = 256$.

Linien- oder Strichkarten weisen in gerade Linien (Vektoren) zerlegte Inhalte auf (vgl. Fig. 1.9 - 1). Die Anfangs- und Endpunkte der Linien werden in einem Koordinatennetz fixiert; für zweidimensionale Darstellungen ist ein Cartesisches Koordinatennetz gebräuchlich, wie rechts in der Fig. 1.9 - 1 dargestellt.

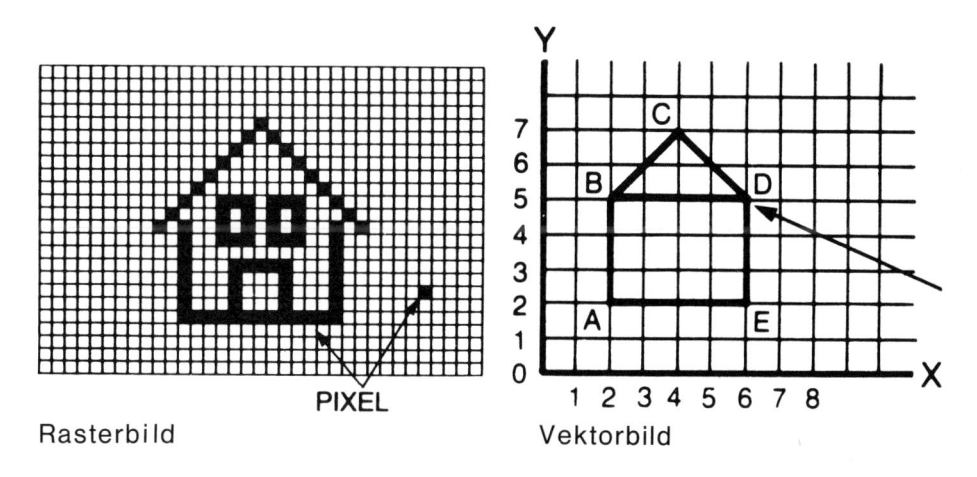

Fig. 1.9 - 1: Schematische Darstellung eines Objektes in Rasterform (links) und Vektorform (rechts)

Die Computergraphik und -kartographie kann Vektor- und Rasterdarstellungen verwenden. Eine Überführung von Rasterbildern, d.h. von Scannerbildern (wie es die Datensammlung und -darstellung bei nichtphotographischen Satellitenbildern erbringt), zu Vektorbildern (wie es für den Kartenausdruck erfolgen soll) kann durch digitale Operationen erreicht werden. Um eine kartographische Abbildung zu erhalten, die optisch den Anforderungen einer Karte entspricht, müssen die Pixel der Rasterbilder so klein dargestellt werden, daß sie für die Perzeption nicht direkt sichtbar sind.

Fig. 1.9 - 2 zeigt als Beispiel eines Rasterbildes eine Ausschnittvergrößerung eines LANDSAT 2-MSS-Bildes. Die Pixelgröße beträgt 60 m x 80 m. Flächenmuster und linienähnliche Konfigurationen werden im Pixelraster abgebildet. Die Grautonvarianz gibt die Intensität der vom Sensor gemessenen Remissionen nach der dynamischen Skala der Grautonwerte wieder.

Bei Bildabspielungen und photographischer Darstellung in kleinem Maßstab verschwindet das Pixelmuster visuell. Bei Bildabspielung und photographischer Darstellung in größerem Maßstab erscheint das Pixelmuster, d.h. weitere Vergrößerungen erbringen keine neue Information. Bei der Darstellung mit Pixeln in erkennbarer Größe wird die westliche Küste als treppenartige Linie dargestellt. Dies wird durch die Begrenzung von schräg auflaufenden Wellen zum Strand bewirkt, die jeweils eine Länge von $\cong 7$ Pixeln haben. Einen Einfluß auf den Küstenverlauf im Bild hat auch die Konfiguration von Küstenschutzbauwerken, z.B. Buhnen, deren Abstand voneinander größer als 7 Pixel ist, wie es für die südliche, im Bild horizontal verlaufende Küste der Fall ist.

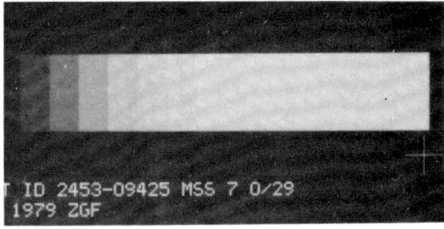

Fig. 1.9 - 2: Digitale Bildverarbeitung einer LANDSAT-Szene in den Kanälen 4 (links) und 7 (rechts). Die Vergrößerung wird so vorgenommen, daß die Pixel erkannt werden können. Die Pixel von MSS betragen 60 m x 80 m.
Ausschnitt Blåvands Huk, Dänische Nordseeküste (Bildverarbeitung R. Haydn; nach Gierloff-Emden 1982)

Bodenauflösung nichtphotographischer Satellitensysteme (in Seitenlänge des Geländeelementes)		Maximaler Bildmaßstab mit Pixeln ≤ 0,1 mm	Vergleichbarer Strichkartenmaßstab (Zeichen- und Druckgenauigkeit 0,1 mm)
NOAA-TIROS AVHRR	1 000 m	1 : 10 000 000	
LANDSAT 1-3 MSS	100 m	1 : 1 000 000	1 : 1 000 000 (IWK)
LANDSAT 2 RBV	50 m	1 : 500 000	1 : 500 000
SPOT	10 m	1 : 100 000	1 : 250 000 1 : 100 000 1 : 50 000

Tab. 1.9 - 1: Grenzwerte von Satellitenrasterbildern nach Maßstabsverhältnissen einer Vektordarstellung (Strichkarte), für die die Satellitenbilder noch nicht als Mosaik erscheinen, d.h. die Pixel unter der Wahrnehmungsgrenze von 0,1 mm liegen

Die Lesbarkeit einer Konfiguration wird durch die graphische Dichte bedingt. Eine graphische Dichte von 10 Zeichen pro cm² soll nicht überschritten werden, um die Lesbarkeit in der Karte nicht zu beeinträchtigen (Bertin 1974). Daher kann die Zeichenmöglichkeit von 0,1 mm nicht voll ausgenutzt werden. Das bedeutet, daß die Satellitenbilder als Rasterbilder mit Pixeldarstellung in etwas größeren Maßstabsverhältnissen zur Er-Erstellung von Karten genutzt werden können, als es die Relationen der Tabelle 1.9 - 1 darlegen. Pixelcluster (Flächen) sowie Pixelreihen und -treppen (Linien) können u.U. noch bei größeren Maßstäben ausgewertet werden.

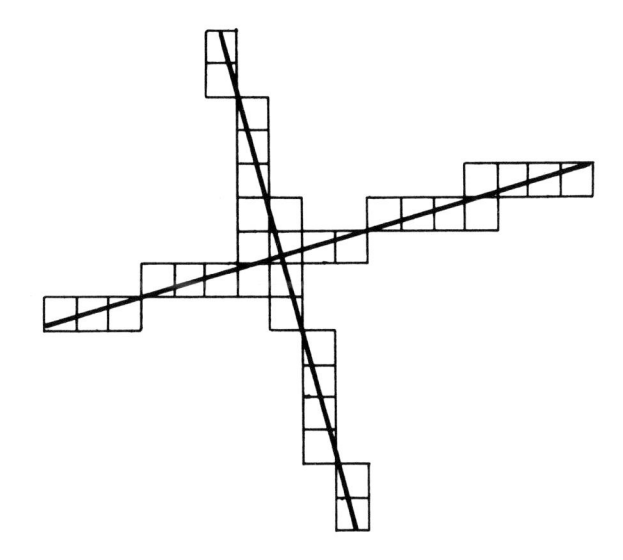

Fig. 1.9 - 3: Visuelles Schätzverfahren zur Bestimmung der Bildkoordinaten einer Straßenkreuzung in Iowa. Ein Paar rechtwinklig aufeinanderstehender Geraden kann über das Rasterbild gelegt werden, um bei der Lokalisierung des Geländekontrollpunktes im Teil eines Pixels zu helfen (nach Welch/Jordan/Ehlers 1985)

Gerade Straßen, die nicht genau in der Richtung der Subsatellitenbahn oder der Abtastrichtung liegen, werden als getreppte Pixelfolge abgebildet; bei Straßenkreuzungen verhält es sich entsprechend. Straßenkreuzungen sind wichtige Geländekontrollpunkte zur geometrischen Entzerrung von Abtastbildern. Sie liegen in der Regel nicht im Zentrum eines Pixels. Durch visuelles Schätzen können die Bildkoordinaten einer Straßenkreuzung genauer bestimmt werden, als die durch die Pixelgröße (IFOV) bestimmte räumliche Auflösung zuläßt. Der Pixelabfolge wird ein sich rechtwinklig kreuzendes Paar von Geraden eingepaßt; hierdurch lassen sich die Kreuzungen lagemäßig genau auf 0,20 bis 0,25 Pixel bestimmen, falls das Gelände flach ist. Höhere Reliefenergie erhöht den Schätzfehler auf 0,5 Pixel (Welch/Jordan/Ehlers 1985). Dies ist von großer Bedeutung für die Übertragung des Rasterbildes in eine Strichkarte.

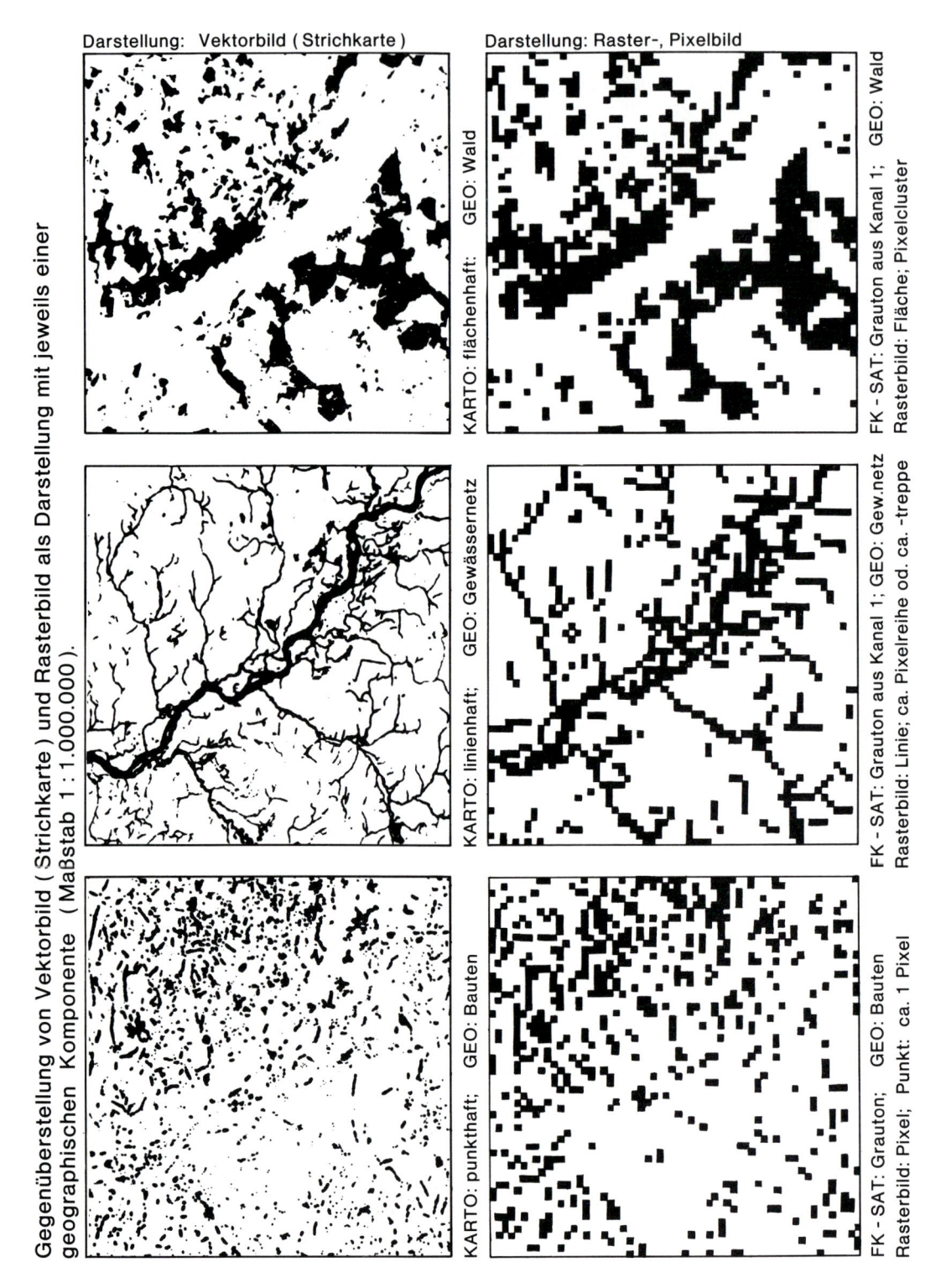

Fig. 1.9 - 4: Vergleich der Darstellung von punkt-, linien- und flächenhaften Elementen im Vektorbild (Strichkarte) (nach Bertin 1974) und Rasterbild (Satellitenbild) (Gierloff-Emden), letzteres mit Hilfe eines Millimeterpapierrasters simuliert. Punkte und Kurzstriche ≤ 1/4 mm² wurden nicht mehr erfaßt
KARTO: kartographisch, GEO: geographisch-inhaltlich, FK-SAT: fernerkundungs-satellitenbildmäßig

1.10 Einstrahlung und Beleuchtungsverhältnisse

Die Einstrahlungs- und Beleuchtungsverhältnisse auf der Erdoberfläche sind von Bedeutung für die Remission und Emission von Signalen der Objekte der Erdoberfläche, die von Sensoren aufgenommen werden können. Sie bestimmen zusammen mit der Konfiguration der Oberfläche und der Konsistenz des Substrates die Grautonintensität und die spektrale Anzeige der Objekte.

Der Sonnenstand (nach Sonnenhöhe über dem Horizont und nach dem Azimut der Sonne) variiert während des Tages, dieser Tagesgang jedoch mit der Jahreszeit. Außerdem ist der Tagesgang abhängig von der geographischen Breite. Grob betrachtet, unterscheiden sich hier die mathematischen Polargebiete, gemäßigten Breiten und Tropen fundamental voneinander.

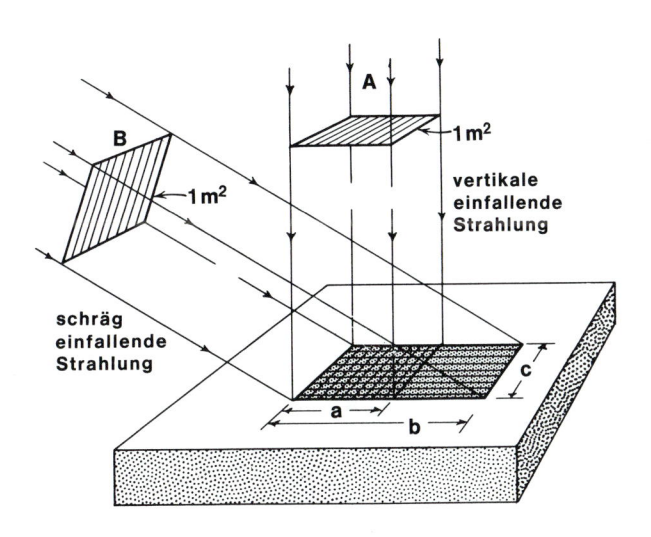

Fig. 1.10 - 1: Abhängigkeit der Strahlungsintensität auf der Erdoberfläche vom Einfallswinkel

    A vertikaler Einfall, Intensität der Fläche   A = a x c
    B schräger Einfall, Intensität ist verteilt auf   B = b x c

(nach Strahler/Strahler 1983)

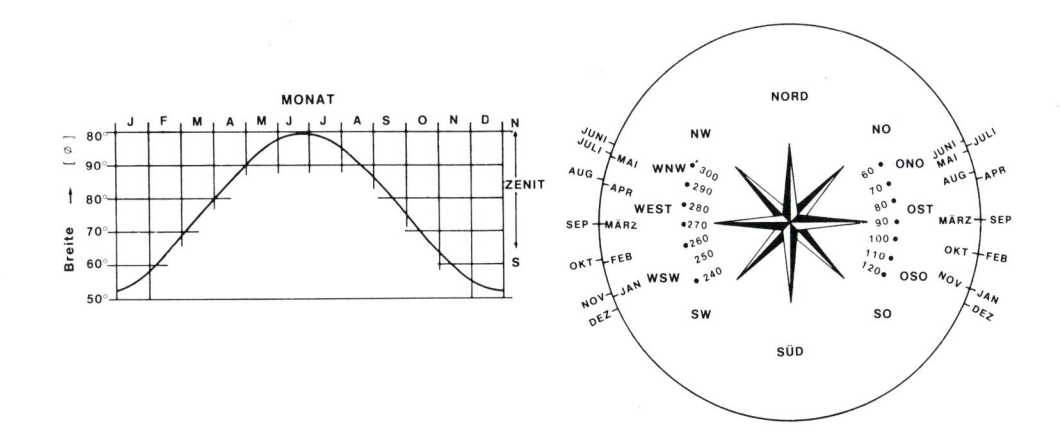

Fig. 1.10 - 2: Die Variation von Höhe (Kulmination; links) und Azimut (rechts) der Sonne während eines Jahres in den Tropen (Beispiel 14°N, El Salvador; nach Leßmann 1981)

In El Salvador z.B. variiert die Höhe der Sonne (Kulmination) von 50° bis 90° aus südlichen Quadranten und von 90° bis 80° aus nördlichen Quadranten. Das Azimut der Sonne variiert von Aufgang bis Untergang von ca. 60° bis ca. 300° im Juni (Nordsommer) zu ca. 120° bis ca. 240° im Dezember (Nordwinter). Von Anfang Mai bis Mitte August scheint die Sonne aus nördlichen Richtungen, in der übrigen Zeit aus südlichen Richtungen. Innertropische Gebiete werden also im Laufe eines Jahres aus allen Richtungen beleuchtet, außertropische aus südlichen (Nordhemisphäre) oder aus nördlichen (Südhemisphäre) Richtungen. Dies ist von Bedeutung für Aufnahmen sonnensynchroner Satelliten, z.B. LANDSAT.

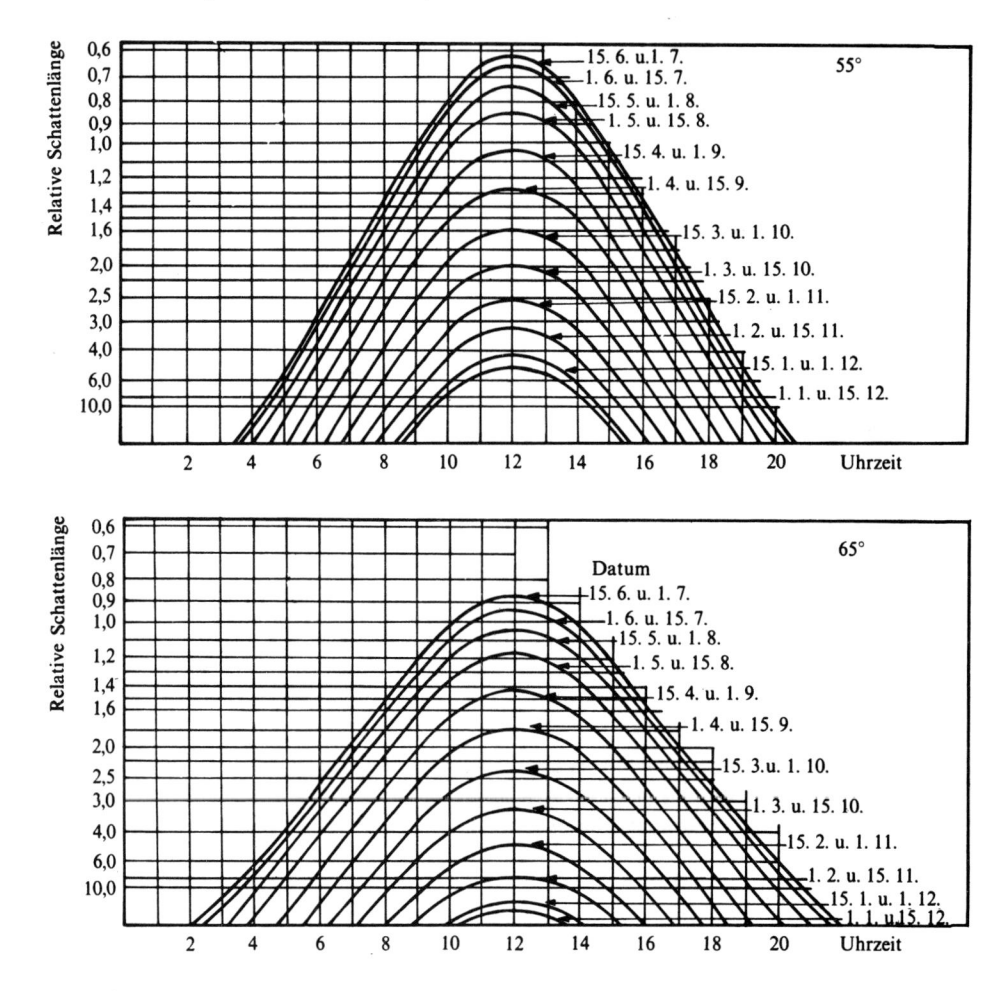

Fig. 1.10 - 3: Schattenlängen in verschiedenen geographischen Breiten (nach Gierloff-Emden/Schroeder-Lanz 1970)

Für die Feststellung von Beleuchtungsverhältnissen, Sonnenhöhe und Azimut gibt es Tabellen und Nomogramme, z.B. von Louis (1958), Clark (1971), Benzing/Kimming (1985/86), speziell für Mitteleuropa Reidat (1955).

Von besonderer Bedeutung wird der Sonnenstand in stark reliefiertem Gelände: Der Schatten kann Geländeteile verdecken und dadurch Informationen unterdrücken (Fig. 1.10 - 3 und 1.10 - 4).

Außer durch Rotation der Beleuchtung (der Lampe) bei einem Reliefmodell kann dieser Effekt auch rechnerisch erreicht werden. Die Schattenverteilung nach wählbarer Beleuchtungssituation wird dann aus einem Digitalen Geländemodell berechnet.

Zur Interpretationsmethodik von Satellitenbildern gehört die Betrachtung der Bilder aus verschiedenen Richtungen. Besonders gilt dies für reliefiertes Gelände mit Sonnen- und Schattenhängen. LANDSAT-Bilder der nordhemisphärischen Außertropen (hier China) werden aufnahmezeitpunktbedingt stets aus etwa Südosten beleuchtet (Ausschnitt oben). Durch Drehung des Bildes um 180° (unten) entsteht der unseren Augen gewohnte Schummerungseffekt infolge einer Nordwest-Beleuchtung.

Beleuchtungsrichtung des Reliefs

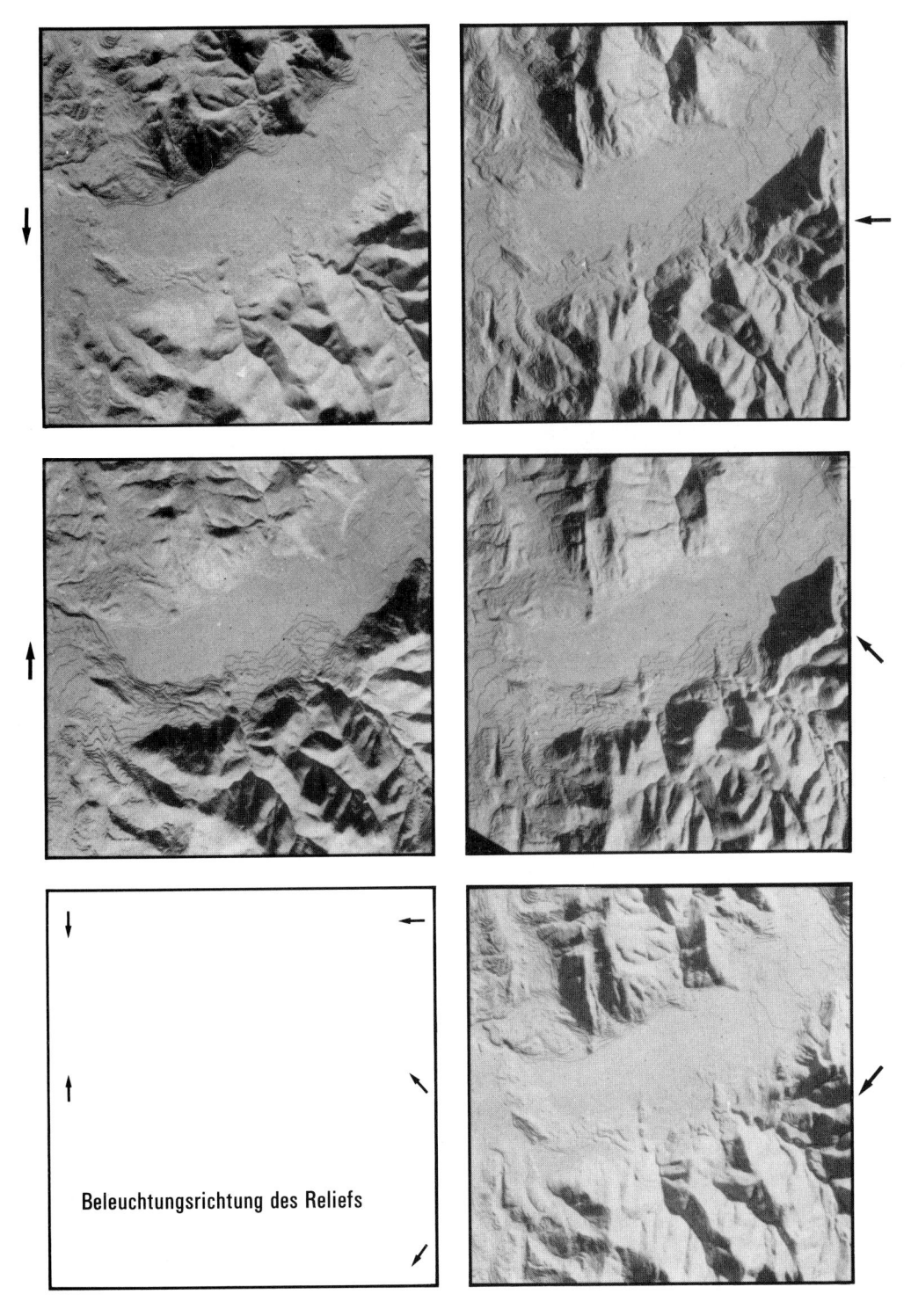

Fig. 1.10 - 4: Simulation der Reliefdarstellung durch Beleuchtungsrotation anhand eines räumlichen Geländemodells (Wenschow-Relief, vgl. auch Tanaka 1950, Karssen 1982)

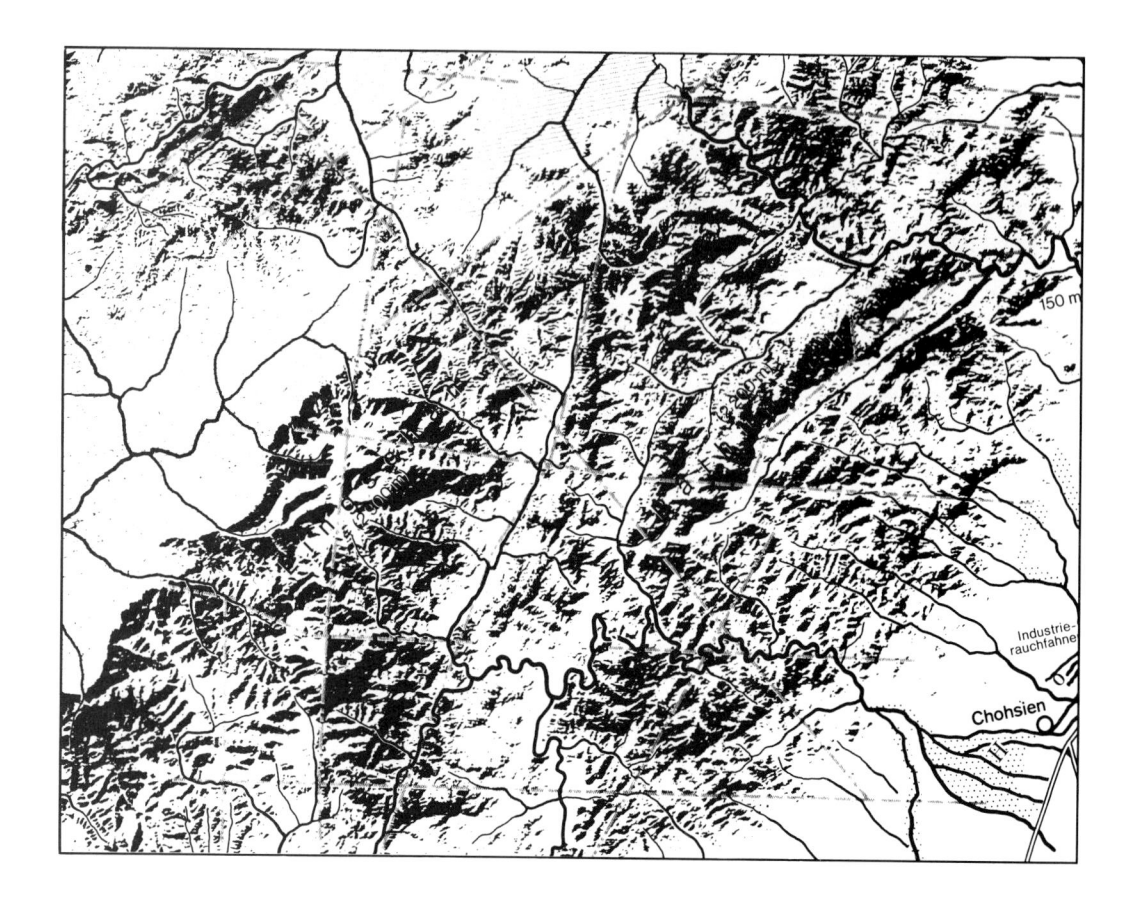

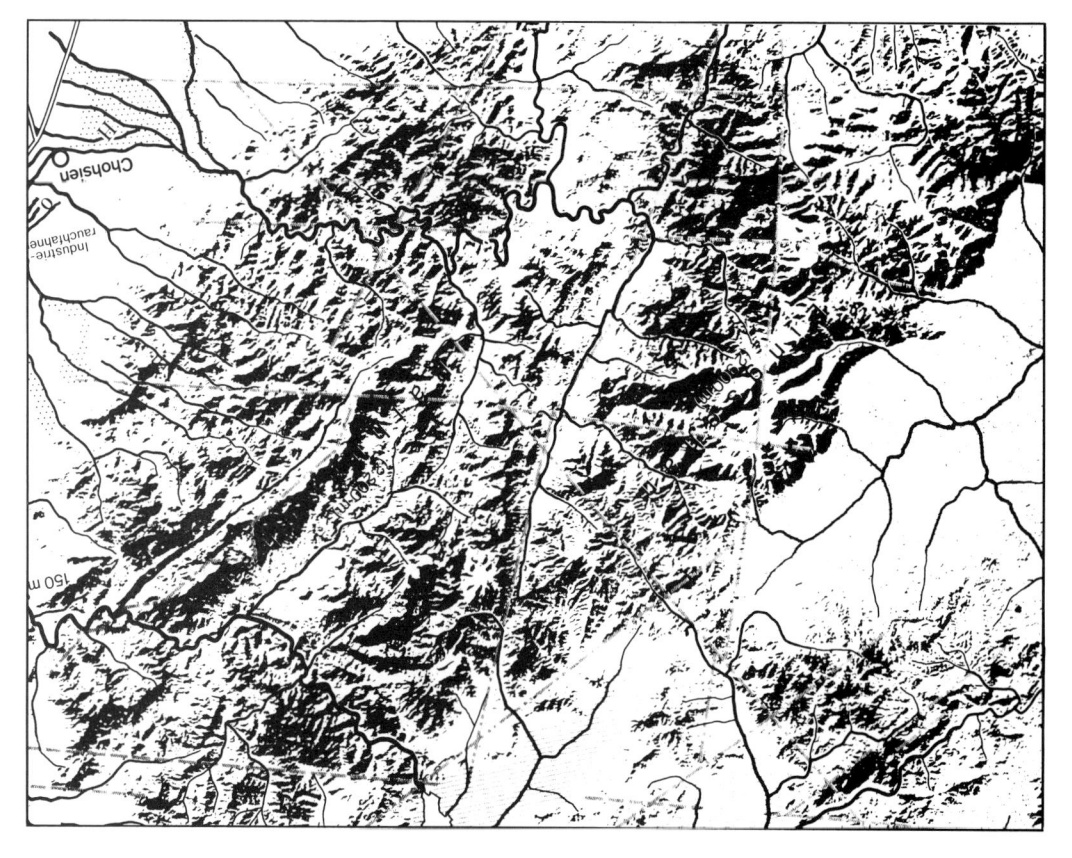

Fig. 1.10 - 5: Schwarztonauszug aus einem LANDSAT-Farbkomposit des chinesischen Rostgebirges (nach Bodechtel/Gierloff-Emden 1974) in genordeter Position (oben), in gesüdeter Position (unten) bei Sonnenbeleuchtung aus Südosten (9.30 Uhr vormittags)

Da die Aufnahmen unter einer bestimmten, durch Flughöhe des Satelliten und Geometrie des Sensors festgelegten Richtung erfolgen, spielt die Richtung der Geländestrahlung für die Stärke des Signals eine wichtige Rolle. Emittierte Strahlung weist keine bevorzugte Richtung auf. Reflektierte Strahlung wird in Abhängigkeit von Orientierung, Form und Material der reflektierenden Oberfläche mit bevorzugter Richtung (spiegelnd, regulär) oder ohne bevorzugte Richtung (diffus) zurückgestrahlt.

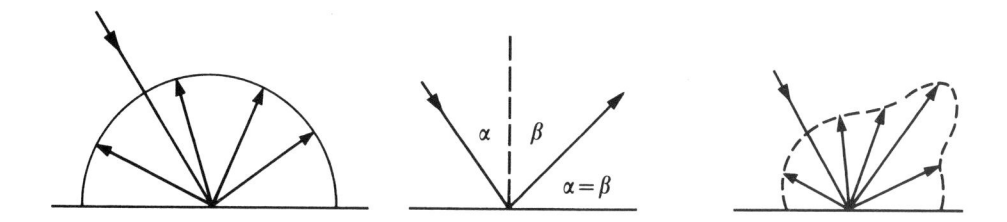

Fig. 1.10 - 6: Reflexionsarten eines Lichtstrahls: links diffuse Reflexion, Mitte spiegelnde (= reguläre) Reflexion, rechts diffuse und spiegelnde Reflexion; gilt analog für direkte Sonnenstrahlung (nach Gierloff-Emden/Schroeder-Lanz 1970)

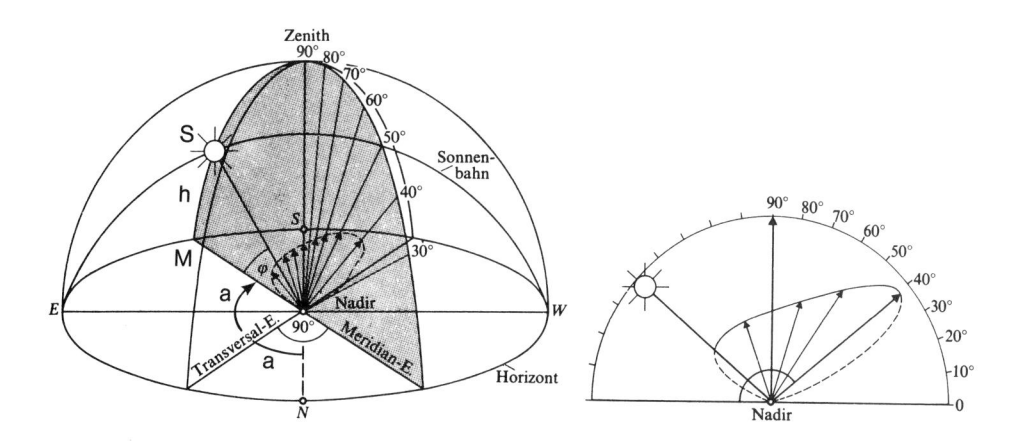

Fig. 1.10 - 7: Schematische Darstellung eines Schnittes durch den Reflexionsverteilungskörper (rechts) und seine räumliche Lage zu Sonne und Horizontsystem (nach Gierloff-Emden/Schroeder-Lanz 1970)

Die Albedo ist definiert als Quotient von halbräumlich reflektierter zu halbräumlich einfallender Strahlung; sie kann daher die Richtungsabhängigkeit der Geländereflexion nicht anzeigen. Diese mißt der gerichtete Reflexionsgrad, früher auch Strahldichtefaktor oder Remissionsgrad genannt; es ist der Quotient von der in eine bestimmte Richtung reflektierten Strahldichte zur gesamten, aus dem oberen Halbraum einfallenden Strahlung (Sievers 1976), bzw. der Quotient aus der Leuchtdichte einer Geländeoberfläche in einer bestimmten Richtung zur Leuchtdichte einer vollkommen weißen und vollkommen diffus reflektierenden Vergleichsfläche (Meienberg 1966). Da gerade natürliche Oberflächen Reflexionsanisotropien aufweisen, sind Albedoangaben ungenügend und sollten durch gerichtete Reflexionsgrade ersetzt werden.

1.11 Intensitätswerte in Abtastbildern

Um die Grenzen des geometrischen Auflösungsvermögens von abtastenden Systemen zu erkennen, muß man sich vergegenwärtigen, daß der Detektor des Scanners während des Abtastens nur einen gleitenden Mittelwert der tatsächlich in Scanrichtung auftretenden Strahlung empfangen kann. Die Fig. 1.11 - 2 zeigt schematisch diesen Vorgang.

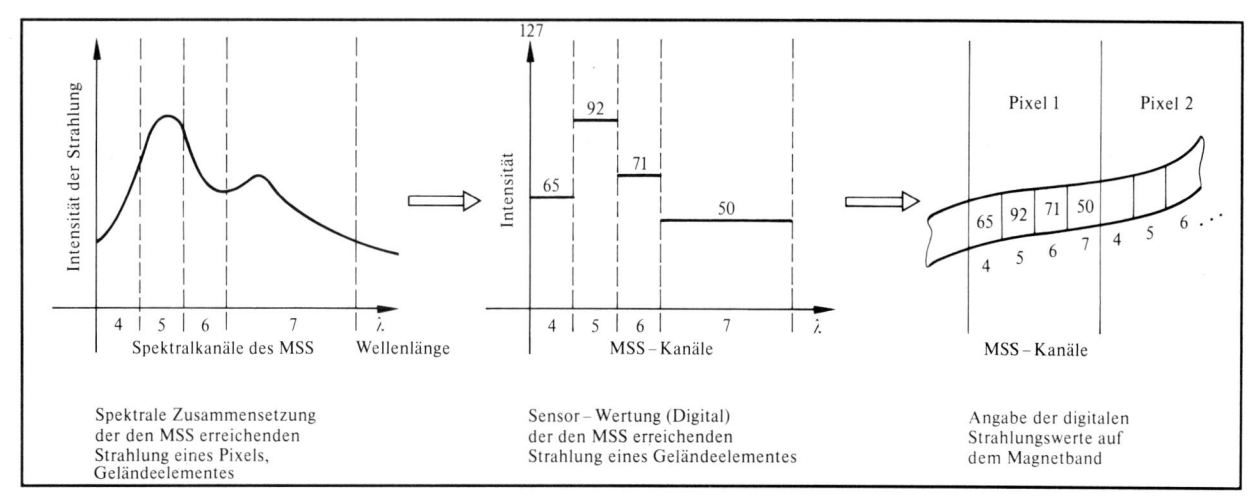

Fig. 1.11 - 1: Umsetzung des elektromagnetischen Signals in eine digitale Information (nach Wieneke/Gierloff-Emden 1981)

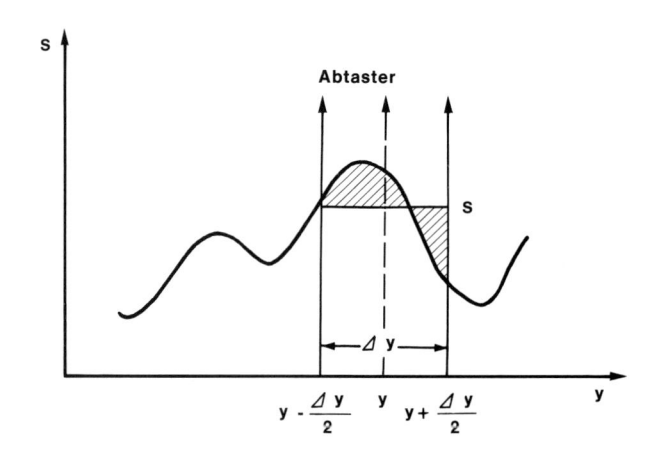

Fig. 1.11 - 2: Gleitende Mittelwertbildung; s = Strahlung, y = Abtastrichtung

Die kontinuierlich im Detektor empfangenen gleitenden Mittelwerte der Strahlung werden in sehr kurzen Zeitintervallen registriert und dadurch in diskrete Signale zerlegt; diese erhalten einen digitalen Wert aus der verfügbaren Intensitätenskala, z.B. 0 - 255 (= 2^8).

Die Intensität der vom Detektor empfangenen Strahlung ist, zumindest bei reflektierter, nicht-emittierter Strahlung, abhängig von der Abtastrichtung, analog der Richtungsabhängigkeit bei Photos mit Mitlicht- und Gegenlichtbereich. Darüber hinaus ist das Signal von der Abfolge der Abtastung abhängig, wenn die kontinuierliche Strahlungsregistrierung Objekte erfaßt, die einen großen Strahlungsunterschied (Kontrast) zu ihrer Umgebung aufweisen. Starke Signale im jeweiligen Kanal verursachen mit einer Art Überblendung im Detektor eine Verzögerung in der Registrierung eines neuen Signals. Die neutrale Kalibrierung der Sensibilität des Detektors wird erst in einem gewissen Abstand wieder erreicht. Hierdurch kann bei einzelnen Pixeln je nach der Abtastrichtung Unter- oder Überbelichtung vorkommen und ein Mischsignal erzeugen (Fig. 1.11 - 4).

Durch geometrische Bedingungen bei Abtastbildern entstehen Mischsignale, d.h. nicht-objektspezifische Signaturen. Bei der Aufnahme erhalten Pixel infolge der unterschiedlichen Größe von Objekten und Pixeln oft Mischsignaturen (= aus verschiedenen objektspezifischen Strahlungswerten zusammengesetztes Signal).

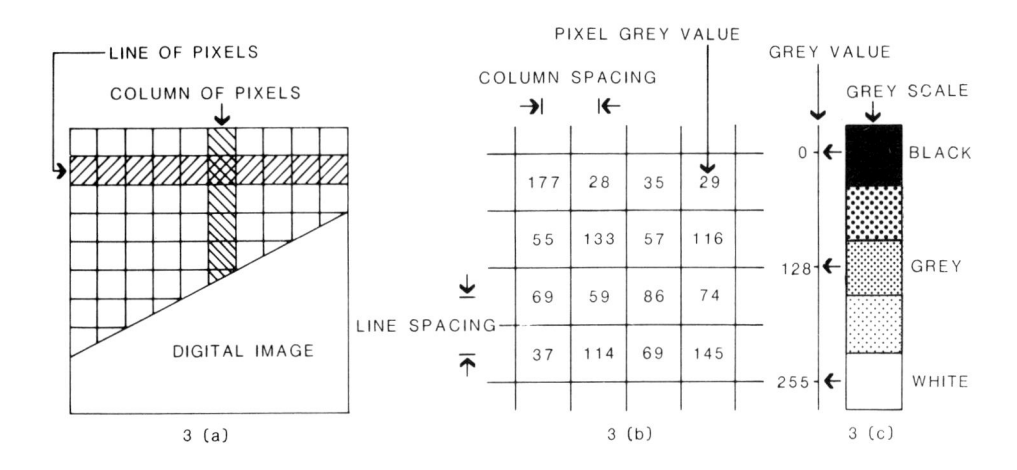

Fig. 1.11 - 3: Aufbau eines Rasterbildes aus Pixeln, die eine Intensitätsskala haben (Grautonskala mit Dichtestufen (Dynamic Range), hier von 0 ... 255, d.h. 256 Stufen = 2^8) (nach Bullard/Dixon-Gough 1985)

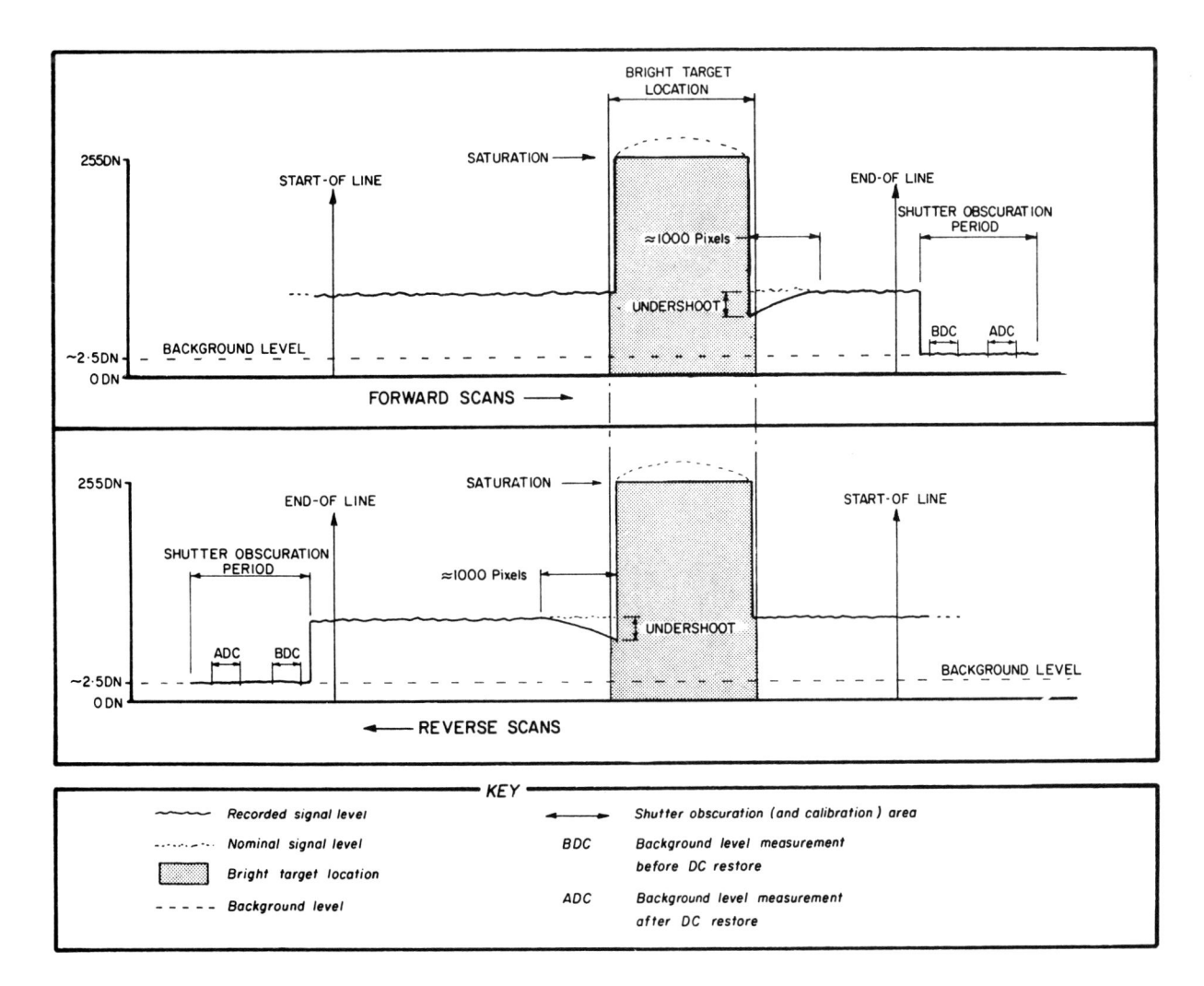

Fig. 1.11 - 4: Einfluß eines sehr hell strahlenden Objekts auf das Intensitätsniveau benachbarter Pixel beim Vorwärts- und beim Rückwärtsschwenk des Abtastspiegels (nach Murphy et al. 1985).
DN = Digital Number = Intensitätswert, DC = Zero Radiance Reference Level

Grundsätzlich sind zwei Fälle zu unterscheiden: das Objekt ist kleiner bzw. schmaler als die Pixel, oder das Objekt ist größer als ein Pixel. Ein linienhaftes, schmales Objekt mit hohem Kontrast zur Umgebung erzeugt in den Pixeln Mischsignaturen, die nicht einer spezifischen Objektsignatur entsprechen (z.B. ein Bach oder ein Weg im Feld). Ein flächenhaftes Objekt mit hohem Kontrast zur Umgebung erzeugt in randlich geschnittenen Pixeln Mischsignaturen, die inneren Pixel enthalten objektspezifische Signaturen, ebenso die außerhalb liegende Umgebung. Durch rechnerische Unterteilung der Mischpixel kann die im Bild vorhandene Information nicht verbessert werden, da den Teilen dann jeweils der Mischwert zugewiesen wird.

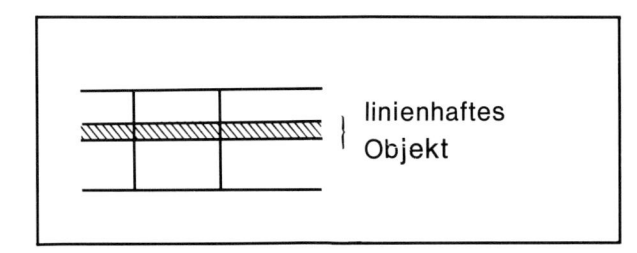

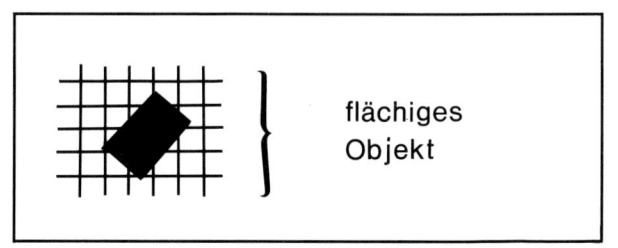

Fig. 1.11 - 5:   Entstehung von Mischsignaturen durch verschiedene Größe von Objekten und Pixeln. Links linienhaftes Objekt schmaler als Pixel, rechts flächiges Objekt größer als Pixel (schematisch)

Antrop (1986) betont, daß die Verhältnisse von Objektgröße zu Pixelgröße einerseits und von Objektform zu Pixelform andererseits für jedes Objekt den Anteil reiner Pixel mit objektspezifischer Signatur zum Anteil der Mischpixel bestimmen. Die Wahrscheinlichkeit für objektspezifische Pixel steigt mit wachsender Objektgröße, mit wachsender Kompaktheit seiner Form und mit steigendem Flächenanteil des Objektes in der Szene. Während "reine" objektspezifische Pixel keine Interpretationsprobleme bereiten, enthalten Mischpixel keine reale Information über die Geländeobjekte. Ihre Interpretation kann durch stützende Textur- und Strukturinformation verbessert werden.

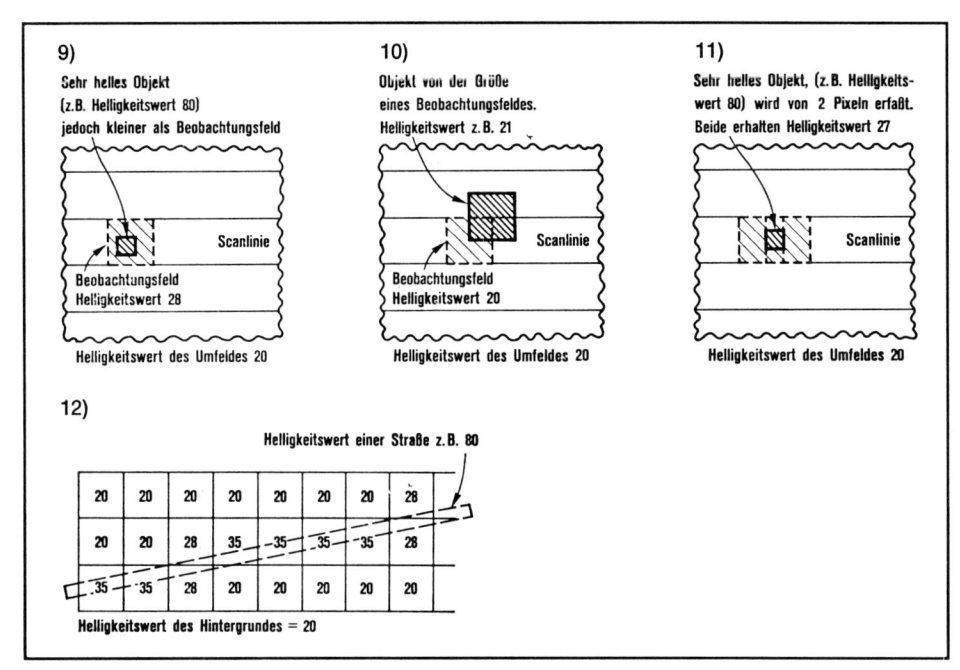

Fig. 1.11 - 6:   Die Erkennbarkeit von Objekten auf Scannerbildern in Abhängigkeit von ihrer Größe, Lage und Helligkeit (nach Beckel 1981)

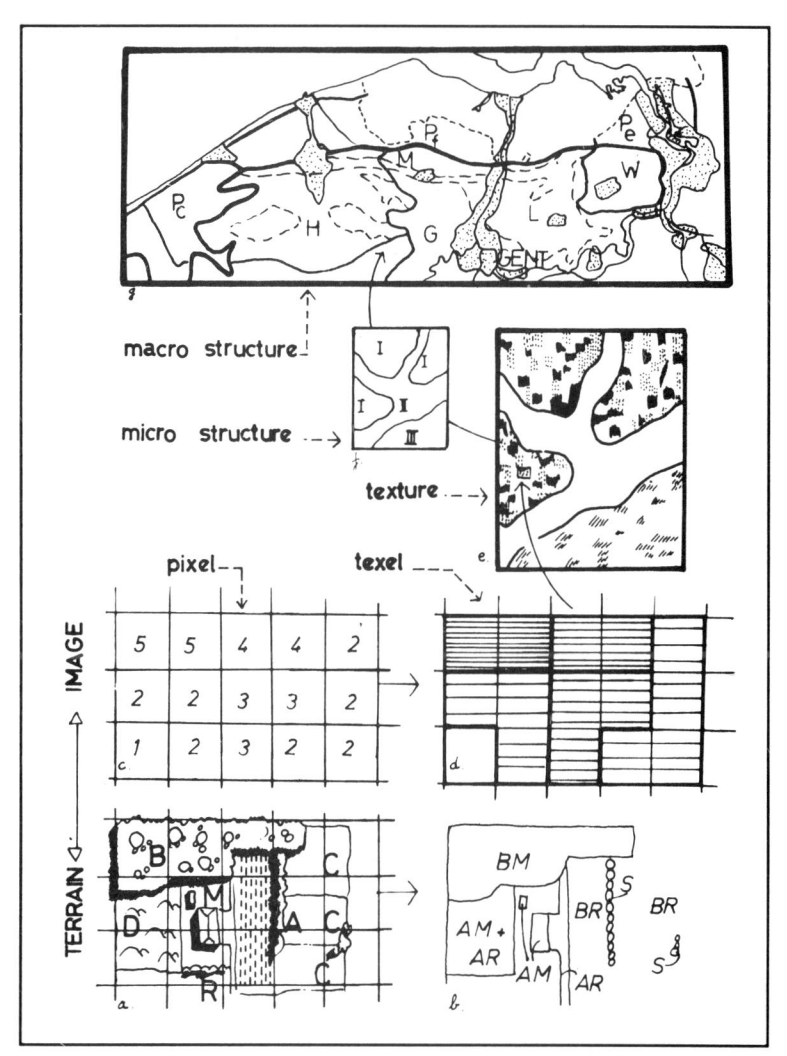

Fig. 1.11 - 7: Hierarchischer Aufbau von Pixeln, Texeln, Textur, Bildstruktur. Die Texel sind aus benachbarten Pixeln gleicher Intensitätswerte aufgebaut, die Textur aus dem räumlichen Muster der Texel. Das räumliche Muster der Texturen erzeugt die Bild-Mikrostruktur. Die Makrostruktur entspricht den Haupt-Landschaftstypen (Antrop 1986).

Bei visueller Bildinterpretation ist das Bild aus Grundelementen aufgebaut, die aus Gruppen benachbarter Pixel gleichen Grauwertes bestehen. Antrop nennt diese Grundelemente Texel. Sie erzeugen im Abtastbild die Textur und werden selber durch reale räumliche Strukturen des Geländes hervorgerufen (Fig. 1.11 - 6). So enthalten Größe, Form und Muster der Texel verzerrte Information über die Geländestrukturen.

Curran/Hay (1986) weisen darauf hin, daß die Intensitätswerte von Signalen in Abtastbildern Fehler verschiedener Komponenten und Ursachen enthalten. Die Intensitätswerte einzelner Pixel sind nur zu ca. 50 % repräsentativ für die charakteristische Strahlung des entsprechenden Geländeelements. Zwischen den Pixeln besteht Autokorrelation, der Intensitätswert wird durch die Strahlung benachbarter Geländeelemente beeinflußt (Fig. 1.11 - 8). Dies wird nur dann problematisch, wenn die Ortsfrequenz des Geländes hoch ist im Vergleich zu derjenigen des Sensors. Dies gilt z.B. für LANDSAT-MSS-Aufnahmen von Stadtgebieten. Für Grauwertmessungen im Bild sind homogene Flächen von mindestens 3 x 3 Pixeln erforderlich. Außerdem ist die Korrelation von Intensitätswerten der Pixel mit Geländeelementen fehlerhaft, da bei der Aufnahme Lagefehler entstehen.

2 %	4 %	1 %
20 %	52 %	14 %
2 %	4 %	1 %

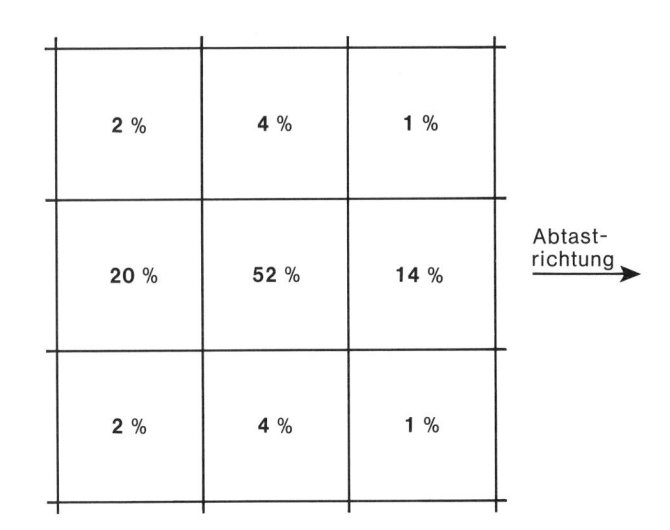

Abtast-richtung →

Fig. 1.11 - 8: Der Beitag der benachbarten Bodenelemente und des zentralwen Bodenelements selber zum Strahlungsbetrag dieses zentralen Bodenelements am Beispiel von LANDSAT-MSS-Pixeln (nach Curran/Hay 1986)

1.12 Strukturelle Bildtransformation (Intensitätsoperationen)

Die Sensoren der Aufnahmesysteme registrieren elektromagnetische Strahlung und zeichnen ein entsprechendes Bild auf (vgl. 1.3). Dieses Bild liegt entweder analog vor (Photo, Halbtonbild) oder numerisch-digital (Magnetband, Rasterbild). Die vorliegende Bildaufzeichnung muß in der Regel zur Erleichterung bzw. Ermöglichung der Bildauswertung umgewandelt oder aufbereitet werden; man spricht von Bildverarbeitung. Die angestrebte Bildauswertung umfaßt Schritte der Informationsgewinnung aus einem vorliegenden Bild.

Die analog oder numerisch-digital vorliegende Bildaufzeichnung besteht aus räumlich zweidimensional geordneten Intensitätswerten. Daher hat der Bildinhalt eine räumliche und eine radiometrische (Intensitäts-) Dimension. In diesen beiden Dimensionen können Fernerkundungsdaten durch Bildverarbeitung verändert werden. Man spricht von geometrischer Bildtransformation bei Veränderung der Geometrie des Satellitenbildes (vgl. 1.5). Hierzu zählen die Verfahren der Bildentzerrung und der geometrischen Bildkorrektur. Erstere passen die Bildkoordinaten vorgegebenen geographischen oder geodätischen Koordinaten an, letztere beseitigen Abweichungen von der der Aufnahme zugrundeliegenden mathematischen Abbildungsfunktion (1.5 und 1.6). Bei Veränderung der Intensitätswerte des Satellitenbildes, z.B. zur Hervorhebung von Bildteilen oder zur Verbesserung der Detailerkennbarkeit, spricht man von struktureller Bildtransformation. Es werden die Grauwert- bzw. Farbwertverteilungen des Ausgangsbildes verändert (Intensitätsoperationen).

Bezogen auf die vorliegende, zu verarbeitende Bildaufzeichnung lassen sich die Bildtransformationen danach gliedern, wie groß der Anteil des Ausgangsbildes ist, der ein Element des Verarbeitungsproduktes - des Zielbildes - geometrisch und radiometrisch beeinflußt. Man unterscheidet punktuelle, lokale und integrale Transformationen. Die punktuellen Bildtransformationen bestimmen Lage und Intensitätswert der Elemente des Zielbildes aus Lage und Intensitätswert je eines Bildelementes des Ausgangsbildes. Hierzu zählen sämtliche geometrischen Bildtransformationen sowie von den strukturellen Transformationen Dehnung (stretch), Quotientenbildung (ratio) und die verschiedenen Verfahren der Kombination mehrerer Bilder derselben Szene ("multi"-Verarbeitung, s.a. 1.15; Farbmischung). Die lokalen Bildtransformationen bestimmen Intensitätswerte der Pixel aus denjenigen einer Umgebung aus mehreren Pixeln, z.B. die Filterverfahren (s.u.). Bei integraler Bildtransformation wird das Ausgangsbild als Funktion der Ortsfrequenzen dargestellt, und diese Ortsfrequenzen werden verstärkt oder abgeschwächt, was ein verändertes Zielbild ergibt (nach Schmidt-Falkenberg 1978).

Numerisch-digital vorliegende Bildaufzeichnungen können numerisch-digital verarbeitet werden; sie können jedoch auch analog ausgegeben werden (Rasterbild-Hardcopy) und dann phototechnisch-analog weiterverarbeitet werden. Analog vorliegende Bildaufzeichnungen (Halbtonbild-Hardcopy) können phototechnisch-analog verarbeitet werden; sie können jedoch auch digitalisiert und dann numerisch-digital weiterverarbeitet werden.

"Die Digitalisierung eines Bildes besteht in seiner Diskretisierung und Quantisierung. Die Diskretisierung besteht in der Auflösung des zweidimensionalen Kontinuums in hinreichend kleine, diskrete Flächenelemente, die üblicherweise ein regelmäßiges Raster bilden und als "Pixel" bezeichnet werden. Unter Quantisierung verstehen wir die Zuordnung von einem oder mehreren Zahlenwerten zu jedem Pixel, mit denen die Intensitätswerte (oder Farbwerte, Wellenlängen, Polarisation o.ä.) der Bildsignale gekennzeichnet werden. Wenn insbesondere die Anordnung der Pixel einem Rechteckraster entspricht, lassen sich die jeweiligen Merkmalswerte des Bildes oder Bildausschnittes als Matrix darstellen und rechnerisch weiterbehandeln" (Ackermann 1986, S.61). Im Unterschied zu Schmidt-Falkenberg (1978, s.o.) zählt Ackermann (a.a.O.) auch die Bildauswertung mit zur Bildverarbeitung. "Die digitale Bildverarbeitung kann sich auf unmittelbar digital registrierte oder auf nachträglich digitalisierte Bilder beziehen. Unter digitaler Bildverarbeitung versteht man allgemein die weitere rechnerische Behandlung und Umwandlung der digitalen Bilder, die Analyse von Bildstrukturen und die Bildinterpretation, d.h. Rückschlüsse über Art, Lage, Zustand oder Veränderung der abgebildeten Objekte. Die Transformationen können sich dabei sowohl auf die Bildgeometrie (Pixel, Diskretisierung) als auch auf die Radiometrie (die jeweilige Signalcharakteristik, Quantisierung) beziehen."

Halm (1986, S.51) hat analoge phototechnische Bildverarbeitungsverfahren erprobt: "Bei der analogen Bildverarbeitung wird das Ausgangsmaterial direkt und ohne Zuhilfenahme eines Rechners bearbeitet. Die drei Arbeitsprozesse (Entwicklung, Negativprozeß, Positivprozeß) sind einzeln steuerbar, indem jeweils Belichtung und Entwicklung variiert werden. Eine Veränderung des Informationsgehaltes des Ausgangsproduktes (z.B. durch die Erhöhung des Kontrastes) ist nur begrenzt möglich. Darüber hinaus hat die analoge Bildverarbeitung den Nachteil, daß mit zunehmender Anzahl der Verarbeitungsschritte die Bildqualität abnimmt. Der Qualitätsverlust, der als Abnahme des photographischen Auflösungsvermögens in Linienpaaren pro mm quantifiziert werden kann, ist bei der Herstellung von Kontaktkopien (das bedeutet die Beibehaltung der gleichen Vergrößerungsstufe) geringer als bei Vergrößerungsarbeiten. Dennoch sind für die späteren thematischen Kartierungen geeignete Vergrößerungen unentbehrlich." Halm stellte fest, daß durch Kombination von Belichtungsvariation und Entwicklungsvariation empirisch optimale Werte erreicht werden konnten. Er gibt (nach Schröder 1981) die folgende Tabelle zur Bewertung von Negativen an.

	Unterentwicklung	Normalentwicklung	Überentwicklung
Unterbelichtung	detaillos	Details kaum erkennbar; wenig gedeckt	Details schwach erkennbar; dicht
Normalbelichtung	Details wenig sichtbar; wenig gedeckt	Details gut durchgezeichnet; noch durchsichtig	Details gut durchgezeichnet; sehr dicht
Überbelichtung	Details gut; dicht	Details sehr gut; sehr dicht;	Details sehr gut durchgezeichnet; extrem dicht

Tab. 1.12 - 1: Bewertung von Negativen (nach Halm 1986)

Von den Negativprodukten (der meist dritten Produktgeneration) wurden anschließend Positivabzüge angefertigt, und zwar in aller Regel Vergrößerungen, die sowohl als Transparent, als auch auf photographischem Papier ausgegeben wurden. Nach Durchführung des Positivprozesses sollen Leuchtdichteverteilung und Kontrast des Arbeitsproduktes ähnlich den Verhältnissen des Ausgangsmaterials sein. Da aber Kontrast und Leuchtdichteverteilung durch die analogen Bildverarbeitungsprozesse normalerweise abnehmen, wurde ver-

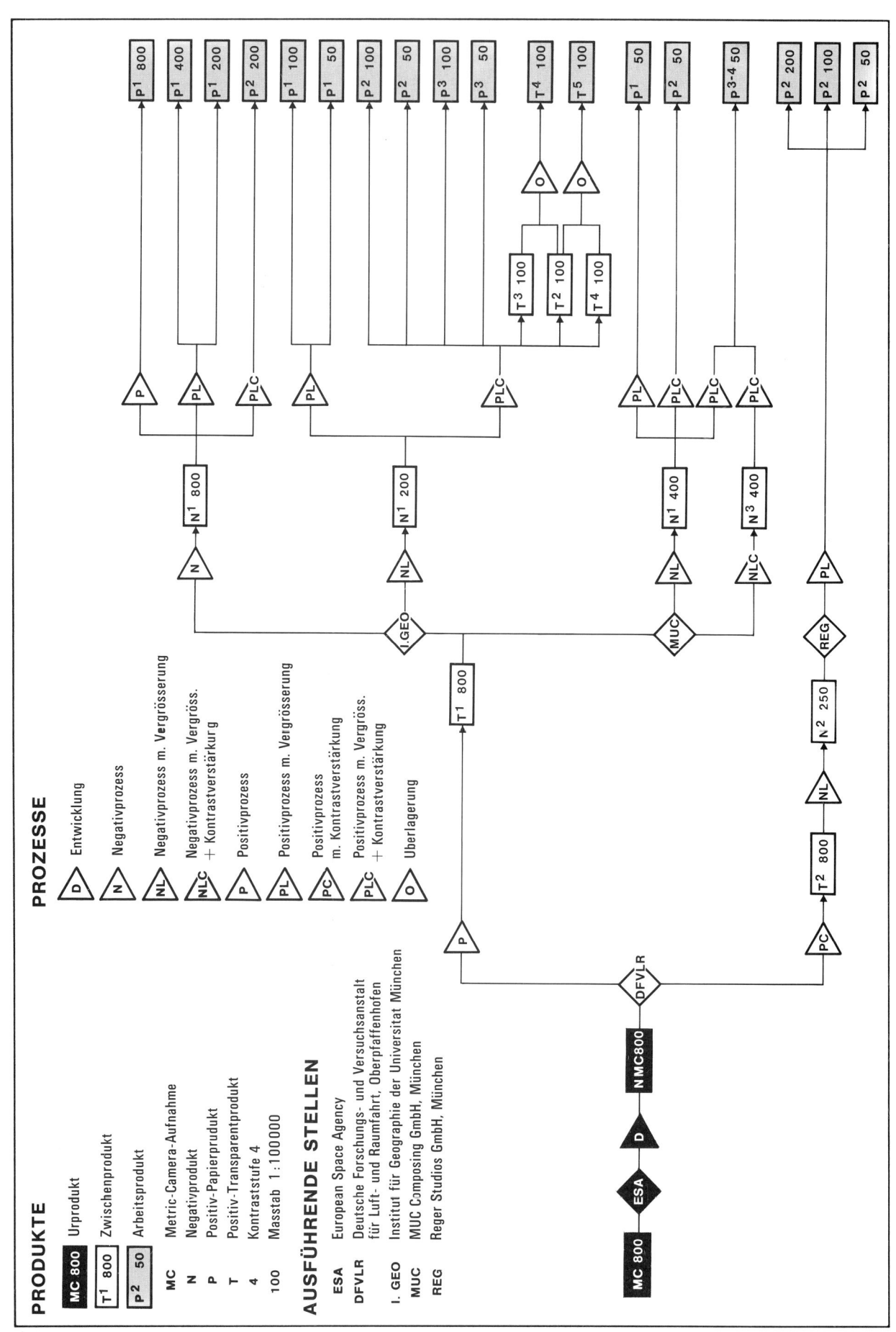

Fig. 1.12 - 1: Schema analoger Verarbeitung eines MC-Photos (nach Halm 1986)

sucht, durch zusätzliche Manipulationen den Kontrast in den Arbeitsprodukten zu verstärken. Halm arbeitete mit zwei Verfahren der Addition von Tonwerten gleicher Bildpunkte (a.a.O., S.52) und erzielte Ergebnisse besserer Unterscheidung sowohl von Linienelementen im Bild, als auch von flächenhaften Strukturen und Texturen. Zur leichteren Erkennbarkeit von Bildstrukturen wurden Ausschnittsvergrößerungen hergestellt, hierbei konnte auch die Leuchtdichteverteilung des Ausschnittes auf eine größere Breite gespreizt werden ('stretch'). Fig. 1.12 - 1 zeigt schematisch die einzelnen Schritte analoger Verarbeitung eines Metric Camera-Satellitenphotos bei Halm (1986).

Nachfolgend sollen einige ausgewählte Verfahren digitaler Bildverarbeitung dargestellt werden. Zur genaueren Information wird auf die Spezialliteratur verwiesen (z.B. Haberäcker 1977).

Beim erneuten Abtasten (Resampling, Overscan) eines Bildes wird die Größe der einzelnen Pixel verändert (vgl. 1.5). Da nach den notwendigen geometrischen Korrekturen die resultierenden Pixel nicht mehr den ursprünglichen Pixeln entsprechen, müssen auch die Grau- oder Intensitätswerte der Pixel neu bestimmt werden. Häufig verwendet man hierfür das "nearest neighbor"- oder das bilineare Interpolationsverfahren (Taranik 1978).

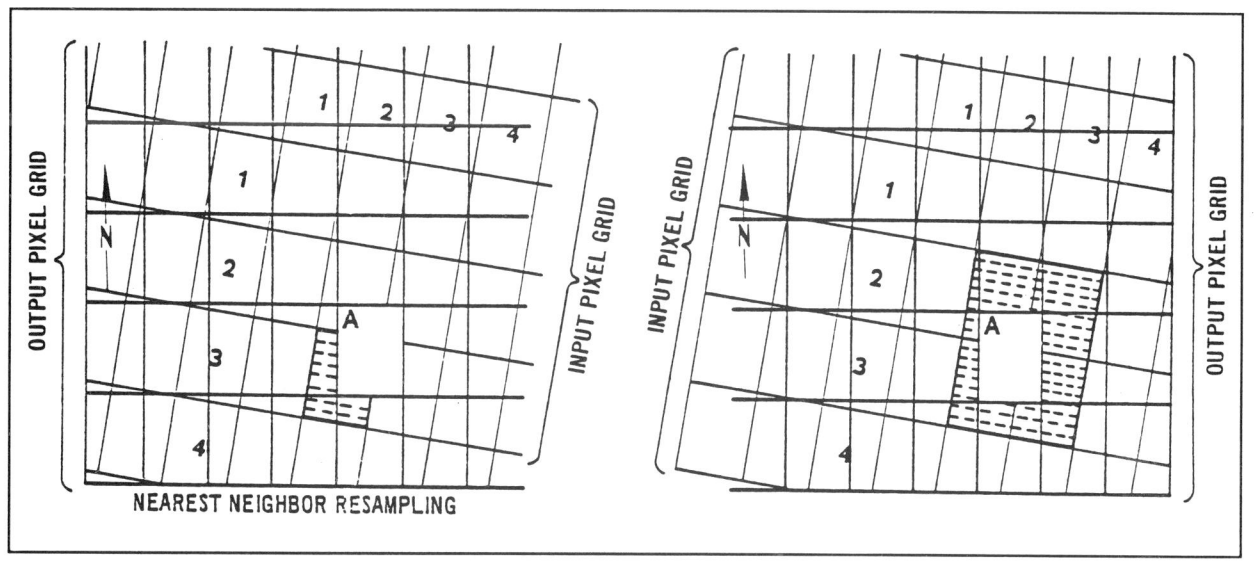

Fig. 1.12 - 2 links: Bestimmung der Intensitätswerte für Pixel nach dem Overscan: "nearest neighbor"-Interpolationsverfahren; Pixel A erhält den Intensitätswert des gerasterten ursprünglichen Pixels.

Fig. 1.12 - 2 rechts: Bilineare Interpolation; Pixel A erhält als Intensitätswert den gewichteten Mittelwert der umgebenden vier ursprünglichen Pixel (nach Taranik 1978)

Das "Nächster Nachbar"-Verfahren gibt jedem Ausgabepixel den Wert des ihm nächstgelegenen Ursprungspixels. Die bilineare Interpolation berücksichtigt alle Umgebungspixel, wichtet deren Werte mit Hilfe ihrer Zentrumsdistanz zum Zentrum des Ausgabepixels und weist diesem den gewichteten Mittelwert zu. Ebenso werden durch Rechenoperationen die Intensitätswerte (Grauwerte) der Pixel verändert. Als Beispiele seien Kontrastdehnung und räumliche Filterung angeführt. Da in der Regel nicht der gesamte Grauwertumfang eines Bildes tatsächlich ausgenutzt wird (vgl. das Grauwerthistogramm), können die effektiven Werte auf die gesamte Skala verteilt (ausgedehnt) werden. Dies kann z.B. linear geschehen oder in Anpassung an die Grauwertverteilung des Histogrammes oder durch Dehnung nur eines Teiles der tatsächlich genutzten Grauwertskala (vgl. Fig. 1.12 - 3).

Beispiele hierfür sind die in Fig. 1.12 - 4 dargestellten Grauwertveränderungen. Dabei bedeutet d_i den Originalgrauwert und d_i' den veränderten Grauwert. Die relativ einfach zu berechnenden linearen, logarithmischen und histogramm-linearisierten Veränderungen der γ-Kurve oder die Wiedergabe der Grauwerte mit Äquidensiten ermöglichen die Verstärkung des Kontrastes in kontrastarmen Bildbereichen.

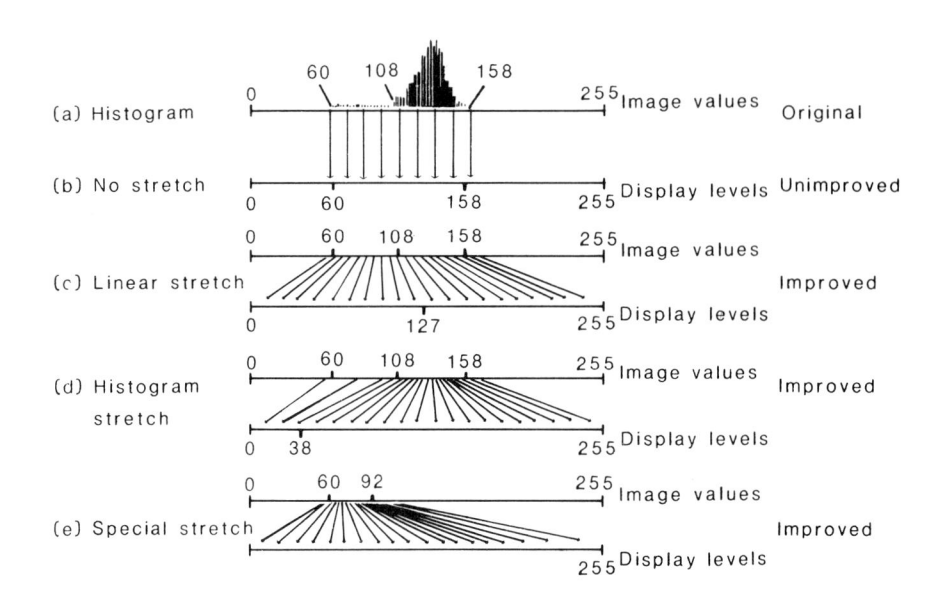

Fig. 1.12 - 3:   Das Prinzip der Kontrastdehnung (nach Bullard/Dixon-Gough 1985)

γ-Korrektur: $d_i' = a_0 + a_1 d_i$

logarithmische (oder exponentielle) Korrektur:
$d_i' = \log^n d_i$

Äquidensiten:
d_1' für d_1 bis d_2
d_2' für d_2 bis d_3
d_3' für d_3 bis d_4
d_4' ab d_4

Aufteilung in gleiche Flächen im Histogramm

Histogrammlinearisierung der Grauwerte

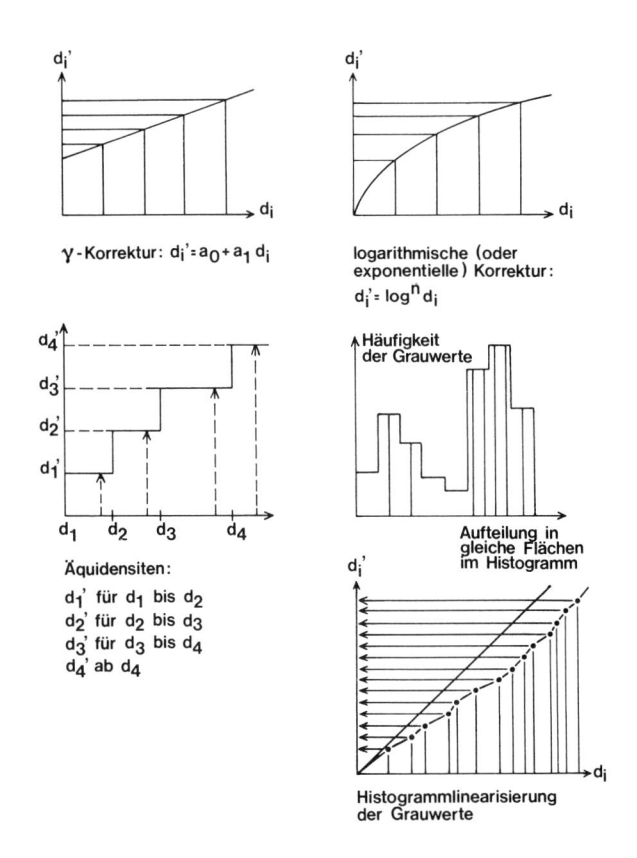

Fig. 1.12 - 4:   Einschichtig punktbezogene Bildoperationen (nach Konecny/Lehmann 1984)

Räumliche Filter verändern Intensitätswerte von Pixeln unter Berücksichtigung der Intensitätswerte der Nachbarpixel. Am häufigsten rechnet man mit einer 3 x 3- oder 4 x 4-Pixelmatrix, d.h. mit 9 oder 16 Pixeln.

Die Effekte räumlicher Filterung erläutert Fig. 1.12 - 6; (a) zeigt die Ausgangsdaten, (b) den Glättungseffekt eines Tiefpaßfilters, (c) die Kantenverstärkung eines Hochpaßfilters; (d), (e) und (f) zeigen die Kantenverstärkung durch Richtungsfilter, (g) die Verbesserung der Rauhheit durch einen Texturfilter.

Tiefpaßfilter verstärken niedrige Ortsfrequenzen, d.h. Bildstrukturen, die größer sind als die Filtermatrix, auf Kosten hoher Frequenzen, d.h. schneller Intensitätswechsel. Daher spricht man von der Glättung des Bildes. Das zentrale Pixel der Filtermatrix erhält jeweils den Mittelwert der Intensitäten aller Pixel der Matrix. Man verwendet Tiefpaßfilter zum Glätten übervergrößerter Bilder oder zur Unterdrückung des "Speckle"-Effektes in Radarbildern.

Hochpaßfilter verstärken hohe Ortsfrequenzen auf Kosten niedriger und betonen damit kleine Objekte und Kanten; das Bild erscheint schärfer. Der Filter multipliziert die Differenz zwischen dem Matrixmittelwert und dem Intensitätswert des zentralen Pixels mit einer wählbaren Zahl, im Beispiel (c) in Fig. 1.12 - 6 mit 2.

Richtungsfilter verstärken Ortsfrequenzen in der Richtung ihres Fortschreitens. Es können Tiefpaß- und Hochpaßfilter verwendet werden. In den Geowissenschaften werden Hochpaßfilter bevorzugt, da sie durch Kantenverstärkung lineare Strukturen in bestimmten wählbaren Richtungen hervorheben. Häufig bestehen Richtungsfilter aus einer Pixelfolge, in Fig. 1.12 - 6 (d), (e) und (f) aus drei aufeinanderfolgenden Pixeln.

Texturfilter geben den Pixeln Zahlenwerte für die Textur der Umgebung, z.B. glatt, rauh, fleckig usw. Die frühesten Beispiele benutzten eine 3 x 3-Pixelmatrix und gaben dem zentralen Pixel einen einfachen Wert der Intensitätsvarianz innerhalb der Matrix, z.B. Varianz, Kurtosis, Standardabweichung. Inzwischen sind wesentlich komplexere Texturfilter entwickelt worden.

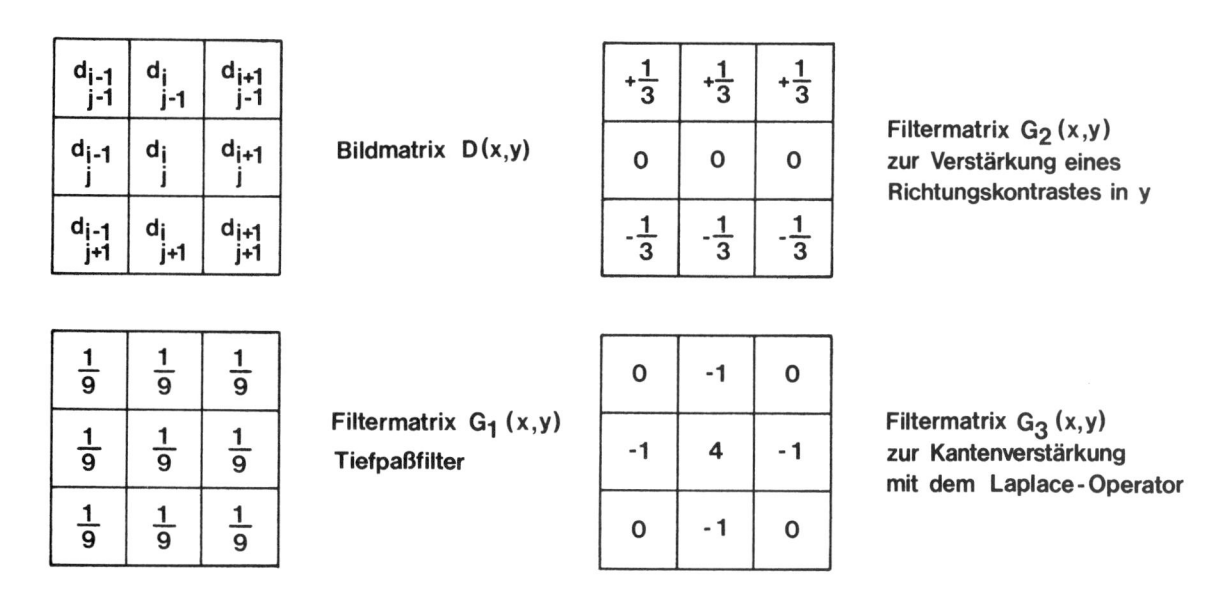

Fig. 1.12 - 5: Einschichtig lokale Bildoperation an einer 3x3-Bildmatrix (nach Konecny/Lehmann 1984)

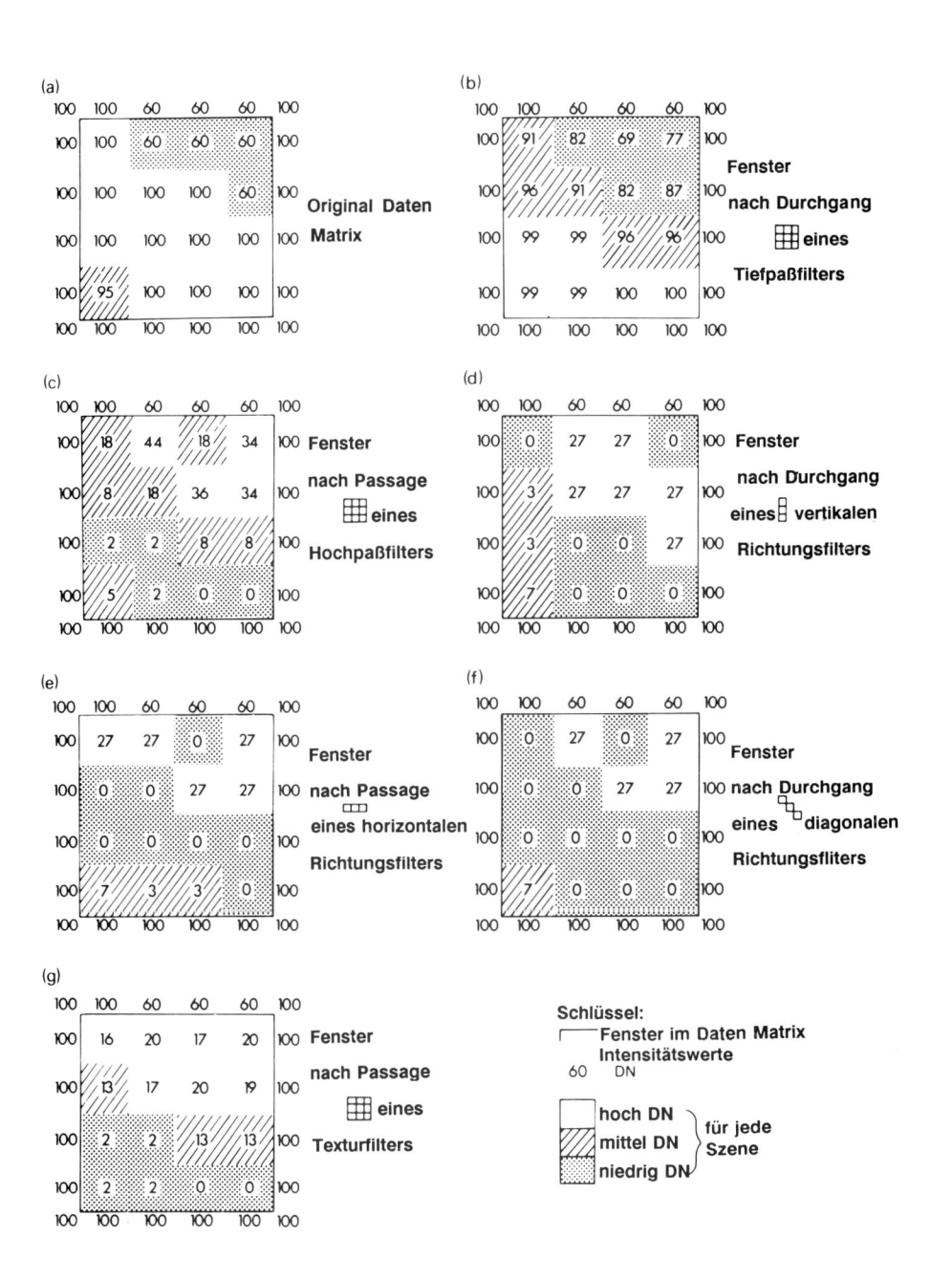

Fig. 1.12 - 6: Filteroperationen zur Bildverbesserung (Enhancement) und Veränderung der Digital Number (DN)-Werte (nach Curran 1985)

1.13 Zeitliche Aspekte

Satellitenbilder sind wie alle Fernerkundungsdaten zeitgebunden. Sie zeigen einen Geländeausschnitt zu einem klar bestimmten Zeitpunkt und während einer bekannten Zeitdauer. Photos nehmen den gesamten erfaßten Ausschnitt im selben, sehr kurzen Augenblick auf, wenig später dann den nächsten. Nichtphotographische Aufnahmen dauern eine gewisse Zeit, bis sie abgeschlossen sind, z.B. die einer LANDSAT-MSS-Szene ca. 30 Sekunden, die einer METEOSAT-Szene 25 Minuten. Diese Zeitdauer bildet die Differenz zwischen den Auf-

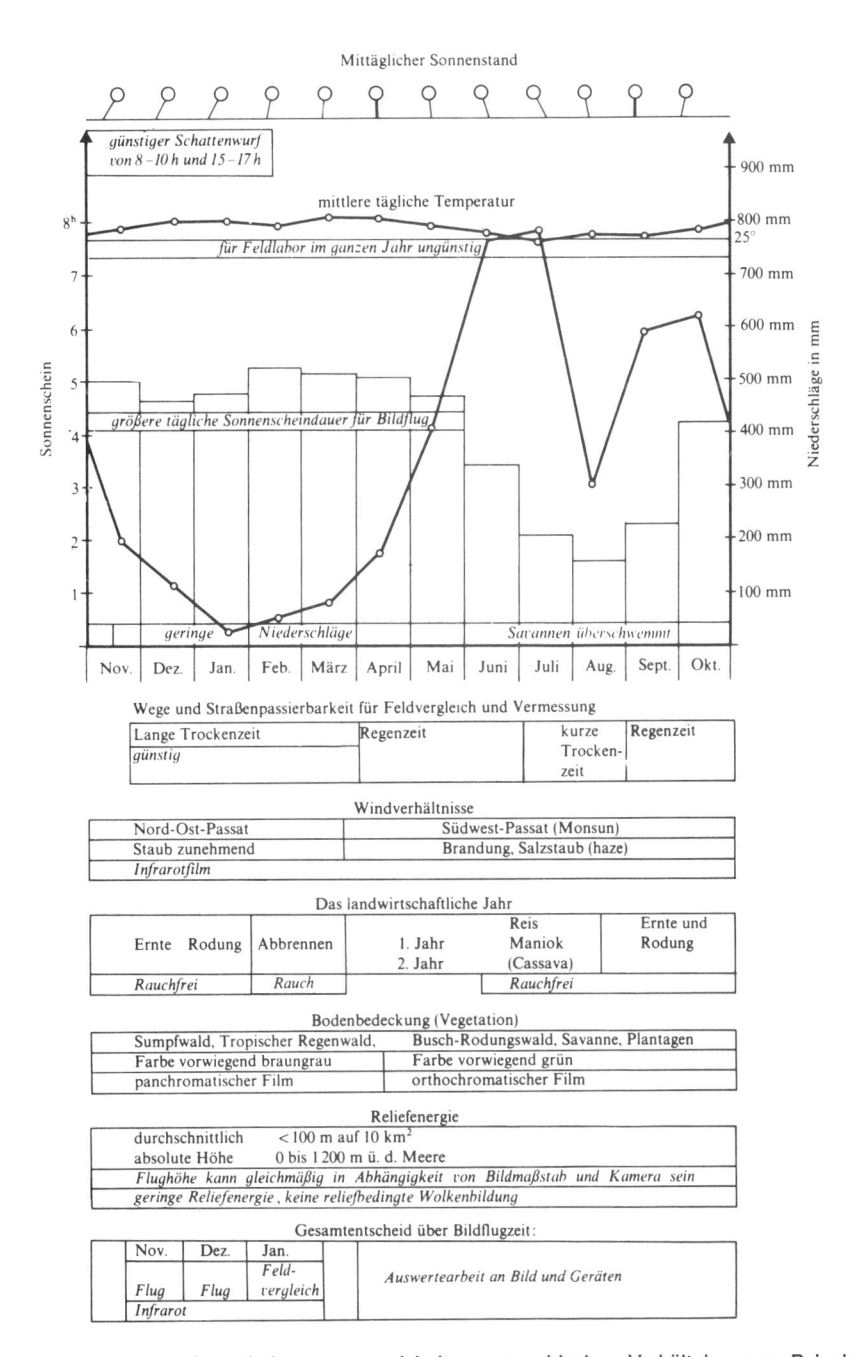

Fig. 1.13 - 1: Befliegungsplanung aufgrund der natur- und kulturgeographischen Verhältnisse am Beispiel einer Befliegung zur photogrammetrischen Kartenherstellung in Liberia 1963 (Monrovia). Das Gelände liegt innerhalb der Tropen, daher jahreszeitlich wechselnder mittäglicher Sonnenstand im Norden, Zenit und Süden (nach Gierloff-Emden/Schroeder-Lanz 1970)

nahmezeitpunkten des ersten und des letzten Pixels der Szene. Nach Datum und Tageszeit können Luftaufnahmen gezielt geplant werden, ebenso Aufnahmen bemannter Weltraummissionen (vgl. Space Shuttle-LFC). Wiederholungen sind möglich, erfolgen aber in größeren und unregelmäßigen Zeitabständen.

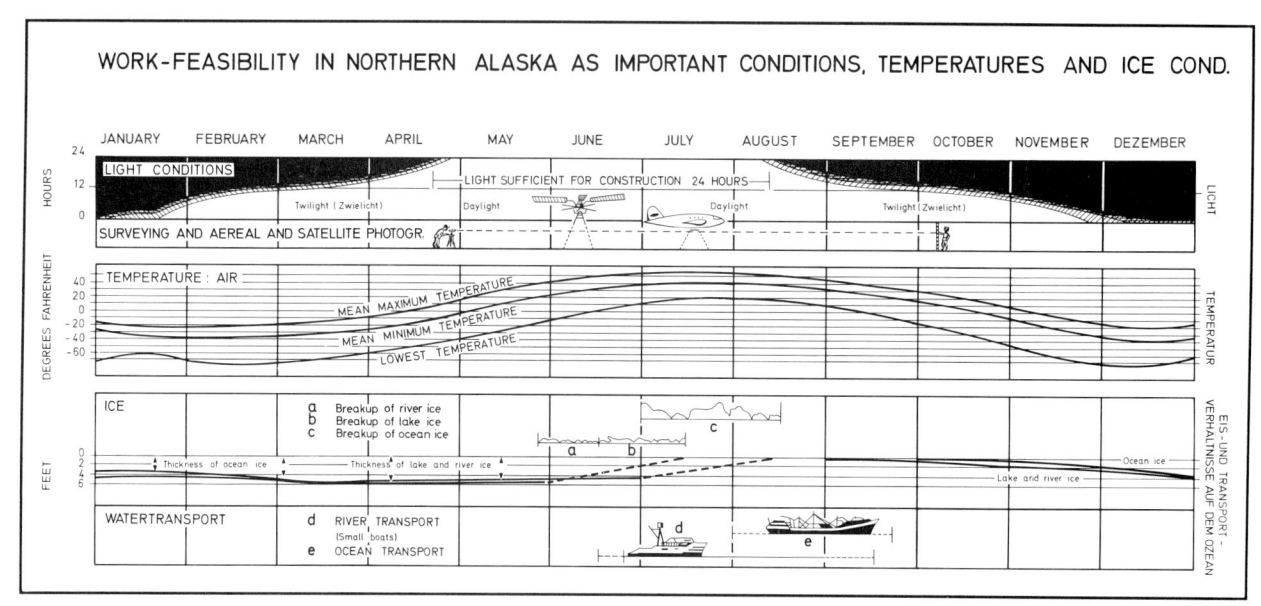

Fig. 1.13 - 2: Natürliche Bedingungen in Nordalaska im Jahresgang als Determinante für Fernerkundungsplanung und Begehbarkeit zur Bodenreferenz (nach Gierloff-Emden 1980)

Erdumkreisende Satelliten überfliegen in regelmäßigen Abständen immer wieder denselben Ausschnitt der Erdoberfläche, sie können daher in regelmäßigen Zeitintervallen - mit fester Repetitionsrate - dieselbe Szene erneut aufnehmen, z.B. LANDSAT 1-3 alle 18 bzw. LANDSAT 4-5 alle 16 Tage. Geostationäre Satelliten, wie METEOSAT, können in wesentlich kürzeren Zeitintervallen, z.B. alle 30 Minuten, dieselbe Szene erneut aufnehmen.

Die Repetition von Satellitenaufnahmen ist abhängig von

– der Satellitenbahn und von der Anzahl gleicher Satelliten auf gleichen Bahnen (Koinzidenz)
– den geometrischen Parametern der Aufnahmesysteme (Überlappungsrate)
– der spektralen Ausrichtung der Aufnahmesysteme (Tag- und Nachtaufnahmen)
– der Aufnahmerichtung der Systeme (Fokussierung nach Lage)
– der Datenübermittlungsrate (Datenabrufzeit)
– den atmosphärisch/astronomischen Bedingungen: episodisch Wolken, periodisch Tag und Nacht.

Die potentielle Repetitionsrate von Satellitenaufnahmen ist abhängig von der Lage der Satellitenspuren zueinander; Fig. 1.13 - 3 zeigt hierfür Beispiele.

Die Bahnspuren können in Koinzidenz liegen und das Aufnahmesystem Nadirfokussierung aufweisen, dann sind die Aufnahmefelder punktuell gleich (vgl. Fig. 1.13 - 3 A); dies trifft für geostationäre Satelliten wie METEOSAT zu.

Die Bahnspuren können sich überschneiden, das Aufnahmesystem ist nadirfokussiert, die Aufnahmen erfolgen auf dem absteigenden und dem aufsteigenden Bogen der Bahn. Dann weisen die Aufnahmefelder sich überschneidende Zeilen auf (Fig. 1.13 - 3 B). Dies trifft für Satelliten wie HCMM für begrenzte Breitenzonen zu.

Die Bahnspuren laufen parallel oder annähernd parallel, das Aufnahmesystem ist nadirfokussiert. Dann überlappen das Aufnahmefeld und die Bildzeilen seitlich (Fig. 1.13 - 3 C). Dies gilt für sonnensynchrone Satelliten wie LANDSAT.

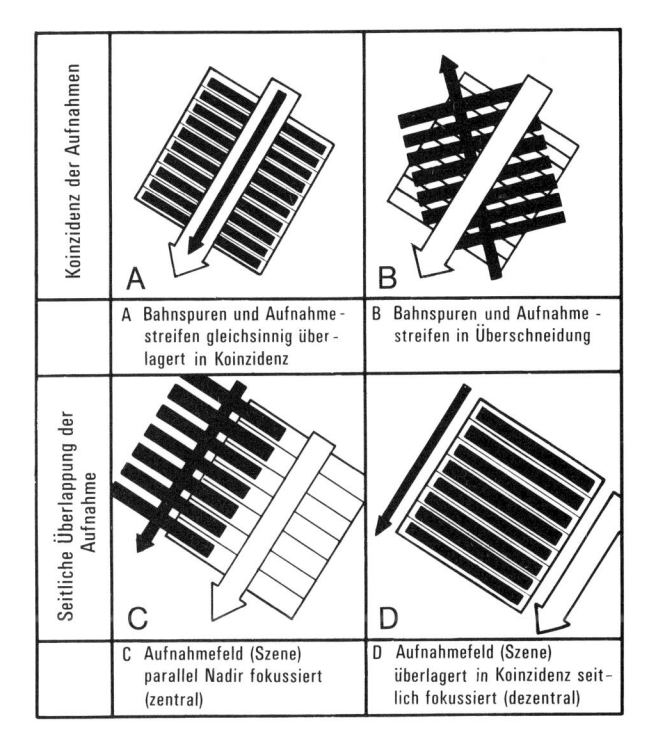

Fig. 1.13 - 3: Resultierende Repetition der Satellitenaufnahmen nach ihren Bahnspuren mit Aufnahmestreifen (nach Verger 1982)

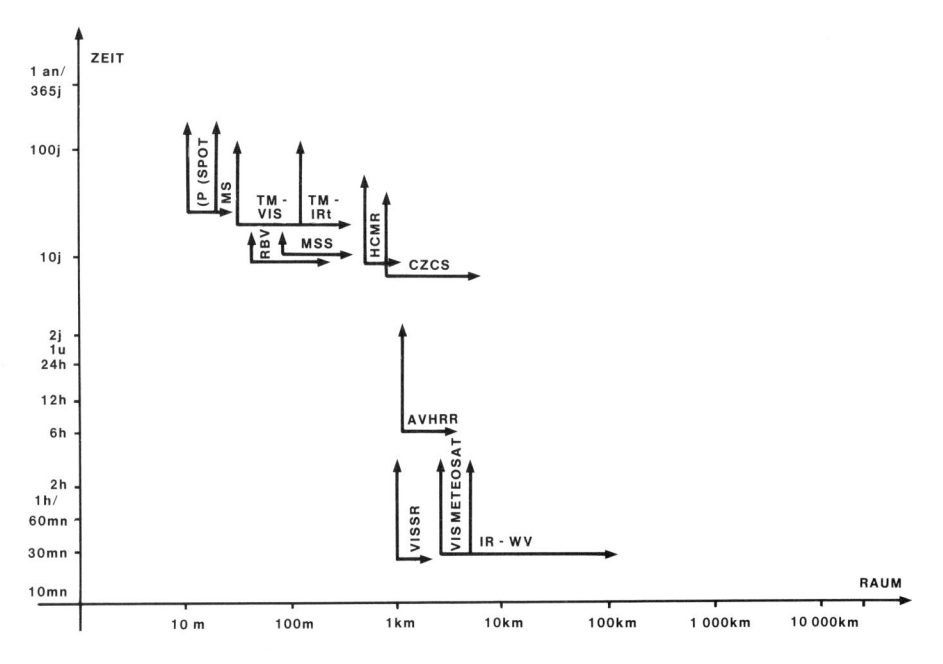

Fig. 1.13 - 4: Auflösung der satellitengetragenen Sensoren nach den Dimensionen Raum und Zeit zum Vergleich des Einsatzes von Multisensoren (Multiband) nach ESA-Studie von Sodeteg (1983). Die vertikal angetragene Zeit ist französisch beschriftet: an = Jahr, j = Tag, h = Stunde, mn = Minute

Die Bahnspuren laufen parallel oder annähernd parallel, das Aufnahmesystem ist seitlich fokussierbar mit wechselndem Nadir. Dann können punktuell gleiche Aufnahmen erfolgen (Fig. 1.13 - 3 D). Dies gilt für sonnensynchrone Satelliten wie SPOT.

Repetitionsrate des Satelliten und Aufnahmezeitdauer des Sensors bestimmen die zeitliche Auflösung einer Szene, die in verschiedenen Zeitskalenbereichen liegt.

Die Mehrzahl der Geländeobjekte ist nicht statisch: Position oder Lage werden geändert, die Qualität der Objekte wandelt sich oder ihre Anzahl. Diese Änderungen können episodisch sein oder stetig, oft sind sie periodisch. Die praktische Arbeit mit Fernerkundungsdaten hat gezeigt, daß die zeitliche Dimension besonders wichtig ist
- für die Identifikation und Klassifikation von Objekten, wenn die räumlichen und spektralen Merkmale nicht ausreichen,
- für die Überwachung der Veränderungen in einer Szene (change detection), z.B. bei Prognosen.

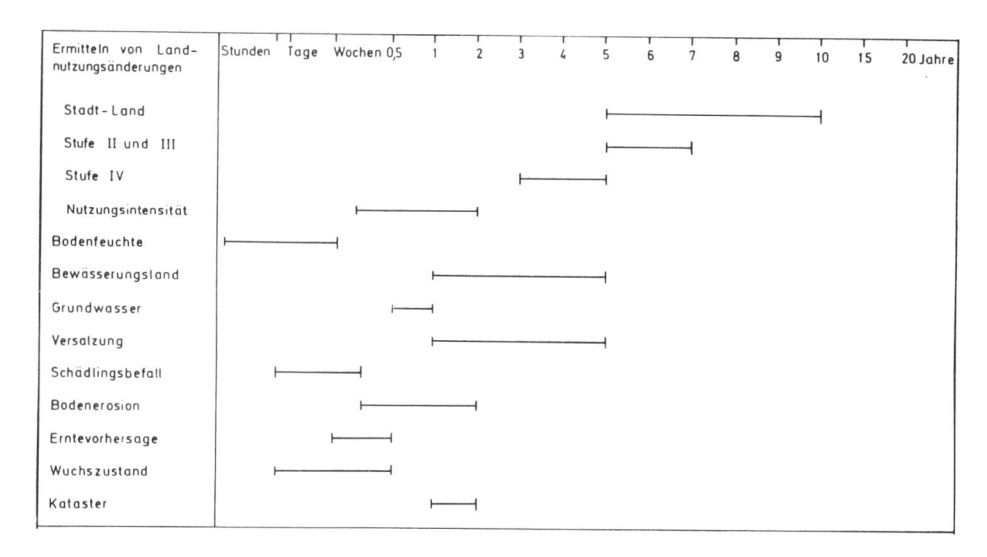

Fig. 1.13 - 5: Ausgewählte Anwendungsbereiche der Fernerkundung für die Landnutzung: Zeitskalen der wünschenswerten Datenerhebung (nach Jensen 1983)

Agrar-phänologische Kalender repräsentieren den zu erwartenden Zustand der Pflanzendecke und den Bearbeitungszustand des Bodens für verschiedene Zeitpunkte und Zeitintervalle des Jahres.

Die Angaben sind abhängig von
- meteorologischen Parametern (dem Witterungsjahresgang und dem phänologischen Jahresgang);
- wirtschaftlichen Parametern (den Feldfrüchten mit ihren agronomischen Jahresgängen);
- regionalen Charakteristika (Relief, Boden, naturräumlich begrenzte Standorteigenschaften).

Für die Fernerkundung kann ein Diagramm mit den Mittelwertangaben der Zeitskalen für eine Flugplanung oder für eine erste Interpretation des Satellitenbildes ohne Bodenkontrolle zum Aufnahmezeitpunkt genutzt werden.

Die Zeitintervalle von natürlichen Prozessen (z.B. Gezeiten) sind nicht oder nur bezüglich einiger Parameter mit den Zeitphasen von orbitalen Aufnahmesystemen vergleichbar, z.B. das Trockenfallen des Watts im Gezeitenrhythmus im Vergleich zur Aufnahmezeit sonnensynchroner Satellitsysteme (Gezeitenperioden sind nach Mondzeit um 50 Minuten täglich gegenüber der sonnensynchronen Aufnahmezeit nach Sonnenzeit verschoben). Innerhalb einer Szene von 185 km x 185 km sind die Parameter der Gezeiten bezüglich der Eintrittszeit des Niedrigwassers und der Höhe des Tidenhubes unterschiedlich (vgl. Gierloff-Emden 1980). Damit ist die Kartenherstellung von Wattregionen in besonderem Maße von der Relation der Zeitskalen der natürlichen

Prozesse und der Zeitskalen der Aufnahmeperiode des Satellitensystems abhängig (vgl. LANDSAT-MSS, Beispiel Nordseeküste).

Cassanet (1981) hat für das Loire-Ästuar die Zeitpunkte verfügbarer Aufnahmen des NOAA 5-VHRR und des HCMM-HCMR mit den gezeitenbedingten Wasserständen an der Küste und mit gemessenen Abflußwerten der Loire verglichen.

Zwölf der verfügbaren Szenen wurden bei mittleren Gezeitenkoeffizienten aufgenommen, eine bei niedrigen, drei bei hohen. Der Gezeitenkoeffizient 95 ist gesetzt für mittleren Springtidehub (V.E.M. = vives eaux moyennes), der Koeffizient 45 für mittleren Nipptidehub (M.E.M. = mortes eaux moyennes). Der Koeffizient für jeden Tag eines Jahres ist aus dem Tidenkalender ersichtlich. Flut und Ebbe sind ungleich durch Aufnahmen erfaßt. Auch die Jahreszeiten (häufigere oder weniger häufige Sturmfluten) sind nicht gleichmäßig vertreten, die Wintersituation ist selten aufgenommen. Bei sechs der Szenen hat die Loire einen Abfluß, der etwa dem Jahresmittel von 1978 entspricht (1118 m^3/s), bei drei Szenen entspricht der Abflußwert etwa dem langjährigen Mittel (825 m^3/s), bei acht Szenen ist ein Abfluß von weniger als 350 m^3/s gemessen worden. Die winterlichen Abflußspitzen (Schneeschmelzehochwässer) sind nicht durch Satellitenaufnahmen erfaßt (Fig. 1.13 - 8).

Fig. 1.13 - 6: Gegenüberstellung von Zeitintervallen der natürlichen Prozesse im Watt und der aufnahmebedingten Parameter bei Satellitenaufnahmen mit MSS von LANDSAT (nach Gierloff-Emden 1980)

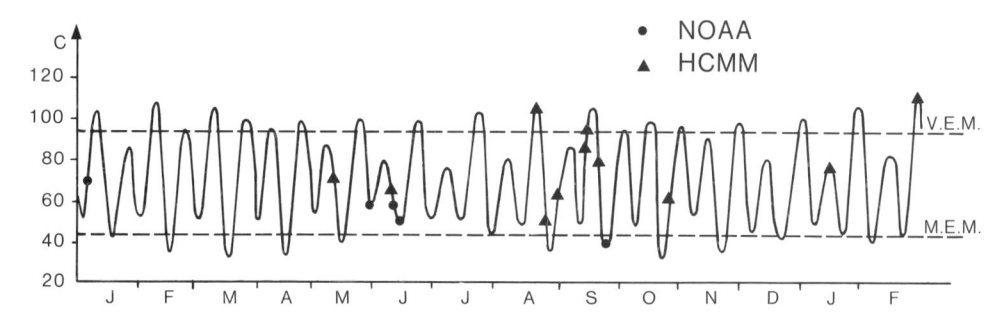

Fig. 1.13 - 7: Gezeitenkoeffizienten und Szenenverteilung an der Loire-Mündung vom Januar 1978 bis Februar 1979 (nach Cassanet 1981)

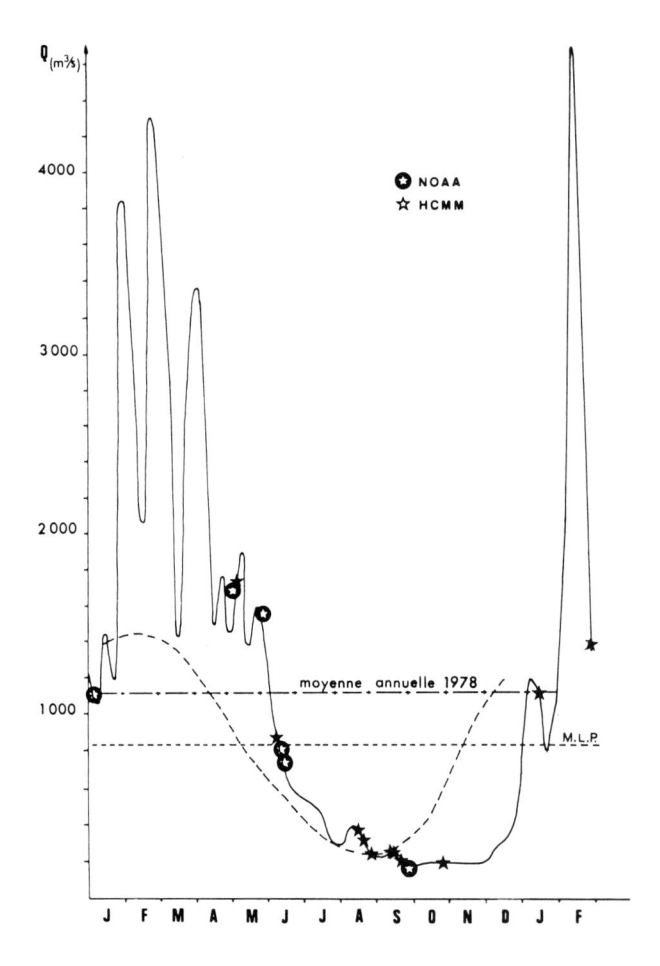

Fig. 1.13 - 8: Abfluß der Loire von Januar 1978 bis Februar 1979 und Szenenverteilung (nach Cassanet 1981)

Für das Ruhrgebiet und sein Umland (ca. 52° N) wurden nach den Agrarmeteorologischen Wochenhinweisen des Deutschen Wetterdienstes und nach einem Computerausdruck der verfügbaren LANDSAT 4- und 5-Aufnahmen der Szene die agrarphänologischen Phasen für vier Feldfrüchte im Zeitraum März bis November 1984 mit den Bewölkungsverhältnissen der existenten Szenen verglichen. Nur 3 Aufnahmen (24.4., 19.5. und 9.10.) weisen 10 % Bewölkung auf, alleine 16 Aufnahmen mehr als 80 % Bewölkung (Lang 1986, Seminararbeit). Es werden zwei gravierende Nachteile für die Interpretation der agraren Landnutzung an Satellitenbildern deutlich:
- Es werden nicht alle wünschenswerten phänologischen Zustände hinreichend wolkenfrei erfaßt,
- in einer Szene ist eine Feldfrucht in verschiedenen phänologischen Zuständen erfaßt, da der Aufnahmezeitpunkt in den Schwankungsbereich des Eintritts einer phänologischen Phase fällt (vgl. auch LANDSAT-MSS, Beispiel Schleswig-Holstein; 2.4).

Gestützt wird diese Aussage durch Fig. 1.13 - 10 mit der Darstellung der Anzahl der wolkenfreien Aufnahmen für einen großen Teil Europas und Nordafrikas im gleichen Zeitraum. Hier wird der räumlich-geographische Aspekt deutlich: Von der nördlichen Sahara sind erheblich mehr wolkenfreie Aufnahmen vorhanden als vom nördlichen Mitteleuropa. Es muß beachtet werden, daß die dargestellte Anzahl von existenten Szenen auch von der Zahl tatsächlich erfolgter Aufnahmen abhängt (Fusco/Frei/Hsu 1985).

In den folgenden Abbildungen sind die räumlichen und zeitlichen Größenbereiche für die Erfassung meteorologisch-klimatologischer Phänomene und zusätzlich auch die Strahlungsbereiche für die Erfassung ozeanographischer Phänomene dargestellt.

Für meteorologisch-klimatologische und für ozeanographische Phänomene sind ihre räumlich-geometrischen und ihre zeitlichen Größenordnungen mit der räumlichen und zeitlichen Auflösung einiger Satellitensysteme

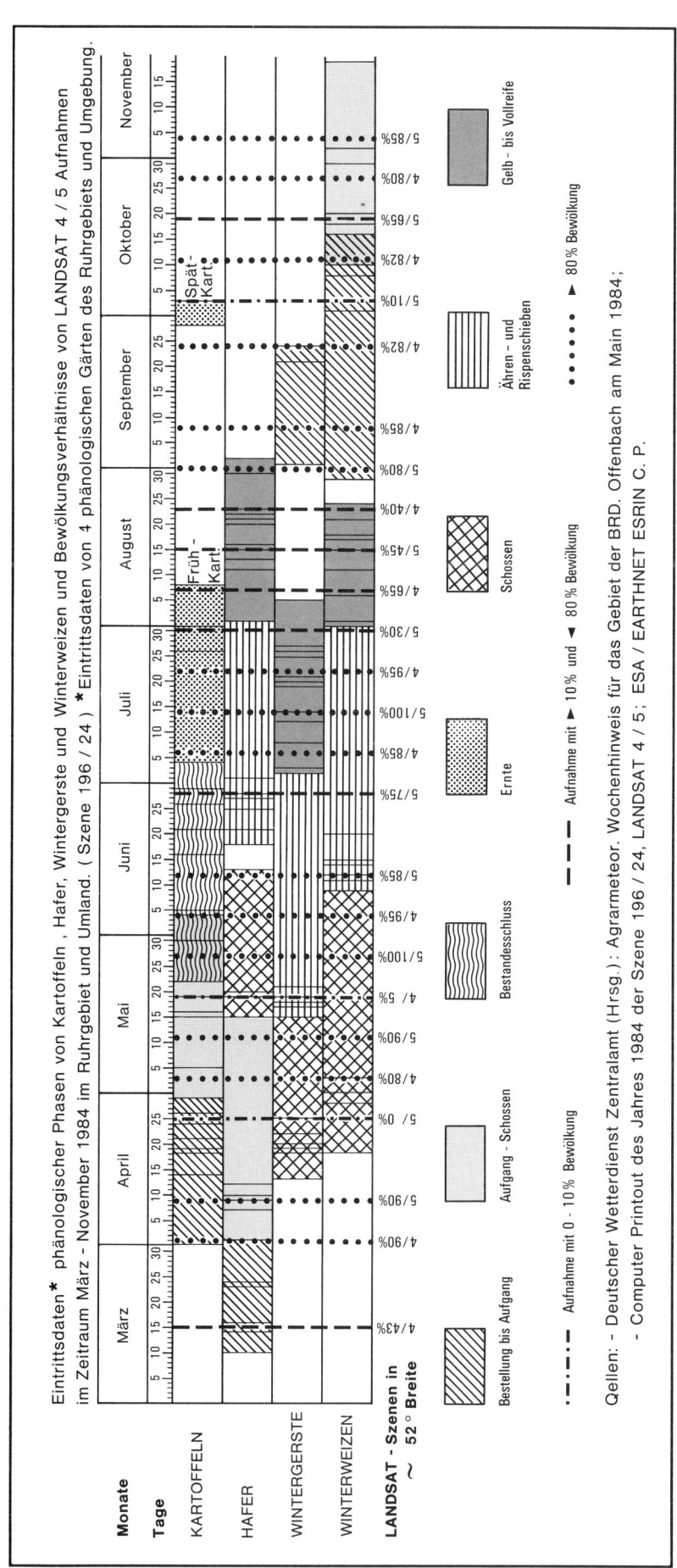

Fig. 1.13 - 9: Vergleich von phänologischen Zuständen für vier Feldfrüchte des Ruhrgebietes mit den Bewölkungsverhältnissen verfügbarer LANDSAT-Bilder. Die Raster zeigen die Zeitdauer der verschiedenen Zustände bis zum Eintritt des nächsten an (Entwurf E. Lang 1986).

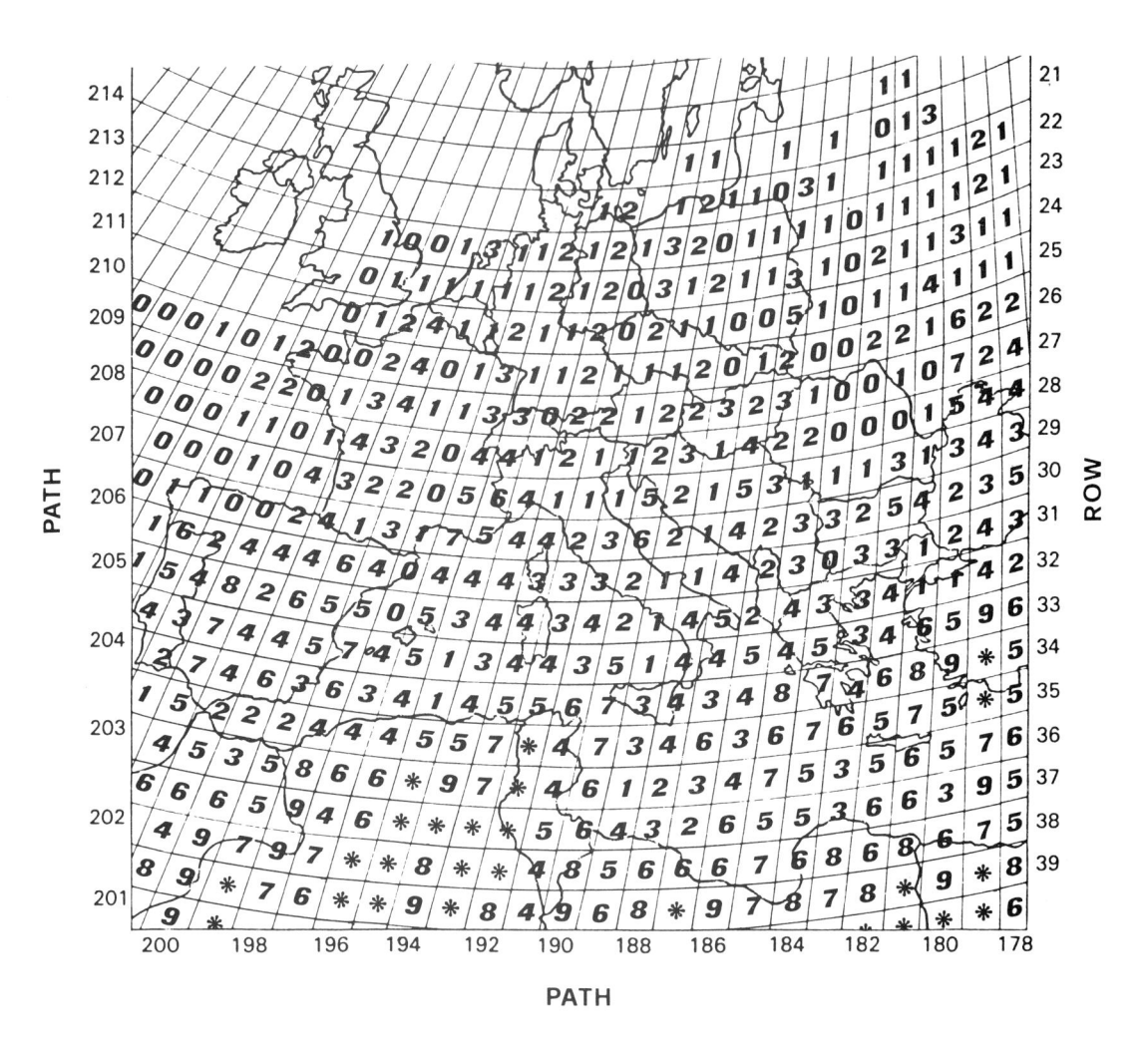

Fig. 1.13 - 10: Anzahl der bewölkungsfreien LANDSAT 5-TM-Szenen, die vom 6.4. - 31.12.84 in Fucino (Italien) empfangen wurden (nach Fusco/Frei/Hsu 1985); * = ≥ 10 bewölkungsfreie Szenen

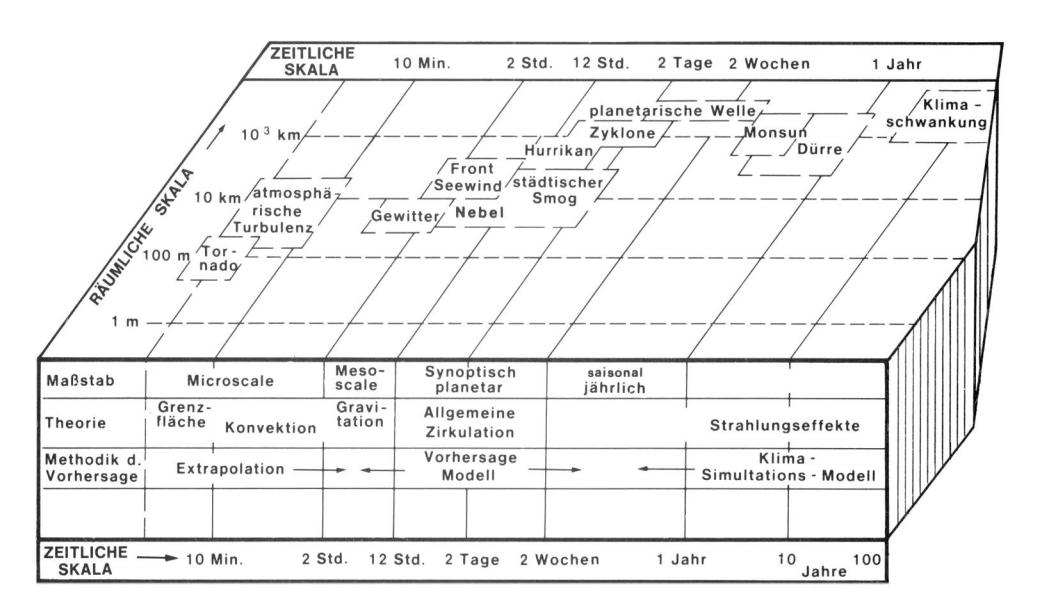

Fig. 1.13 - 11: Zeit- und Raumskalen von atmosphärischen Phänomenen (nach Gierloff-Emden 1988)

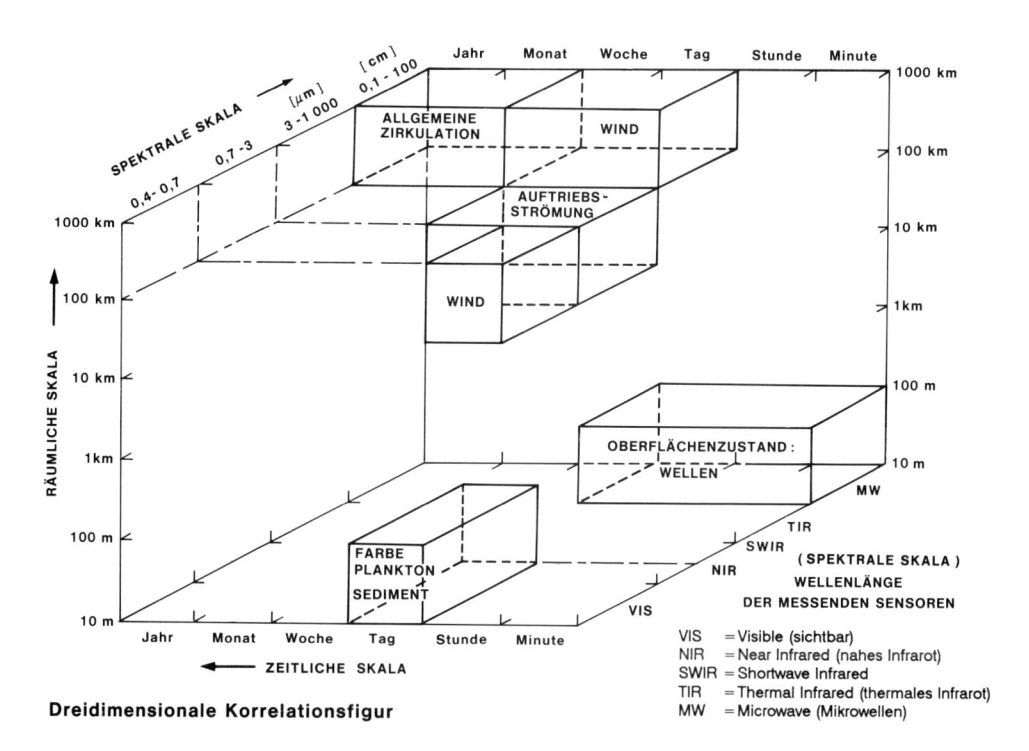

Fig. 1.13 - 12: Ozeanographische Phänomene und Prozesse im Raum-Zeit-Wellenlängen-Quader (vgl. Fig. 1.1 - 1; nach ESA-Studie von Sodeteg 1983)

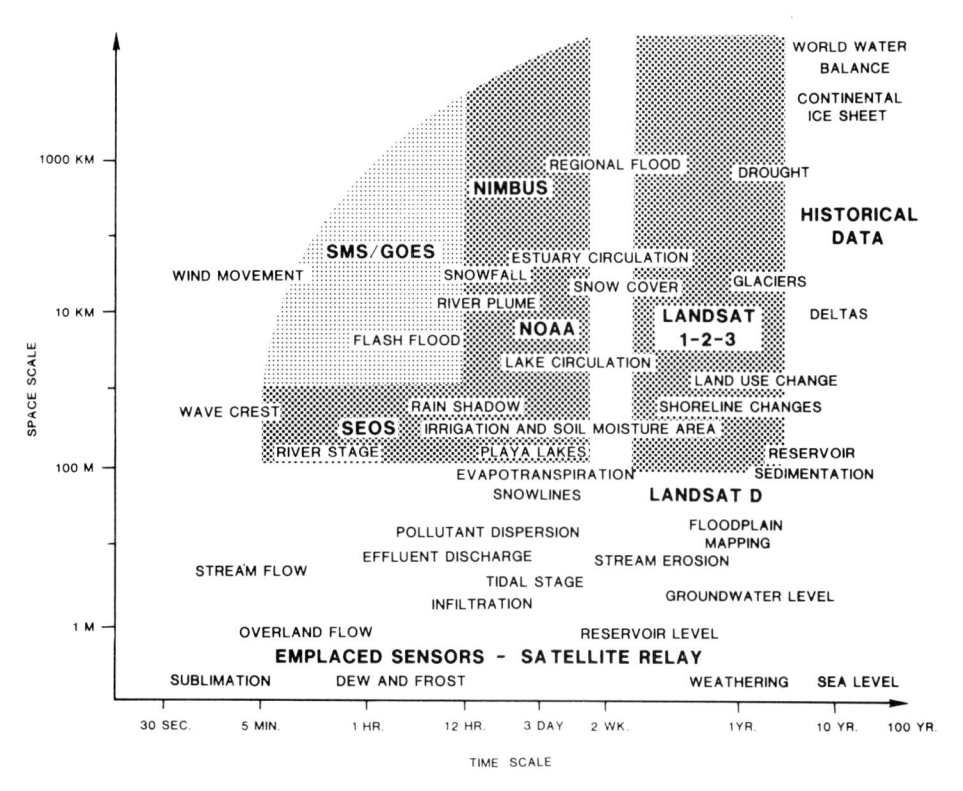

Fig. 1.13 - 13: Zeitliche und räumliche Skalen für repräsentative hydrologische Parameter mit den dafür relevanten Beobachtungseigenschaften der Satellitenaufnahmesysteme. Die gerasterten Flächen zeigen die Felder der von Satelliten aufgenommenen Phänomene an (nach Simonett 1983).
Abszisse: Zeitskala der geowissenschaftlichen Phänomene und Prozesse; Zeitskala der Repetitionsrate der Satellitensysteme;
Ordinate: räumliche Skala der geowissenschaftlichen Phänomene und Prozesse; räumliche Skala des Aufnahmeumfangs und des Auflösungsvermögens der Satellitensysteme

verglichen. In der Abbildung wäre METEOSAT an der Stelle von SMS/GOES einzuordnen, LANDSAT D entspricht heute LANDSAT 4 und 5.

1.14 Bildauswertemethodik

Schmidt-Falkenberg (1978) definiert Bildauswertung als die Gewinnung von Informationen aus einer Bildaufzeichnung. Die Auswertung besteht aus den für Schmidt-Falkenberg aufeinanderfolgenden Schritten der Interpretation und der Messung. Zur Interpretation zählt er die Schritte der syntaktischen und der semantischen Erkennung (s.u.), zur Messung die der geometrisch-mathematischen und der densitometrisch-farbmetrischen Messung.

In der Literatur zur Auswertemethodik wird eine unterschiedliche Terminologie verwendet, deren gegenseitige Transkription schwierig ist. Ostheider/Steiner (1979, S.8) verstehen unter der Interpretation von Luft- und Satellitenbildern "die Existenz-Feststellung, Identifikation, Klassifikation, Beschreibung, Deutung und Analyse von im Bild dargestellten Geländeobjekten und Objektbeziehungen im Hinblick auf eine bestimmte Fragestellung." Die Existenz-Feststellung entspricht in der Abbildung von Dodt in Schneider (1984) der Wahrnehmung von Bildmerkmalen, bei Simonett (1983) dem Schritt der Entdeckung (detection). Identifikation ist bei allen Genannten der zweite Interpretationsschritt; die dann folgende Reihe von weiteren Schritten wird bei Dodt zur Interpretation i.e.S. und bei Simonett zur Analyse (analysis) zusammengefaßt.

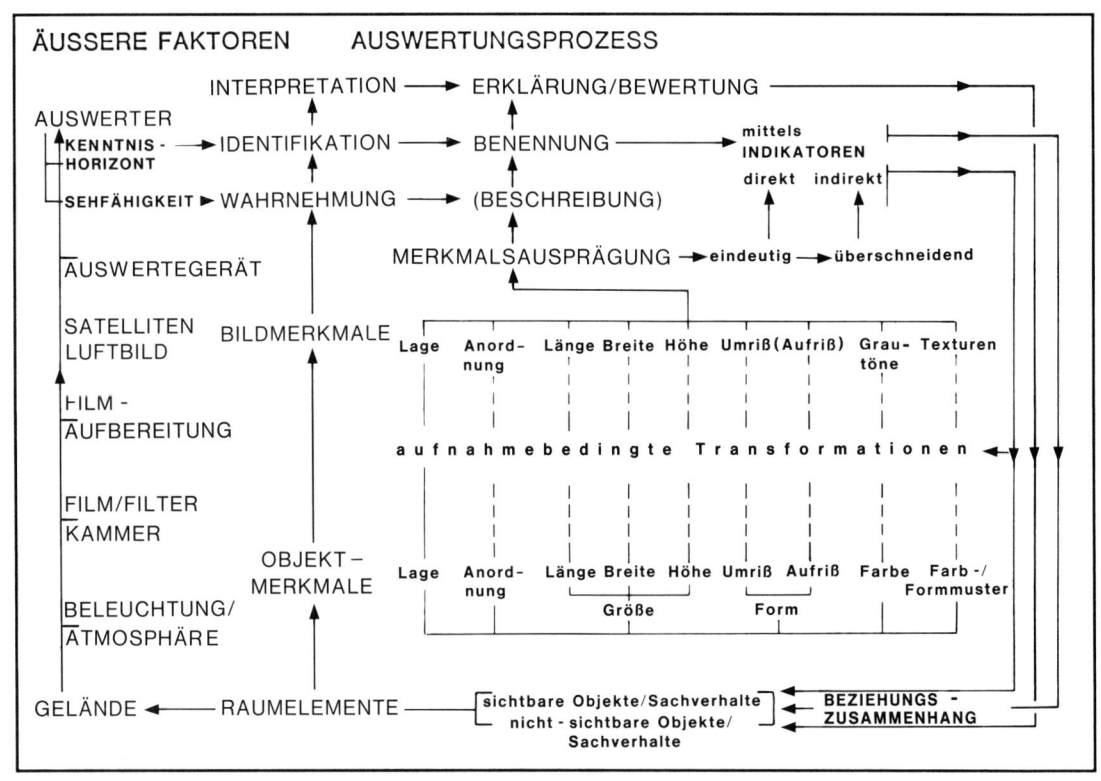

Fig. 1.14 - 1: Zur Methodik der Auswertung von Satellitenbildern (nach Dodt 1984)

Krönert (1984, S.156) unterscheidet in der Informationsgewinnung aus Fernerkundungsdaten die zwei Schritte der Dechiffrierung und der Interpretation. "Unter Dechiffrierung versteht man dabei das Erkennen von Objekten und von Objekteigenschaften der Erdoberfläche auf der Grundlage von spektralen, texturellen und Umgebungsmerkmalen auf ihren durch Fernerkundung gewonnenen Abbildungen und unter Interpretation die Wertung des Dechiffrierergebnisses unter Berücksichtigung von Theorie und empirischer Erfahrung sowie die Nutzung der gewonnenen Informationen für die Lösung einer definierten Aufgabe."

Krönert (1984) unterscheidet Verfahren der visuellen Auswertung, bei denen Dechiffrierung und Interpretation ineinanderfließen, was beim interaktiven Dialog Rechner - Auswerter bewußt ausgenutzt wird, und Verfahren der automatischen Dechiffrierung, die "auf physikalisch determinierten Zusammenhängen zwischen Merkmalen und Objekten (Remission) und Abbildungsmerkmalen (wie Schwärzung, optische Dichte)" beruhen (a.a.O., S.156).

De Loor (1970) hat betont, daß die zu erkundenden Objekte dank ihrer speziellen elektromagnetischen Eigenschaften zur Wahrnehmung, Identifikation und Analyse folgende Indikator-Attribute liefern: räumliche, zeitliche, spektrale und Polarisationsattribute. In der Fig. 1.14 - 1 überwiegen die räumlichen Attribute oder Merkmale, da die Methodik der Auswertung eines Einzelbildes dargestellt ist. Stehen mehrere Bilder zur Verfügung, so sind zeitliche und Polarisationsmerkmale, aber auch multispektrale Merkmale zu ergänzen.

Nach Schmidt-Falkenberg (1966, 1971, 1978) besteht ein Bild aus Grauwert- oder Farbwertflächen, die vom menschlichen Auswerter (biologisches System) zu Bild-Gestalten zusammengefaßt bzw. als solche erfaßt oder wahrgenommen werden. Im nächsten Schritt werden sie gedeutet (1971), mit Gelände-Gestalten korreliert, bzw. erkannt (1978), d.h. zu Klassen zusammengefaßt und benannt. Es schließen sich weiterführende Aussagen oder Deutungen aufgrund fachwissenschaftlich begründeter Analogieschlüsse an (Genese, Prognose). Technische Systeme leisten weniger Schritte: Sie können zwar Tonwertflächen mit vorgegebenen Zeichen, jedoch nicht Bild-Gestalten optisch-geometrisch vergleichen, und sie können Bilddaten numerisch-digital verarbeiten und klassifizieren (syntaktische Erkennung). Eine semantische Erkennung (Benennung) ist ihnen nicht möglich. Damit ist das biologische System zu weiterreichender Interpretation fähig als das technische System (Schmidt-Falkenberg 1978); denn der Mensch arbeitet auf der Grundlage der Bild-Gestalten bereits integrativ, während technische Systeme nur (quantitative) Bildmerkmale verarbeiten können.

Der Vergleich der genannten Autoren ergibt, daß alle den Auswerteprozeß in drei aufeinanderfolgende Schritte gliedern:
- Feststellung von Bildinhalten (Wahrnehmung)
- Korrelation mit Geländeinhalten (Identifikation)
- Weitergehende Aussagen (Interpretation/Analyse).

Es ist fundamental wichtig, die aufeinanderfolgenden Schritte der Auswertung zu trennen. Im ersten Schritt werden Bildinhalte mehr oder weniger objektiv und präzise erfaßt, im zweiten werden sie Objekten und Objektqualitäten zugeordnet (Identifikation in Fig. 1.14 - 1).

Methodisch gesehen, arbeitet die Bildinterpretation deduktiv und assoziativ, man schließt vom Allgemeinen auf das Spezielle und vom Bekannten auf das Unbekannte. Durch die Verwendung von Interpretationsschlüsseln wird dieses Vorgehen erleichtert. Zur Auswertung der Objektmerkmale werden Zusatzinformationen, wie Literatur- und Kartenwissen und vor allem Geländeinformationen (ground truth, Bodenreferenz), ergänzend und absichernd hinzugezogen.

Die Auswerteergebnisse werden als Text, Skizze, Diagramm, Tabelle oder Karte, d.h. verbal, numerisch oder graphisch vorgelegt.

Skala	Tätigkeit	Instrumente
subjektiv, einfach	zeichnen, zählen, vergleichen	einfache Zeichengeräte, Zählraster, Graukeil, Farbskala
subjektiv, komplex	zeichnen, vergleichen, beschreiben	Bildinterpretationsinstrumente
objektiv, einfach	messen	Meßlupe, Lineal, Meßraster, Winkelmesser, Graukeil, Farbskala
objektiv, komplex	messen	Bildmeßinstrumente

Tab. 1.14 - 1   Stufen visuell-manueller Bildauswertung

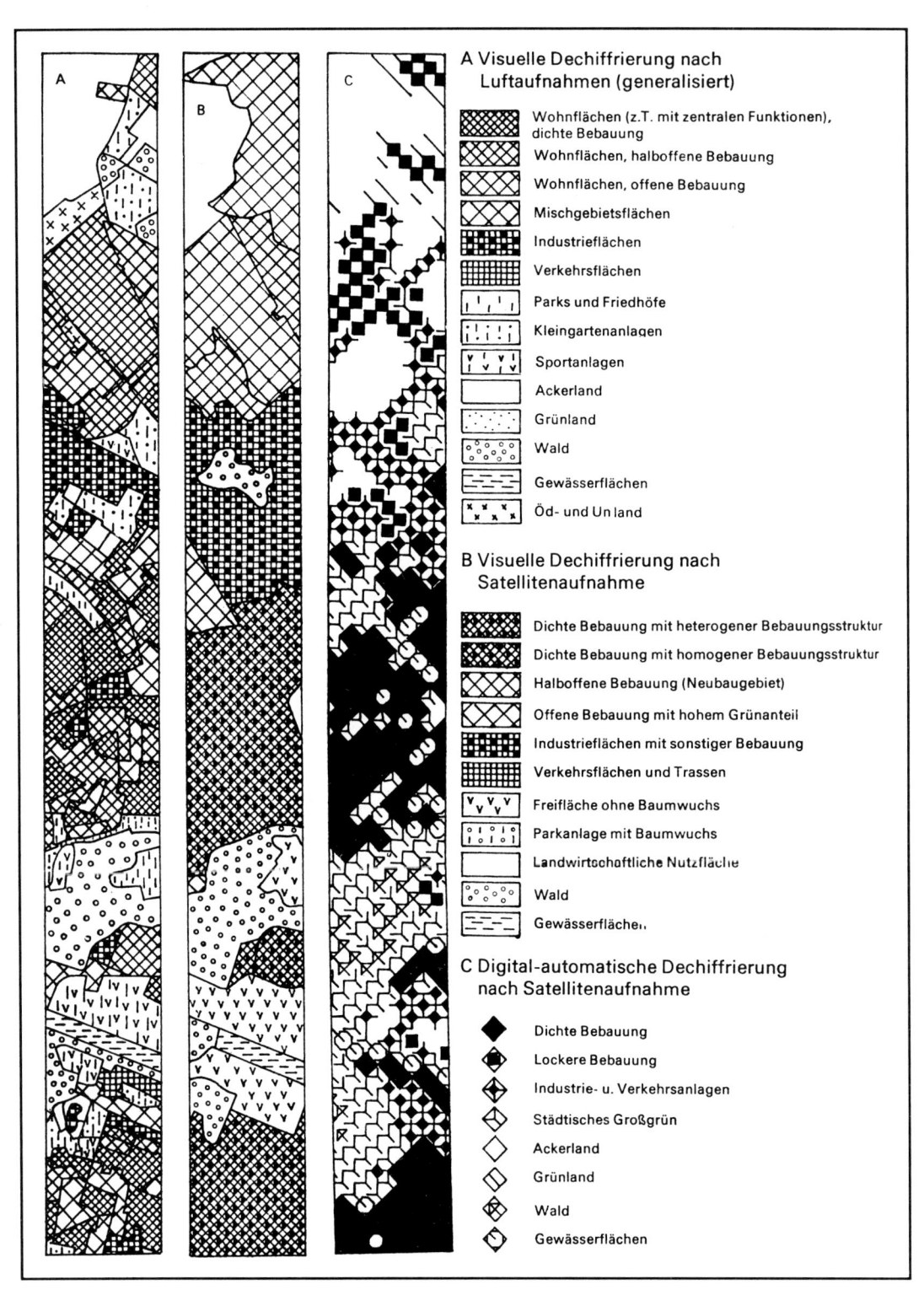

Fig. 1.14 - 2: Transsekte der Flächennutzung im Vergleich visueller und digital-automatischer Dechiffrierung von Luft- und Satellitenaufnahmen (nach Krönert 1984)

A Visuelle Dechiffrierung nach Luftaufnahmen (generalisiert)
- Wohnflächen (z.T. mit zentralen Funktionen), dichte Bebauung
- Wohnflächen, halboffene Bebauung
- Wohnflächen, offene Bebauung
- Mischgebietsflächen
- Industrieflächen
- Verkehrsflächen
- Parks und Friedhöfe
- Kleingartenanlagen
- Sportanlagen
- Ackerland
- Grünland
- Wald
- Gewässerflächen
- Öd- und Unland

B Visuelle Dechiffrierung nach Satellitenaufnahme
- Dichte Bebauung mit heterogener Bebauungsstruktur
- Dichte Bebauung mit homogener Bebauungsstruktur
- Halboffene Bebauung (Neubaugebiet)
- Offene Bebauung mit hohem Grünanteil
- Industrieflächen mit sonstiger Bebauung
- Verkehrsflächen und Trassen
- Freifläche ohne Baumwuchs
- Parkanlage mit Baumwuchs
- Landwirtschaftliche Nutzfläche
- Wald
- Gewässerflächen

C Digital-automatische Dechiffrierung nach Satellitenaufnahme
- Dichte Bebauung
- Lockere Bebauung
- Industrie- u. Verkehrsanlagen
- Städtisches Großgrün
- Ackerland
- Grünland
- Wald
- Gewässerflächen

	Kategorie	Parameter	Auswertestufe	Instrument
Radiometrisches Merkmal	Grauton	absoluter Wert, Kontrast	quantitativ qualitativ	Densitometer Auge, Skala
	Farbe	Helligkeit Farbton Sättigung	qualitativ qualitativ qualitativ	Auge, Farbsehen, Farbskala
			qualitativ	Farbmetrik
Räumliches Merkmal	Dimension	Punkt, Linie, Fläche	qualitativ	Auge
	Form	Form	qualitativ	Auge
	Größe	Länge, Breite, Höhe, Fläche, Volumen	quantitativ	Auge, Meßinstrument
	Lage	Koordinaten, relativ und absolut	qualitativ und quantitativ	Auge, Meßinstrument
Radiometrisches und räumliches Merkmal	Textur und Struktur	Flächenmuster, Grau- und Farbwertwechsel	qualitativ und halbquantitativ	Auge, Texturschlüssel

Tab. 1.14 - 2: Schritte der Bildauswertung nach radiometrischen und räumlich-geometrischen Bildmerkmalen

In Ergänzung zu den eher konventionellen Verfahren der visuell-manuellen Bildauswertung liefern die halbautomatischen und automatischen Verfahren die objektiveren, d.h. vom Arbeitsgang her neutral-richtigeren, jedoch nicht unbedingt inhaltlich-richtigeren Ergebnisse. Hinzu kommen v.a. Verfahren der multivariaten Statistik. Brauer (1984, S.295) hat betont, daß die in der Fernerkundung gebräuchlichen Begriffe "überwachte" bzw. "unüberwachte" Klassifikation von Bildelementen irreführend sind, da sie richtiger Diskrimination bzw. Klassifizierung heißen sollten:

"Überwachte Klassifikation

Für jede Objektklasse wird eine Musterklasse bestimmt. Aus den Geländeinformationen der Musterklassen wird die Entscheidungsfunktion (der sog. Klassifikator) abgeleitet. Jedes Bildelement außerhalb der Musterklassen wird mit den Merkmalen jeder Musterklasse verglichen und anhand der Entscheidungsfunktion einer Objektklasse zugeordnet.

Unüberwachte Klassifikation

Die unüberwachte Klassifikation benötigt keine Geländeinformationen und die Anzahl der Objektklassen ist vorab nicht bekannt. Dieses Verfahren teilt die Gesamtheit der Bildelemente mittels eines Klassifikators (i.d.R. ein Abstandsmaß) iterativ in Teilgesamtheiten auf. Die Teilgesamtheiten bedürfen dann einer weiteren Interpretation. Der wesentliche Unterschied zwischen Klassifikation und Diskrimination besteht darin, daß bei der Diskrimination die Anzahl und die Eigenschaften der Teilgesamtheiten bekannt sind. Bei der Klassifikation wird nur die Existenz einer unbekannten Anzahl von Klassen vorausgesetzt. Überträgt man die Begriffe und die Begriffsinhalte der mehrdimensionalen Statistik auf die Terminologie der digitalen Bildauswertung, so entspricht nur das Verfahren der unüberwachten Klassifikation der Klassifikation im engeren Sinn. Die überwachte Klassifikation dagegen behandelt ein Diskriminationsproblem."

Das Erkennen von Gestaltelementen und ihre Identifikation auf Satellitenbildern kann am treffendsten nach den Dimensionen der Bild-Gestalten vorgenommen werden:
- punktförmig: Gebäude, kleine Plätze, Teiche, kleine Parzellen
- linienhaft: Straßen, Bahnlinien, Kanäle, Flüsse
- flächenhaft: Siedlungen, große Parzellen, Wald, Wasser.

Dieser Auswerteschritt ist in der Korrelation Satellitenbild - Gelände - Karte schwierig, da im Bild nur die geometrische Gestalt (räumliche Signatur) und die spektrale Signatur enthalten sind, die Geländeobjekteigenschaften zugeordnet werden sollen.

Schmidt-Falkenberg (1970) unterscheidet grundsätzlich zwischen interner und integraler Bildinterpretation. Unter interner Interpretation wird eine fachspezifische Interpretation verstanden, bei der Interpretationsaussagen anderer Fachwissenschaften zur gleichen Szene nicht benutzt werden, z.B. geomorphologische, geologische, forstwissenschaftliche Interpretation. Diese Methode ist besonders ertragreich, wenn fachbezogene Aussagen Interpretationsziel sind. Unter integraler Interpretation wird eine fächerübergreifende, interdisziplinäre Interpretation verstanden. In diesem Fall bestimmt das Interpretationsziel die Reihenfolge der einzelnen fachspezifischen Teilinterpretationen.

1.15 "Multi"-Ansatz

Eine Verbesserung der Interpretation, ein Informationsgewinn, kann durch die Kombination mehrerer Bilder oder mehrerer Auswertetechniken und Fragestellungen erreicht werden. Dies ist der methodische Ansatz des "Multi-Konzeptes" von Colwell (1978). In der Tab. 1.15 - 1 sind zuerst sechs Kategorien multipler Datenaufnahme dargestellt, dann eine multipler Datenverarbeitung und abschließend zwei multipler Auswertung.

Colwell (a.a.O.) bezieht den Ausdruck "multistational" auf sukzessive, sich teilweise überlappende Aufnahmen derselben Flugbahn (z.B. Space Shuttle-LFC); der Informationsgewinn entsteht durch simultane Auswertung zweier Bilder.

Der "multistage"-Ansatz bedeutet die Anwendung eines räumlichen Filters. Aufnahmen unterschiedlicher Flughöhe und damit stets kleinerer Fläche und größerer Auflösung werden miteinander kombiniert (Satellitenbild - Luftbild - Geländephoto).

"Multidirectional" sind Aufnahmen aus verschiedenen Aufnahmerichtungen. Dies ermöglicht Stereoauswertung oder die Ausnutzung unterschiedlicher Winkel zwischen Aufnahmerichtung und Beleuchtungsrichtung.

"Multitemporale" Aufnahmen eines bestimmten Geländeausschnittes nutzen zeitlich verschiedene Beleuchtungs- und Geländezustände um Veränderungen zu erfassen.

"Multispektrale" Fernerkundung nutzt simultan mehrere Spektralempfindlichkeitsbereiche und erfaßt so besser die spektralen Signaturen der Geländeobjekte.

"Multi"-Operation nach Colwell (1978)	Inhaltliche Bedeutung	Genutzter Parameter	Resultat
multistation	mehrere Aufnahmeorte	Sensorposition	sukzessive Teilüberlappung
multidirection	mehrere Aufnahmerichtungen	Blickrichtung	Stereoauswertung, seitliche Überlappung
multistage	mehrere Sensorplattformen	Aufnahmehöhe	Maßstabsreihe
multidate (multitemporal)	mehrere Aufnahmezeitpunkte	Zeit	veränderte Geländezustände
multispectral	mehrere Spektralbereiche (Kanäle)	spektrale Signatur	Satz simultaner Bilder
multipolarisation	mehrere Polarisationen	Polarisation	simultane Bilder
multienhancement	mehrere Bilder oder Verfahren	Verarbeitung	(Farb-)mischbilder
multidisciplinary	mehrere Fachwissenschaften	Fachwissen	integrale Auswertung
multithematic	mehrere Fragestellungen	Thema	Satz von Auswerteergebnissen (Karten)

Tab. 1.15 - 1: "Multi"-Ansatz von Colwell (1978), verändert

"Multipolarisation" wird besonders in der Radarfernerkundung verwendet; horizontal bzw. vertikal polarisierte Strahlung zur Trennung von Objekten nach ihren Polarisationseigenschaften.

Unter "Multienhancement" versteht Colwell (a.a.O.) die Möglichkeit, mehrere Aufnahmen zu überlagern (z.B. Farbmischbilder) oder mehrere Verarbeitungsschritte zu kombinieren.

"Multidisziplinär" werden Bilder ausgewertet, wenn Fachleute mehrerer Fachwissenschaften einander ergänzend zusammenarbeiten (integrale Auswertung i.S. Schmidt-Falkenbergs 1970).

"Multithematisch" werden die meisten Bilder ausgewertet; denn sie enthalten Information für mehrere Fragestellungen. Ein mögliches Ergebnis multithematischer Auswertung ist ein Satz thematischer Karten eines Untersuchungsgebietes.

F. Verger (1982) hat besonders den multispektralen, den multitemporalen und den Multi-Richtungsansatz herausgestellt. Sie werden am häufigsten angewendet (Fig. 1.15 - 1).

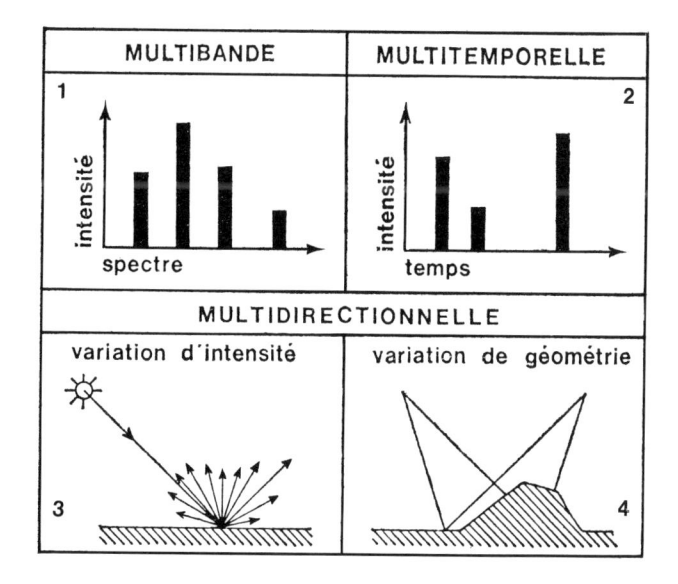

Fig. 1.15 - 1:   Multiple Datenaufnahme nach vier wichtigen Kategorien (nach Verger 1982)

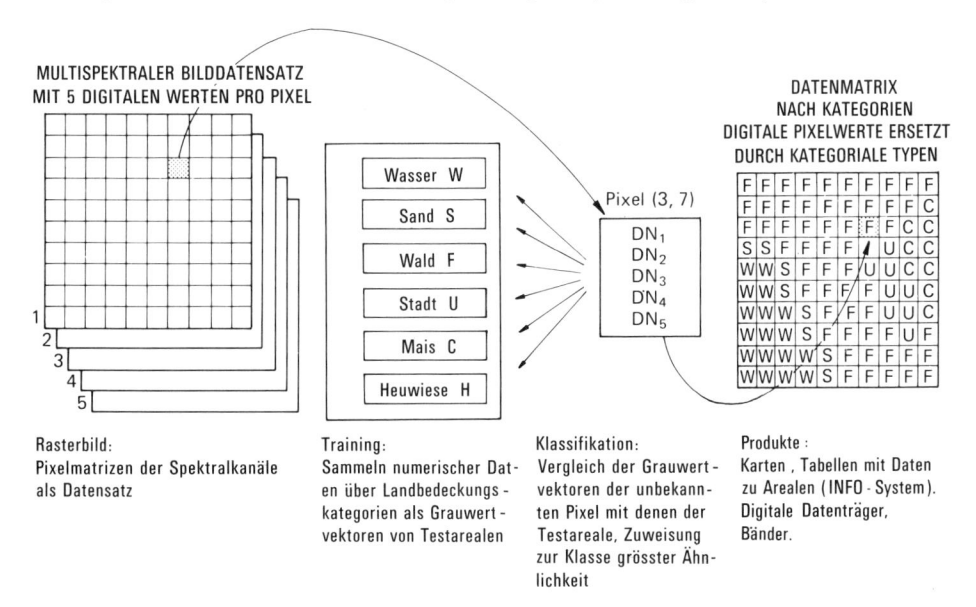

Fig. 1.15 - 2:   Darstellung des multispektralen Prinzips von Abtastbildern, überwachte Klassifikation nach Trainingsgebieten (nach Lillesand/Kiefer 1987)

Formal gesehen, bilden die n Intensitätswerte eines Pixels in den n verschiedenen Kanälen bzw. Wellenlängenbereichen eines multispektralen Aufnahmesystems ein n-Tupel. Dieses kann geometrisch als Vektor interpretiert werden (englisch auch "pattern" genannt). Die sehr große Datenmenge kann rechnerisch reduziert werden, z.B. durch faktoranalytische Verfahren. Multivariate Klassifikationstechniken, vor allem diskriminanz- und clusteranalytische Verfahren, gruppieren die Pixel nach ihren n Intensitätswerten in Gruppen, die der Optimierungsvorschrift innerer Homogenität und äußerer Heterogenität genügen. Über Testgebieten bekannten Objektinventars werden die Klassifikationsvorschriften operationalisiert. Dies geschieht in der Regel interaktiv am Rechnerbildschirm. Da die empfangenen Strahlungssignale nicht eindeutig bestimmten Objektklassen zugeordnet werden können, sind die Klassifikationsergebnisse nur zum Teil inhaltlich richtig.

Analog zur multispektralen Aufnahme und Auswertung kann ebenso multitemporal aufgenommen werden. Wenn die zeitliche Sequenz von Bildern einer Szene zur Deckung gebracht werden kann (über Geländekontrollpunkte), können wiederum für jedes Pixel Vektoren aus geordneten Intensitätswerten gebildet werden, die den Verfahren der Datenreduktion und der Klassifikation unterworfen werden können. Darüber hinaus werden auch multispektrale und multitemporale Intensitätswerte der Pixel miteinander kombiniert und ausgewertet.

Es hat sich gezeigt, daß die Zahl von Fehlklassifikationen verringert und die Trefferquote erhöht werden kann, wenn zusätzlich Parameter berücksichtigt werden, die die Umgebung des jeweiligen Pixels beschreiben, z.B. Texturparameter (Dehn 1981).

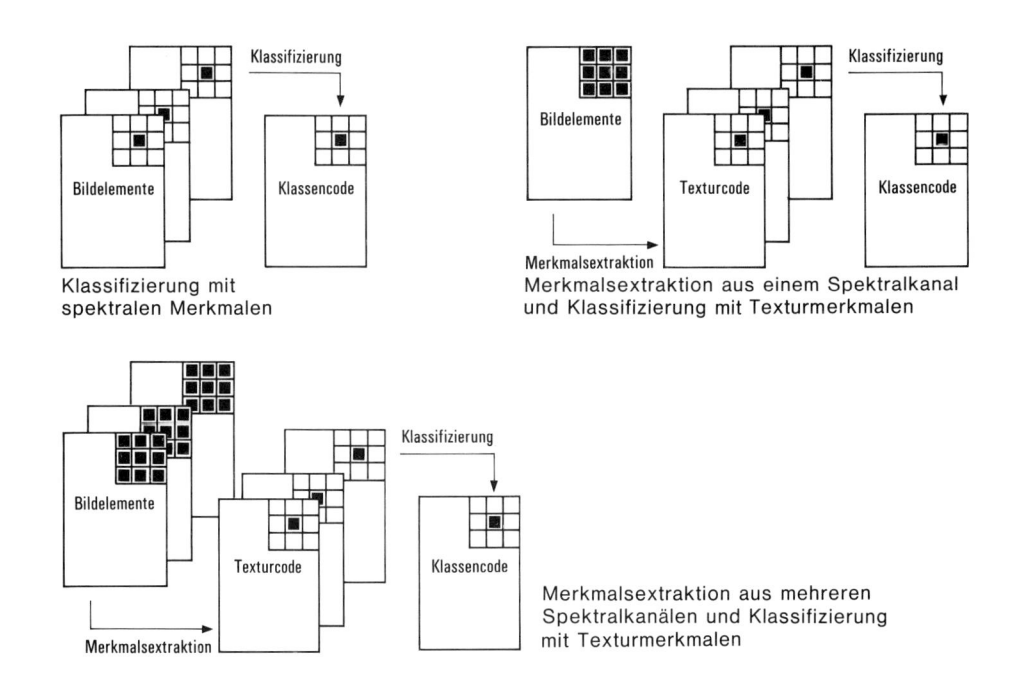

Fig. 1.15 - 3: Merkmalsextraktion und Klassifizierung von Texturmerkmalen (nach Dehn 1981)

1.16 Bodenreferenz

Zur Auswertung von Satellitenbildern werden in der Regel "Ground Truth"-Untersuchungen nötig, die einen beträchtlichen Teil des gesamten Arbeitsaufwandes einnehmen. Dabei wird sowohl eine Objektkontrolle und -vermessung im Gelände betrieben, als auch "vor Ort" ein Vergleich mit bestehenden topographischen und thematischen Karten und ihren Legenden vorgenommen, um gesuchte Informationen zur Interpretation zu erhalten und um vorläufige Interpretationen zu überprüfen. Es bleibt oft unberücksichtigt, daß die üblichen Objektklassen der Kartenlegenden meist nicht mit den empirisch bei der Geländekontrolle gefundenen Erdoberflächenklassen vergleichbar sind; denn Karten sind abstrakt, sie sind theoretisch konstruiert. Fernerkundungsrelevante Kartenlegenden, d.h. Objektklassen, sind bisher kaum erarbeitet; Halm hat eine solche "Geologische Karte des Rhône-Deltas" für die Auswertung des Metric Camera-Bildes vom Rhône-Delta erarbeitet (Gierloff-Emden/Dietz/Halm 1985). Die aus Abbildungsmerkmalen abgeleiteten Objekt- bzw. Eigenschaftsklassen "entsprechen vielfach nicht den traditionellen geographischen Objekt- und Eigenschaftsklassen. So kann in eine Klasse 'unbedeckter Boden' sowohl vegetationsfreier Acker, als auch Abbauland eingehen. Eine Klasse 'dichte Bebauung' setzt sich aus vielen Nutzungsarten zusammen" (Krönert 1984, S.156).

Bei der Bodenreferenz sollen Gestalten in den Satellitenbildern mit Objekten des Geländes - der realen Welt - korreliert werden. Das erfordert wechselweise Erkennung und Identifikation sowie Größenmessung.

Objekte	Vertikal [m]	Breite [m]	Länge [m]
Punktförmig:			
Haus	10	10	10
Gebäude	25	50	100
Teich	0	50	50
Parzelle	0	25	50
Linienhaft:			
Straße	0	10	100 u. mehr
Kanal	0	5-25	100 u. mehr
Deich	5	5-25	100 u. mehr
Flächig:			
Siedlung	10	100	1 000 u. mehr
Stadt	25	1 000	10 000 u. mehr
Großes Feld	0	100	500 u. mehr
See	0	500	1 000 u. mehr
Wald	20	100	1 000 u. mehr

Tab. 1.16 - 1: Ungefähre Objektausmaße im Gelände, vgl. auch Space Shuttle-LFC und Gierloff-Emden (1986b)

Im Satellitenbild sind Gestalten in ihren Grundrissen mit der Meßlupe meßbar, im Gelände werden Objekte unter Schrägsicht gesehen und sind mit Meßband und Theodolit ausmeßbar.

Ein sehr wichtiger Arbeitsschritt der Bodenreferenz ist die terrestrische Photodokumentation der Geländeobjekte, auch bei ungünstigem Aufnahmewinkel. Für Gelände mit ebenem oder sehr flachem Relief hat Halm (1986) den so erfaßbaren Geländeausschnitt berechnet und dargestellt (Fig. 1.16 - 1 und Tab. 1.16 - 2).

Die Objekte werden in perspektivischer Schrägsicht vom Boden aus aufgenommen. Daher erhält man zusätzlich zur 'Luftsicht', die nur den Grundriß registriert, Informationen über den Aufriß der Objekte. Das erleichtert die Identifikation.

Bei der Auswertung der terrestrischen Photographien stellte sich heraus, daß der Blickhorizont bei nur etwa 300 m liegt (Flachrelief), bei Aufnahmen vom Fahrzeugdach eines VW-Busses bei etwa 400 m.

Nach der Formel $\tan \alpha$ = halbe Formatdiagonale : Brennweite,

mit α = halber Blickwinkel, ergeben sich die berechneten Geländeausschnitte.

Methodisch sind in der Geländearbeit zur Bodenreferenz von Fernerkundungsdaten Vollerhebungen eines oder mehrerer Objekte, Stichprobenverfahren und Streifentests (Transsekte) zu unterscheiden.

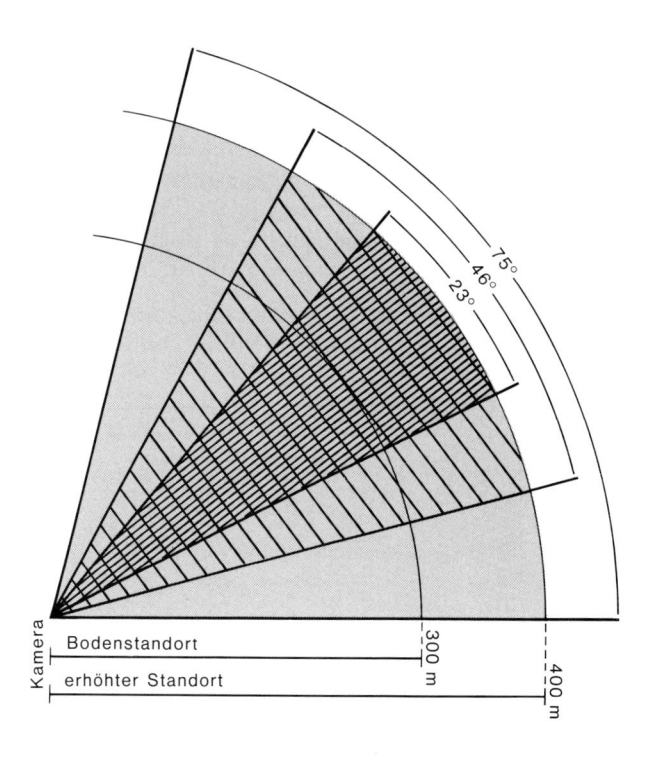

Fig. 1.16 - 1: Objekterfassung durch terrestrische Photodokumentation (nach Halm 1986)

Brennweite	[mm]	28	50	105
Blickwinkel	[Grad]	75°24'	46°28'	23°16'
Blickweite	300 m	4,35 ha	3,42 ha	1,78 ha
Blickweite	400 m	5,81 ha	4,37 ha	2,37 ha

Tab. 1.16 - 2: Durch Kleinbildphotos im Gelände (Format 24 mm x 36 mm) erfaßte Flächen

Als Beispiel für die Objekt-Vollerhebungen wird die Identifikation des Gewässernetzes eines Metric Camera-Bildes vorgestellt (Halm in Gierloff-Emden/Dietz/Halm 1985). Die Identifizierbarkeit des Gewässernetzes wurde im nördlichen Teil des Rhône-Deltas getestet. Als Arbeitsgrundlage zu den Kartierungsarbeiten diente eine kontrastausgewogene Transparentvergrößerung im Maßstab 1:100 000, die mit einem extrem kontraststarken Transparent exakt gleicher Vergrößerungsstufe überlagert wurde. Durch diese Art scharfer photographischer Maske wurde eine Arbeitsgrundlage geschaffen, die linienhafte Elemente stark betont, aber dennoch flächenhafte Strukturen und Texturen enthält. Der bei der analogen Bildverarbeitung erzielte Effekt entspricht dem Prozeß der Kantenverstärkung bei der digitalen Bildverarbeitung.

Auf dieser Grundlage wurde ohne Zuhilfenahme von Kartenunterlagen rein visuell kartiert. Aus Verlauf, Lage und Grauton wurde versucht, alle erkennbaren Gewässer im gewählten Ausschnitt zu erfassen. Anschließend wurde mit den in der topographischen Karte 1:100 000 dargestellten Gewässern verglichen. In Zweifelsfällen wurde auch die topographische Karte 1:25 000 zu Hilfe genommen.

Das in Fig. 1.16 - 2 dargestellte Ergebnis zeigt, daß von den insgesamt 225 km der in der Karte dargestellten Wasserläufe nur 129 km richtig identifiziert wurden. Nicht identifiziert, d.h. bei der MC-Kartierung nicht erfaßt, wurden demgegenüber 96 km Wasserläufe, die in der Karte 1:100 000 enthalten sind. Dies liegt meist am fehlenden Kontrast gegenüber der Umgebung. Die dritte in der Fig. 1.16 - 2 wiedergegebene Klasse wird von vermeintlichen Wasserläufen gebildet, d.h. es wurden Wasserläufe vermutet und deshalb kartiert, was sich aber beim Vergleich mit den Karten als falsch herausstellte. Es handelte sich bei diesen 44 Kilometern vielmehr um Straßen, Wege oder Feldgrenzen.

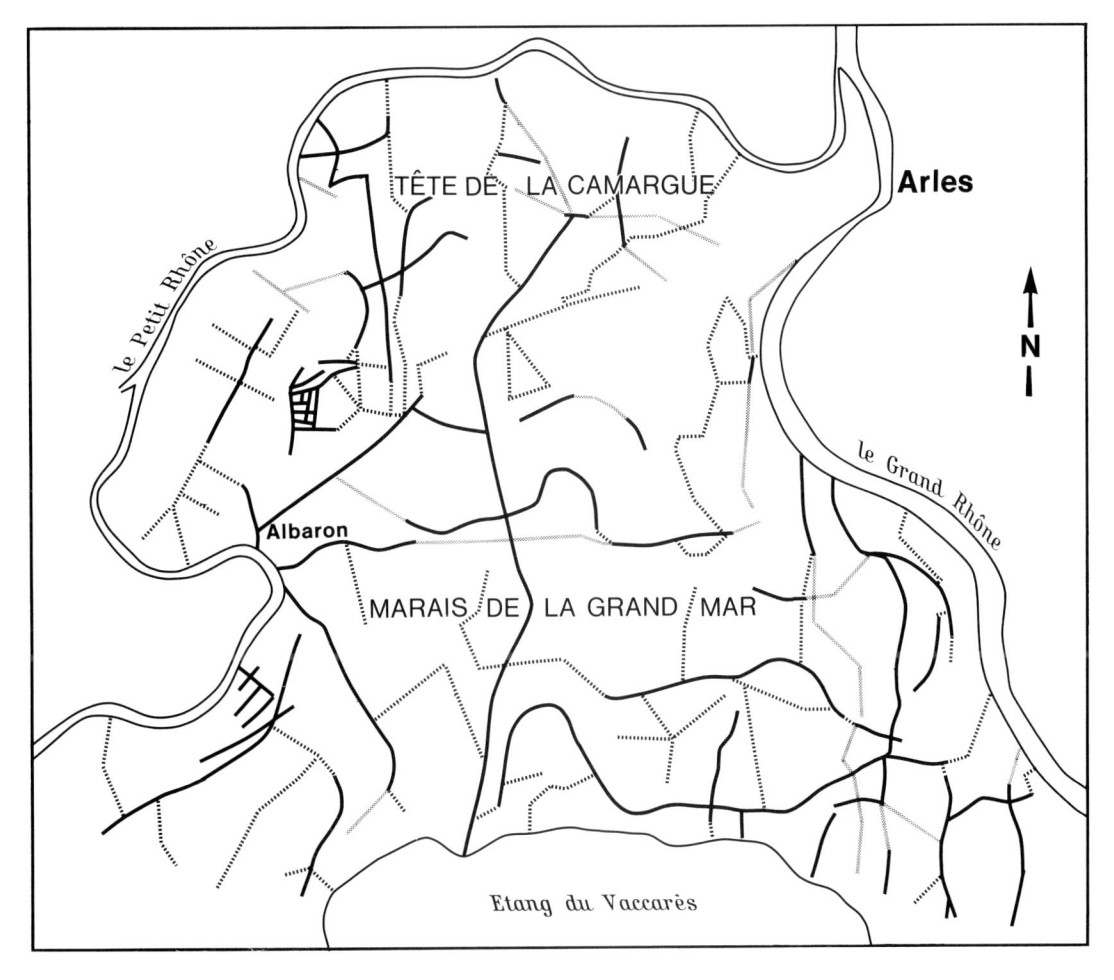

| Maßstab 1 : 150 000 | Metric - Camera - Aufnahme 0864 - 25, 05.12.83, 09 - 00 - 11 GMT |
| Scale | Metric Camera Image |

——— Wasserlauf richtig identifiziert Carte Topographique 66 (1 : 100 000)
Water Channel Correctly Identified

.... Wasserlauf nicht identifiziert Entwurf: K. Halm, 1984
Water Channel not Identified Design:

~~~~~ Wasserlauf falsch identifiziert Kartographie: Institut f. Geogr. der LMU - München, 1984
Water Channel Falsely Identified Cartography:

Fig. 1.16 - 2: Vollständige Überprüfung einer Objektklasse (nach Halm 1986)

Ergebnisse:
- Wasserläufe mit einer Breite b ≥ 35 m können fehlerfrei aus dem MC-Bild kartiert werden.
- Wasserläufe mit b ≤ 35 m können nicht eindeutig von Straßen oder Feldgrenzen unterschieden werden (~50% Fehler).
- Die Erkennbarkeit korreliert nur mit dem Kontrast des Gewässers zu seiner Umgebung und ist unabhängig von Sonnenhöhe und Azimut.

Stichproben sind umfangsmäßig begrenzte und repräsentative Auslesen aus einer größeren Grundgesamtheit. Stichproben von Bild- oder Geländedaten, die verallgemeinerungsfähig sein sollen, erfaßt man am besten mit Hilfe eines regelmäßigen Rasters, das über das Untersuchungsgebiet gelegt wird. Es bietet sich das Pixelraster des Bildes an oder geographische (λ, φ) oder geodätische Koordinatensysteme (Rechtswert, Hochwert).

Stichproben räumlicher Daten können an Punkten, entlang von Profillinien oder von Teilflächen, z.B. von Rasterfeldern genommen werden. Häufig werden die Schnittpunkte des Koordinatengitters als Datenerhebungspunkte gewählt.

Bei der einfachen Zufallsstichprobe wird eine Stichprobe von n Individuen aus der Population eines Gebietes anhand einer Reihe zufälliger Koordinaten gezogen. Die zwei Achsen eines Gebietes sind numeriert und die Lokalisierung wird durch ein Paar von zufälligen Koordinaten ermittelt, z.B. über Zufallszahlen, vgl. A in der Fig. 1.16 - 3.

In geschichteten Stichproben wird das Untersuchungsgebiet in räumliche Segmente (wie etwa Ackerland und Wald) unterteilt, und die Individuen der Stichprobe werden in den einzelnen Segmenten unabhängig voneinander gezogen. Die Lokalisierung der Punkte innerhalb jedes einzelnen Segments erfolgt durch den gleichen Zufallsprozeß wie beim einfachen Zufallsstichprobenverfahren, vgl. B in der Fig. 1.16 - 3.

Bei der systematischen Stichprobe wird ein gleichmäßig dimensioniertes Netz festgelegt, wobei jedem Feld je ein Individuum entnommen wird. Der Ursprung des Netzes wird durch eine Zufallsbestimmung des ersten Netzpunktes festgelegt, vgl. C in der Fig. 1.16 - 3.

Die geschichtete, systematische, unregelmäßige Stichprobe (Fig. 1.16 - 3D) vereint die theoretischen Vorteile der Zufallsauswahl, die der Schichtung und beinhaltet zugleich den Vorzug der systematischen Stichprobe. Durch die Vermeidung der regelmäßigen Ausrichtung der Stichprobenpunkte wird gleichzeitig die Möglichkeit eines Fehlers vermieden, der etwa durch die Regelmäßigkeit in den Erscheinungen verursacht würde. Die geschichtete, systematische, unregelmäßige oder ungeordnete Stichprobe hat daher die größte Effizienz im Gelände.

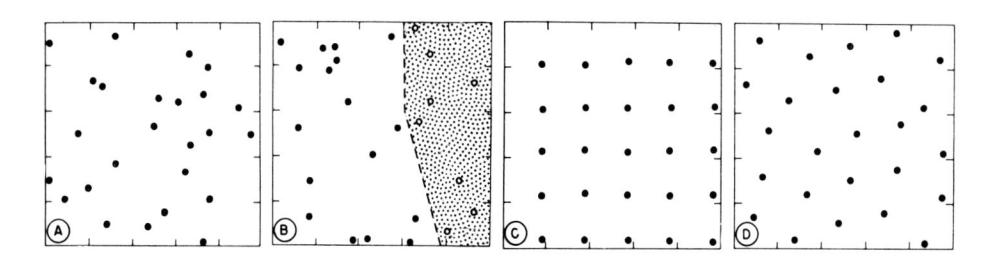

Fig. 1.16 - 3: Verschiedene Stichprobenauswahlverfahren: zufällige (A), geschichtete zufällige (B), systematische (C) und geschichtete systematische Auswahl ohne Ordnung der Stichprobenpunkte innerhalb des Rasters (D) (nach Haggett 1973)

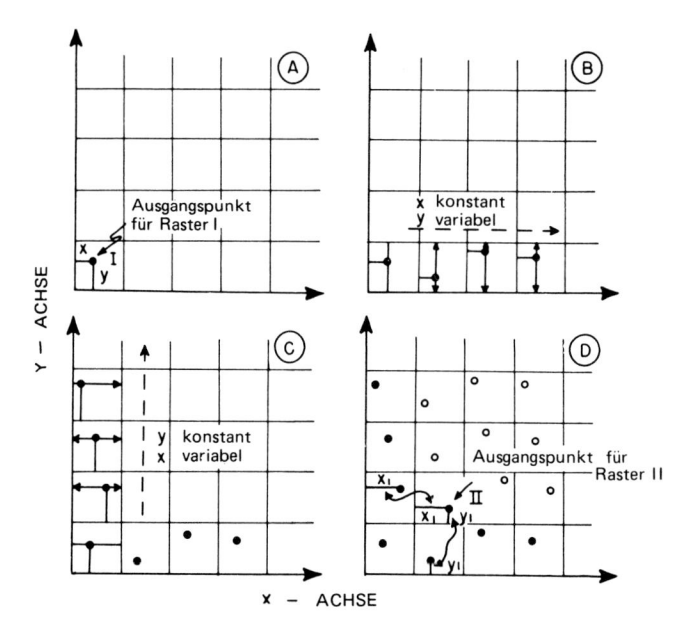

Fig. 1.16 - 4: Teilschritte bei der Auswahl einer geschichteten systematischen Stichprobe ohne Ordnung der Stichprobenpunkte in ihrem Raster (nach Haggett 1973)

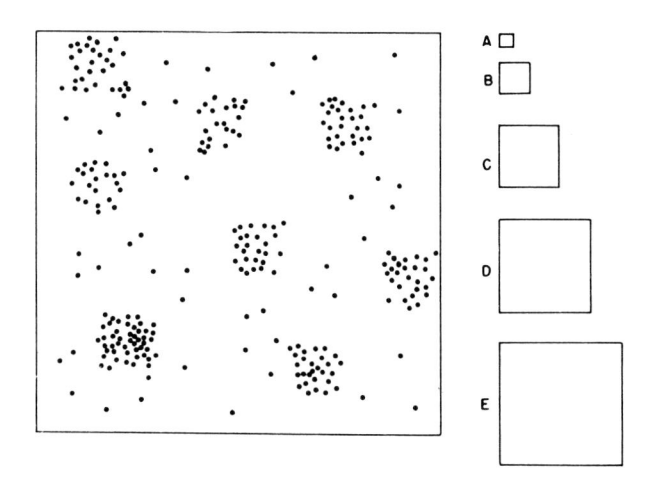

Fig. 1.16 - 5: Abhängigkeiten zwischen Stichprobenquadraten verschiedener Größe und Originalverteilung. Eine Stichprobe mit Hilfe der kleinen Quadrate (A und B) läßt auf eine schwache Ballungstendenz der Punkte schließen, jene mit Hilfe der mittleren Quadratgröße (C) auf eine starke Ballung, und jene mit den großen Quadraten (D und E) auf eine regelmäßig gestreute Anordnung der Punkte (nach Haggett 1973).

Im Vergleich von Punkt-, Profil- und Flächenerhebungen hat Haggett (1973) für Zufallsstichproben gezeigt, daß die Genauigkeit der Profilerhebung beträchtlich höher ist als die der beiden anderen Verfahren; außerdem ergibt sich ein besserer Überblick über das Untersuchungsgebiet als bei der Punkterhebung.

Bei Flächenerhebungen, wie sie z.B. von der Pflanzensoziologie durchgeführt werden, besteht eine Abhängigkeit zwischen den Stichprobenflächen verschiedener Größe und der tatsächlichen Verteilung der Individuen im Raum.

Die systematische Stichprobennahme wurde zur Geländekontrolle eines Metric Camera-Satellitenphotos des Rhône-Deltas verwendet (Gierloff-Emden/Dietz/Halm 1985). Es wurde ein 400 m x 400 m-Raster verwendet, an den Schnittpunkten wurde die aus dem Photo erhaltene Information, das Interpretationsergebnis, jeweils mit dem Geländesachverhalt verglichen. Das Ergebnis dieses Vergleiches ist in einer Matrix (vgl. Fig. 1.16 - 5) dargestellt.

Die Ziffern der Spalten und Zeilen bedeuten Landnutzungskategorien des hierarchisch gestuften Systems von Anderson et al. 1976. Spalten enthalten das Interpretationsergebnis, Zeilen das Ergebnis der Geländeaufnahme. Stimmen beide überein, so liegt das Stichprobenereignis in der Diagonalen der Matrix; in der Fig. 1.16 - 5 ist jeweils in den Matrixfeldern die Anzahl der Fälle eingetragen, in denen die jeweiligen Kombinationen einer Landnutzungsklasse der Bildinterpretation mit einer Geländeaufnahme eingetreten sind. Leere Felder entsprechen null Ereignissen. Mit Hilfe der Binomial-Statistik wurden Konfidenzgrenzen für die Genauigkeitsforderung von 85 % berechnet.

Der Streifentest kombiniert die Verfahren der Profil- und der Flächenerhebung. Ein Streifen kann zufällig oder gezielt festgelegt werden. Für den Streifen wird der interpretierte Bildinhalt verglichen mit
- der Kartierung im Gelände
- der Legende von topographischen Karten und dem dort entsprechenden Streifen
- Zusatzinformationen aus dem Satellitenbild.

Der Vergleich ergibt eine Aussage zur Verwertbarkeit der Bildanalyse für die Nutzung zur Kartenherstellung eines bestimmten Maßstabes oder für die Ergänzung bzw. Fortschreibung einer Karte (Gierloff-Emden/Dietz 1983, Krönert 1984). Ein großer Vorteil dieses Verfahrens ist, daß der räumliche Zusammenhang und die räumliche Vergesellschaftung der Objekte im Teststreifen erhalten bleiben.

Bildinterpretation

	4	11	14	21	22	24	31	51	62	Σ
4										
11										
14										
21				26			4		1	31
22										
24										
31							10			10
51		4								4
62				9			1		32	42
Σ		4		35			15		33	

Geländeaufnahme

Bildinterpretation

	4	11	14	21	22	24	31	51	62	Σ
4										
11										
14										
21				33					4	37
22										
24										
31										
51		1		1				1		3
62	3								44	47
Σ	3	1		34				1	48	

Geländeaufnahme

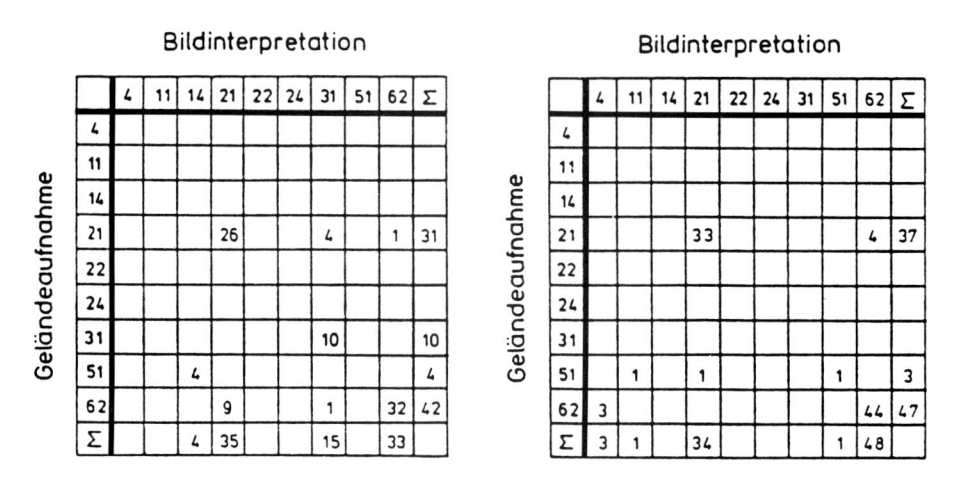

Fig. 1.16 - 6: Bildinterpretation und Verifizierung nach Geländeaufnahmen (nach Westermann 1985)

ETANG DU VACCARÈS - MAS D'AGON - STE. CÉCILE

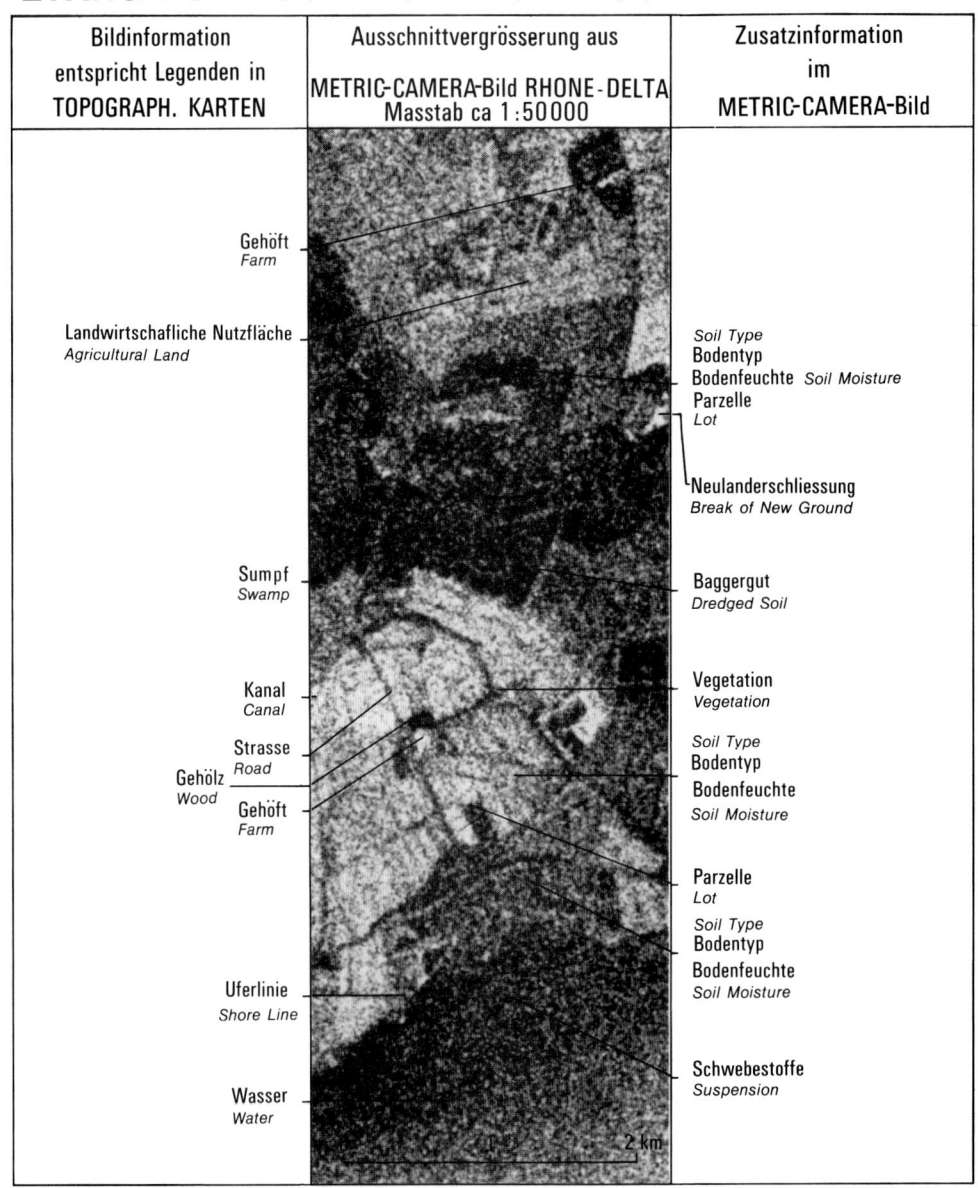

Bildinformation entspricht Legenden in TOPOGRAPH. KARTEN	Ausschnittvergrösserung aus METRIC-CAMERA-Bild RHONE-DELTA Masstab ca 1:50 000	Zusatzinformation im METRIC-CAMERA-Bild

Gehöft / Farm
Landwirtschaftliche Nutzfläche / Agricultural Land
Sumpf / Swamp
Kanal / Canal
Strasse / Road
Gehölz / Wood
Gehöft / Farm
Uferlinie / Shore Line
Wasser / Water

Soil Type / Bodentyp
Bodenfeuchte / Soil Moisture
Parzelle / Lot
Neulanderschliessung / Break of New Ground
Baggergut / Dredged Soil
Vegetation / Vegetation
Soil Type / Bodentyp
Bodenfeuchte / Soil Moisture
Parzelle / Lot
Soil Type / Bodentyp
Bodenfeuchte / Soil Moisture
Schwebestoffe / Suspension

Fig. 1.16 - 7a: Streifentest (nach Westermann 1985)

MGA A 38

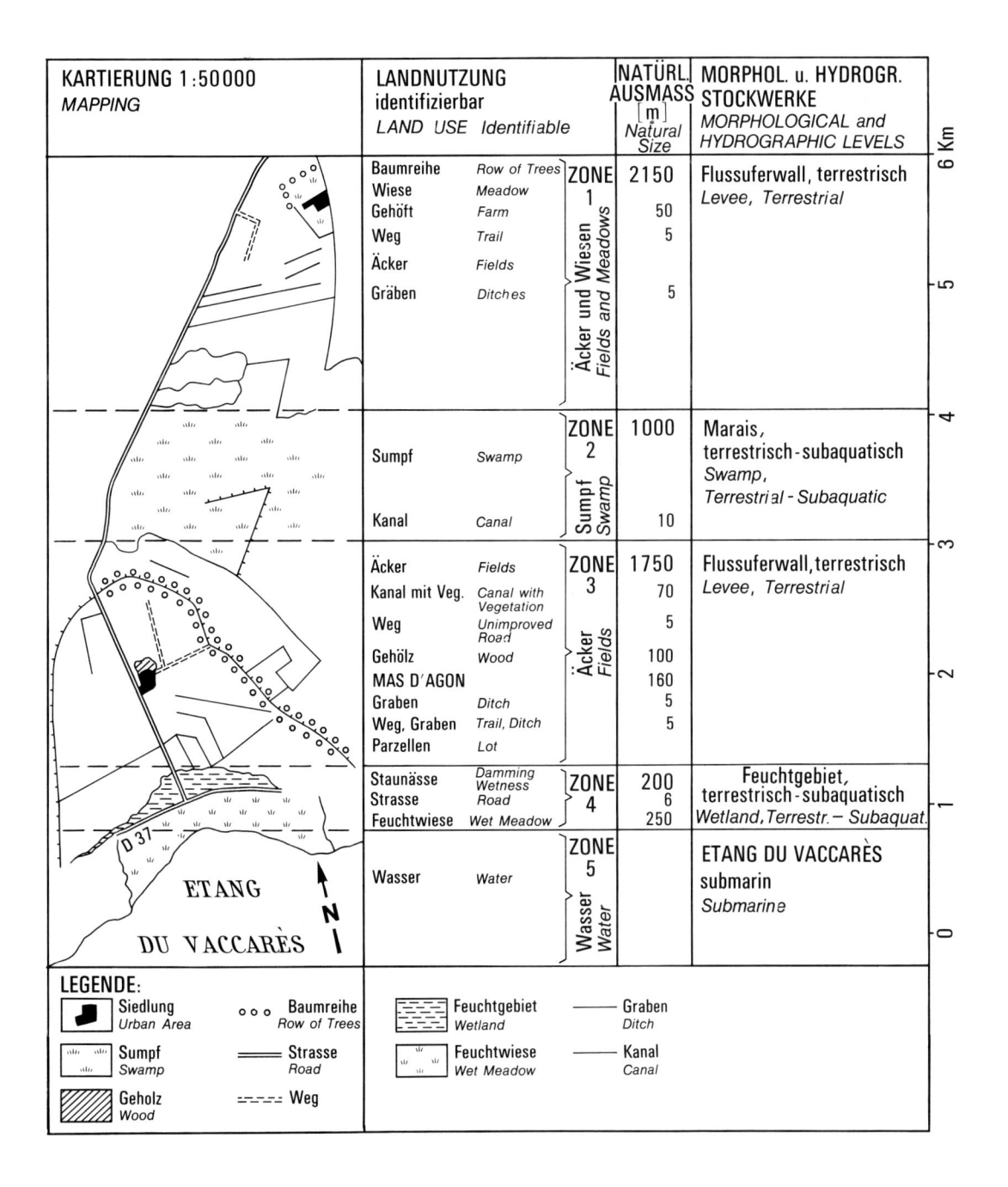

KARTIERUNG 1:50000 MAPPING	LANDNUTZUNG identifizierbar LAND USE Identifiable		NATÜRL. AUSMASS [m] Natural Size	MORPHOL. u. HYDROGR. STOCKWERKE MORPHOLOGICAL and HYDROGRAPHIC LEVELS
	Baumreihe Row of Trees Wiese Meadow Gehöft Farm Weg Trail Äcker Fields Gräben Ditches	ZONE 1 Äcker und Wiesen Fields and Meadows	2150 50 5 5	Flussuferwall, terrestrisch Levee, Terrestrial
	Sumpf Swamp Kanal Canal	ZONE 2 Sumpf Swamp	1000 10	Marais, terrestrisch-subaquatisch Swamp, Terrestrial-Subaquatic
	Äcker Fields Kanal mit Veg. Canal with Vegetation Weg Unimproved Road Gehölz Wood MAS D'AGON Graben Ditch Weg, Graben Trail, Ditch Parzellen Lot	ZONE 3 Äcker Fields	1750 70 5 100 160 5 5	Flussuferwall, terrestrisch Levee, Terrestrial
	Staunässe Damming Wetness Strasse Road Feuchtwiese Wet Meadow	ZONE 4	200 6 250	Feuchtgebiet, terrestrisch-subaquatisch Wetland, Terrestr.-Subaquat.
	Wasser Water	ZONE 5 Wasser Water		ETANG DU VACCARÈS submarin Submarine
LEGENDE: ■ Siedlung / Urban Area ooo Baumreihe / Row of Trees ▦ Feuchtgebiet / Wetland — Graben / Ditch Sumpf / Swamp ═ Strasse / Road Feuchtwiese / Wet Meadow — Kanal / Canal ▨ Geholz / Wood ----- Weg				

Fig. 1.16 - 7b: Fortsetzung Streifentest (nach Westermann 1985)

1.17 Begriffe und Abkürzungen

Begriffe

Auflösung:	das Vermögen eines Aufnahmesystems, Signale zu unterscheiden, die dicht beieinander liegen, und zwar zeitlich, spektral, radiometrisch oder räumlich
Band:	nutzbarer Wellenlängenbereich (auch Kanal)
Detektor:	kleines, Strahlung empfangenes Element im Sensor (meist Halbleiter)
Diskreta:	Objekte, die nach allen Seiten von anderen Objekten abgrenzbar sind
Enhancement:	Intensitätsmanipulationen bereits registrierter Bilder
Flugweg: (Spur, Ground Track)	Vertikalprojektion der Flugbahn des Luft- oder Raumfahrzeuges auf die Erdoberfläche
Gelände-Auflösung: (Bodenauflösung, Ground Resolution)	Ausdehnung des kleinsten Gelände-Flächenelementes, von dem Strahlung registriert wird
Geländevergleich:	Kontrolle und Ergänzung von Auswerteergebnissen im Gelände
Generalisieren:	maßstabs- und sachgebundene, graphische und inhaltliche Vereinfachung einer kartographischen Ausdrucksform auf dem Wege der Objektauslesen der qualitativen und quantitativen Zusammenfassung und einer repräsentativen Formvereinfachung
Imagery:	im Englischen gebräuchlicher Ausdruck für nichtphotographische Bilder
Infrarot:	Wellenlängenbereich des elektromagnetischen Spektrums von ca. 0,72 μm bis ca. 1000 μm; es zerfällt in das nahe (NIR), das kurzwellige (SWIR) und das thermale Infrarot (TIR)
Kanal:	s. Band
Lagegenauigkeit:	geometrische Genauigkeit im Grundriß
Mikrowellen:	Wellenlängenbereich des elektromagnetischen Spektrums von ca. 1 mm bis ca. 1000 mm
Minimum Visible:	kleinstes erkennbares Bildobjekt
Multispektral:	Auswertung unter Benutzung mehrerer Kanäle eines Systems
Objektinformation:	von der Fernerkundung unabhängige Information über die Geländeobjekte, unabhängig von Zeitpunkt und Art ihrer Gewinnung (Ground Truth, Ground Data)
Plattform:	Träger eines Aufnahmesystems, z.B. Satelliten
Radar:	aktives Mikrowellen-Fernerkundungssystem
Scanner:	Abtaster
Sensor:	übergeordneter Begriff für "Aufnahmesystem"
Signatur:	Gesamtheit der Eigenschaften, durch die ein Objekt vom anderen unterscheidbar ist
Spektrale Signatur:	für ein Objekt bzw. Material typische Abhängigkeit des Reflexions- und Emissionsgrades von der Wellenlänge
Synchron:	zeitgleich
Synoptisch:	einen Überblick über eine große Fläche gebend
Textur:	für eine Oberflächenart typische, kleinförmige Verteilung von Meßdaten im Ortsfrequenzbereich des Bildes

Thermal-IR:	Wärmestrahlung im Wellenlängenbereich des Infrarot
Visible:	Bezeichnung für den Wellenlängenbereich des sichtbaren Lichtes
Zeilenabtaster: (Line Scanner)	zeilenförmig Strahlung empfangendes Instrument, das die Signale nacheinander registriert

Abkürzungen

AVHRR:	Advanced Very High Resolution Radiometer
AWAR:	Area Weighted Average Resolution
BGR:	Bundesanstalt für Geowissenschaften und Rohstoffe (Hannover)
BMFT:	Bundesministerium für Forschung und Technologie (Bonn)
CCD:	Charged Coupled Device
CCT:	Computer Compatible Tape
CNES:	Centre National d'Etudes Spatiales (Paris/Frankreich)
CZCS:	Coastal Zone Colour Scanner
DFD:	Deutsches Fernerkundungsdatenzentrum (Oberpfaffenhofen)
DFVLR:	Deutsche Forschungs- und Versuchsanstalt für Luft- und Raumfahrt e.V.
DGLR:	Deutsche Gesellschaft für Luft- und Raumfahrt e.V. (Bonn)
DIBIAS:	Digitales Bildauswertesystem der DFVLR
DIRS:	Digital Image Rectification System
EARSeL:	European Association of Remote Sensing Laboratories
EIFOV:	Effective Instantaneous Field of View
EOSAI:	Earth Observation Satellite Company
ERE:	Effective Resolution Element
ERIM:	Environmental Research Institute of Michigan (USA)
ERS:	European Remote Sensing Satellite
EROS:	Earth Resources Observation Service
ERTS:	Earth Resources Technology Satellite
ESA:	European Space Agency
ESOC:	European Space Operation Centre der ESRO (Darmstadt)
ESRIN:	European Space Research Institute
ESRO:	European Space Research Organization
FOV:	Field of View
GMT:	Greenwich Mean Time
GSFC:	Goddard Space Flight Center (USA)
GSOC:	German Space Operation Center (Oberpfaffenhofen)
HCMM:	Heat Capacity Mapping Mission
HCMR:	Heat Capacity Mapping Radiometer

HDT:	High Density Tape
HOM:	Hotine Oblique Mercator Projection
HRV:	High Resolution Visible Light Camera
IfAG:	Institut für Angewandte Geodäsie (Frankfurt/M)
IFOV:	Instantaneous Field of View
IGARSS:	International Geoscience and Remote Sensing Symposium
ISPRS:	International Society of Photogrammetry and Remote Sensing
ITC:	International Institute for Aerial Survey and Earth Sciences (Enschede/Niederlande)
JRC:	Joint Research Centre (Ispra/Italien)
LANDSAT:	Land Satellite
LFC:	Large Format Camera
LIDAR:	Laser Imaging Detection and Radar
MC:	Metric Camera
MEOSS:	Monokularer Optoelektronischer Stereo-Scanner
METEOSAT:	Meteorological Satellite
MOMS:	Modularer Optoelektronischer Multispektral-Scanner
MSS:	Multi-Spectral Scanner
MTF:	Modulation Transfer Function
NASA:	National Aeronautics and Space Administration (USA)
NOAA:	National Oceanic and Atmospheric Administration (USA)
NPOC:	National Point of Contact (Oberpfaffenhofen)
Pixel:	Picture Element
RADAR:	Radio Detection and Ranging
RBV:	Return Beam Vidicon
SAR:	Synthetic Aperture Radar
SEASAT:	Sea Satellite
SLAR:	Side-Looking Airborne Radar
SOM:	Space Oblique Mercator Projection
SPOT:	Système Probatoire d'Observation de la Terre
TM:	Thematic Mapper
TDRSS:	Tracking and Data Relais Satellite System
USGS:	United States Geological Survey (USA)
UTM:	Universal Transverse Mercator Projection
VHRR:	Very High Resolution Radiometer

1.18 Produkte und Preise

Die Produkte der operationellen Satellitenmissionen sind kommerzialisiert. Die Preise unterliegen (meist jährlichen) Änderungen. Aktuelle Preise können im Deutschen Fernerkundungsdatenzentrum (DFD) der DFVLR, Oberpfaffenhofen, nachgefragt werden oder bei einem anderen lizensierten Vertreter der Satellitenbetreiber in der Bundesrepublik. Um dennoch eine Vorstellung der Produkte und Preise zu geben, sind nachstehend einige nach den DFVLR-Preislisten von 1986 und 1987 aufgeführt.
Die Liste ist weder vollständig, noch aktuell.

Preise in DM o. MwSt.

LANDSAT	MSS-Szene, systemkorrigiert, CCT (4 Kanäle) ca. 1900,-
	TM-Rohdaten (7 Kanäle) ca. 11 000,-
	TM-Vollszene, s/w-Transparent, neg. (1 Kanal) ca. 1150,-
	TM-Color-Composit, Transparent ca. 3150,-
	Sonderangebot (Herbst '88) TM-Szene, geocodiert ca. 8000,-
METEOSAT	CCT, nicht entzerrt zw. 179,- u. 301,-
	Transparent, neg., entzerrt zw. 101,- u. 114,-
SEASAT-SAR	s/w-Transparent, neg./pos. zw. 112,- u. 176,-
	CCT (nach Umfang und Bearbeitung) zw. 314,- u. 1883,-
NOAA-AVHRR	CCT zw. 100,- u. 314,-
Space Shuttle-MC	s/w-Transparent zw. 45,- u. 65,-
	Color-Transparent zw. 130,- u. 330,-
Space Shuttle-LFC	s/w-Transparent, 9 in. x 18 in. zw. 140,- u. 180,-
KOSMOS-KFA 1000	Color-Transparent ca. 2000,-
SPOT	PAN, s/w-Transparent, neg./pos., entzerrt, 1:200 000 ca. 3900,-
	PAN, CCT-Magnetband, entzerrt 5600,-
	Multispektral (3 Kanäle), s/w-Transparent, neg./pos., entzerrt, 1:200 000 ca. 3900,-
	Multispektral, Color-Transparent, pos., entzerrt, 1:200 000 ca. 4100,-
	Multispektral, CCT-Magnetband, entzerrt ca. 5600,-

1.19 Literatur zum Teil 1

ACKERMANN, F. (1986): Improvement of Image Quality by Forward Motion Compensation - A Preliminary Report. - Internat. Sympos. Progress in Imaging Sensors, 1.-5. Sept. 1986 Stuttgart, ESA-SP 252, Paris, S.25-32

ALBERTZ, J. (1975a): Über den menschlichen Beobachter in der Fernerkundung. - Festschrift für Kurt Schwidewsky, Karlsruhe, S.21-38

ALBERTZ, J. (1975b): Über die Methode der Luftbildinterpretation. - Symposium Erderkundung, hrsg. v. DFVLR-DGP, Köln-Porz, S.47-56

ALBERTZ, J. (1977): Vorschläge für eine einheitliche Terminologie in der Fernerkundung. - Bildmessung und Luftbildwesen 45, S.119-124

ALBERTZ, J. & KREILING, W. (1980): Photogrammetrisches Taschenbuch, 3.Aufl., Karlsruhe, 280 S.

ANDERSON, J.R., HARDY, E.E., ROACH, J.T. & WITMER, R.E. (1976): A Land Use and Land Cover Classification System for Use with Remote Sensor Data. - U.S. Geol. Surv. Prof. Paper 964, 28 S.

ANTROP, M. (1986): -Structural Information of the Landscape or Ground Truth for the Interpretation of Satellite Imagery. - Remote Sensing for Resources Development and Environmental Management. Proc. VIIth Internat. Sympos. Remote Sensing, ISPRS Comm.VII, 25.-29.Aug. 1986 Enschede, Rotterdam/Boston, S.3-8

ARNBERGER, E. (1966): Handbuch der Thematischen Kartographie, Wien, 541 S.

ARNBERGER, E. & KRETSCHMER, I. (1975): Wesen und Aufgaben der Kartographie - Topographische Karten. 2 Bde., Wien, 536 u. 293 S.

BARRETT, E.C. & CURTIS, L.F. (1976): Introduction to Environmental Remote Sensing, London, 336 S.

BECKEL, L. (1981): Entwicklung und Stand der Fernerkundungstechnik von Satelliten und ihre Anwendung für Geographie und Kartographie. - Mitteilung der Österreichischen Geographischen Gesellschaft 123, Wien, S.17-54

BENZING, A.G. & KIMMING, M. (1985): Sonnenstände, Tag und Nacht in allen Zonen. - Geographisches Taschenbuch 1985/86, hrsg. v. E. EHLERS & E. MEYNEN, Stuttgart, S.81-90

BERNSTEIN, R. (1983): Image Geometry and Rectification. - Manual of Remote Sensing, hrsg. v. R.N. COLWELL, Falls Church, Va., S.873-922

BERTIN, J. (1974): Graphische Semiologie - Diagramme Netze Karten, Berlin/New York, 430 S.

BILLINGSLEY, F.C. (1983): Data Processing and Reprocessing. - Manual of Remote Sensing, hrsg. v. R.N. COLWELL, Falls Church, Va., S.719-792

BINZEGGER, R.P. (1975): ERTS-Multispektraldaten als Informationsquelle für thematische Kartierungen (Landnutzung im Raum Mailand), Diss., Zürich, 129 S.

BODECHTEL, J. & GIERLOFF-EMDEN, H.G. (1974): Weltraumbilder - die dritte Entdeckung der Erde, München, 207 S.

BOHRMANN, A. (1966): Bahnen künstlicher Satelliten, BI-Hochschultaschenbücher 40/40a, 2.Aufl., Mannheim, 163 S.

BRAUER, H. (1984): Diskrimination und Klassifikation in der Fernerkundung. - Bildmessung und Luftbildwesen 52 (6), S.295

BULLARD, R.K. & DIXON-GOUGH, R.W. (1985): Britain from Space - an Atlas of LANDSAT Images, London/Philadelphia, 128 S.

CASSANET, J. (1981): Etude par Télédétecion des Temperatures et Turbidités des Eaux au Large de la Loire Atlantique. - Collection Ecole Normale Supérieure de Jeunes Filles 21, Montrouge, 200 S.

CASSANET, J. (1985): Satellites et Capteurs. - Télédétection Satellitaire 1, Caen, 128 S.

CLARK, M.M. (1971): Solar Position Diagrams - Solar Altitude, Azimuth and Time at Different Latitudes. - U.S. Geol. Surv. Prof. Paper 750-D: D 145 - D 148

COLVOCORESSES, A.P. (1974): Space Oblique Mercator - A New Map Projection of the Earth Lends Itself Well to the Utilization of ERTS Imagery. - Photogrammetric Engineering and Remote Sensing 40 (8), S.921-926

COLVOCORESSES, A.P. (1979): Effective Resolution Element (ERE) of Remote Sensors. - Memorandum, U.S.G.S., 8. Feb. 1979 Reston, Va.

COLWELL, R.N. (1978): Introduction. - Manual of Remote Sensing, hrsg. v. R.G. REEVES, Falls Church, Va., S.1-25

COLWELL, R.N. (Hrsg.)(1983): Manual of Remote Sensing, hrsg. v.d. American Society of Photogrammetry, 2.Aufl., 2 Bde., Falls Church, Va., 2440 S.

CURRAN, P.J. (1985): Principles of Remote Sensing, New York, 282 S.

CURRAN, P.J. & HAY, A.M. (1986): The Importance of Measurement Error for Certain Procedures in Remote Sensing of Optical Wavelength. - Photogrammetric Engineering and Remote Sensing 52 (2), S.229-241

DEHN, M. (1981): Multispektrale Texturanalyse. - Bildmessung und Luftbildwesen 49 (4), S.101-110

DEMEK, J., EMBLETON, C. & KUGLER, H. (Hrsg.) (1982): Geomorphologische Kartierung in mittleren Maßstäben. Grundlagen, Methoden, Anwendungen. - Petermanns Geogr. Mitt. Erg.h. 281, 254 S.

DODT, J. (1984): Methoden der Interpretation. - Angewandte Fernerkundung - Methoden und Beispiele, hrsg. v. S. SCHNEIDER, Hannover, S.44-54

DOYLE, F.J. (1975): Cartographic Presentation of Remote Sensor Data. - Manual of Remote Sensing, hrsg. v. R.G. REEVES, Falls Church, Va., S.1077-1106

EARTHNET (1984): Earth Observation Quarterly 8, Dez. 1984

EGBERT, D.D. & ULABY, F.T. (1972): Effect of Angles on Reflectivity - Photogrammetric Engineering 38 (6), S.556-564

EOSAT (o.J.): Expanding Man's Knowledge of the Earth's Resources, Lanham, Md.

ESA/SODETEG (1983): Etude sur la Comparaison des Données Images Produites par des Satellites de Caractéristiques Différentes 2, Concepte Méthodologique

ESTES, J.E. (1981): Remote Sensing and Geographic Information Systems: Coming of Age in the Eighties. - Proc. Seventh Annual William T. Pecora Memorial Sympos., S.23-40

ESTES, J.E. & SIMONETT, D.S. (1975): Fundamentals of Image Interpretation. - Manual of Remote Sensing, hrsg. v. R.G.REEVES, Falls Church, Va., S.869-1076

FREDEN, S.C. & GORDON, F. Jr. (1983): Landsat Satellites. - Manual of Remote Sensing, hrsg. v. R.N. COLWELL, Falls Church, Va., S.517-570

FUSCO, L., FREI, K. & HSU, A. (1985): Thematic Mapper: Operational Activities and Sensor Performance at ESA/Earthnet. - Photogrammetric Engineering and Remote Sensing 51 (9), S.1299-1314

GIERLOFF-EMDEN, H.G. (1978): Time Scale as Significant Problem for Remote Sensing. - Proc. Internat. Sympos. Remote Sensing, 2.-8. Juli 1978 Freiburg/Br., Vol.II, S.375-378

GIERLOFF-EMDEN, H.G. (1980): Küsten-Grenzraum zwischen Festland und Meer. - Geographie des Meeres. Ozeane und Küsten, Teil 2, Berlin/New York, S.767-1310

GIERLOFF-EMDEN, H.G. (1982): Remote Sensing for Coastal Areas. - IGARSS '82 Sympos. WA-8, S.1.1-1.8

GIERLOFF-EMDEN, H.G. (1986a): Über die Herstellung topographischer und thematischer Karten aus Hochbefliegungen. - Bildmessung und Luftbildwesen 54 (2), S.86-92

GIERLOFF-EMDEN, H.G. (1986b): Large Format Camera Image Analysis for Mapping of Land Use Patterns in the Region Noale-Musone, Po River Plain, North Italy. - Progress in Imaging Sensors. Proc. ISPRS Sympos., 1.-5. Sept. 1986 Stuttgart, ESA SP-252, Paris, S.415-426

GIERLOFF-EMDEN, H.G. (1988): Fernerkundungskartographie mit Satellitenaufnahmen. Allgemeine Grundlagen und Anwendungen. - Enzyklopädie - Die Kartographie und ihre Randgebiete IV/1, hrsg. v. d. Österr. Akad. Wiss., Wien, 640 S.

GIERLOFF-EMDEN, H.G. & SCHROEDER-LANZ, H. (1970): Luftbildauswertung, 3 Bde., Mannheim, 154 u. 303 u. 499 S.

GIERLOFF-EMDEN, H.G. & DIETZ, K.R. (1983): Auswertung und Verwendung von High Altitude Photography (HAP). - Münchener Geographische Abhandlungen 32, München, 106 S.

GIERLOFF-EMDEN, H.G. & DIETZ, K.R. (1985): Aspekte zur Fernerkundungskartographie.In: Geographische Bildanalysen von Metric-Camera-Aufnahmen des Space Shuttle-Fluges STS-9. - Münchener Geographische Abhandlungen 33, München, S.19-36

GIERLOFF-EMDEN, H.G., DIETZ, K.R. & HALM, K. (1985): Geographische Bildanalysen von Metric-Camera-Aufnahmen des Space Shuttle-Fluges STS-9. - Münchener Geographische Abhandlungen 33, München, 169 S.

GÖPFERT, W. (1987): Raumbezogene Informationssysteme. Datenerfassung - Verarbeitung - Integration. Ausgabe auf der Grundlage digitaler Bild- und Kartenverarbeitung, Karlsruhe, 280 S.

GOWER, J.F. & APEL, J.R. (1986): Opportunities and Problems in Satellite Measurements of the Sea. - UNESCO Techn. Papers Marine Science 46, Paris, 70 S.

GREGORY, A.F. (1971): Earth-Observation Satellites: A Potential Impetus for Economic and Social Development. - World Cartography, Vol. XI, hrsg. v.d. UNO, New York, S.1-16

HABERÄCKER, P. (1977): Untersuchung zur Klassifizierung multispektraler Bilddaten aus der Fernerkundung. - DFVLR-FB 1972, Oberpfaffenhofen, 134 S.

HAGGETT, P. (1973): Einführung in die kultur- und sozialgeographische Regionalanalyse, Berlin/New York, 414 S.

HALM, K. (1985): Bildanalyse der MC-Aufnahme hinsichtlich hydrologischer Strukturen. In: Geographische Bildanalyse von Metric-Camera-Aufnahmen des Space Shuttle-Fluges STS-9. - Münchener Geographische Abhandlungen 33, München, S.58-71

HALM, K. (1986): Photographische Weltraumaufnahmen und ihre Eignung zur thematischen und topographischen Kartierung, zur Umweltverträglichkeitsprüfung (UVP) und zur wasserwirtschaftlichen Rahmenplanung (WRP). - Münchener Geographische Abhandlungen 35, München, 122 S.

HALM, K., STOLZ, W. & WESTERMANN, R. (1985): Bildanalyse: Metric- Camera-Aufnahme "Rhône-Delta". In: Geographische Bildanalysen von Metric-Camera-Aufnahmen des Space Shuttle-Fluges STS-9. - Münchener Geographische Abhandlungen 33, München, S.45-48

HARDY, D.D. (1985): Paper Presented at the International Conference on Advanced Technology for Monitoring and Processing Global Environmental Data, 9.-12. Sept. London, Remote Sensing Society and CERMA

HEMPENIUS, S.A., HAAS, W.G.L. & VINK, A.P.A. (1967): Logical Thoughts on the Psychology of Photo-Interpretation. - ITC-Publ. 41, Enschede, 20 S.

HEYNACHER, E. & KÖBER, F. (1964): Auflösungsvermögen und Kontrastwiedergabe. - ZEISS-Informationen 51, Oberkochen

HOFMANN, O. (1983): Bildgüte aktiver und passiver Abtaster. - Bildmessung und Luftbildwesen 51 (3), S.103-117

HOTINE, M. (1946/1947): Orthomorphic Projection of the Spheroid. - Empire Survey Review 8, S.300-311; 9, S.25-35, S.52-70, S.112-123, S.157-166

IfAG (1971): Fachwörterbuch Photogrammetrie und Photointerpretation 7, Wiesbaden

JASKOLLA, F. (1986): Radaraufnahmen der Erdoberfläche aus dem Weltraum -Anwendungsmöglichkeiten und Grenzen in der Geologie sowie Anforderungen an zukünftige Systeme. Habilitationsschrift, Fak. f. Geowissenschaften, Univ. München 1986, 281 S.

JENSEN, J.R. (1983): Urban/Suburban Land Use Analysis. - Manual of Remote Sensing, hrsg. v. R.N. COLWELL, Falls Church, Va., S.1571-1666

KÄHLER, M. & LADSTÄTTER, P. (1984): Zur Abhängigkeit des geometrischen Auflösungsvermögens von der Abtastrichtung. - Bildmessung und Luftbildwesen 52 (6), S.289-294

KARSSEN, N.Y. (1982): Mask Hill Shading. A New Method of Relief Presentation .- ITC-Journal 2, S.160-164

KOEMAN, C. (1970): The Impact of Photography from Space on Small- Scale- and Atlas-Cartography. - Internat. Jb. f. Kartographie 10, Gütersloh, S.35-40

KONECNY, G. (1972): Geometric Aspects of Remote Sensing. Invited Paper Commission IV. Internat. Congr. Photogrammetry, Ottawa

KONECNY, G. (1981a): Das europäische Weltraum- Fernerkundungsprogramm. - Nachrichten aus dem Karten- und Vermessungswesen, Reihe I, 82, S.67-105

KONECNY, G. (1981b): Nutzeranforderungen an satellitengetragenen Stereo-MOMS vom Standpunkt der topographischen Kartographie. Studie d. Inst. f. Photogrammetrie u. Ingenieurvermessung, Univ. Hannover, 248 S.

KONECNY, G., SCHUHR,W. & WU, J. (1982): Untersuchungen über die Interpretierbarkeit von Bildern unterschiedlicher Sensoren und Plattformen für die kleinmaßstäbige Kartierung. - Bildmessung und Luftbildwesen 50(6), S.187-200

KONECNY, G. & LEHMANN, G. (1984): Photogrammetrie, 4.Aufl., Berlin/New York, 392 S.

KRÖNERT, R. (1984): Nutzung von Daten der Fernerkundung in der Geographie. - Geographische Berichte 112 (3), S.153-163

LEBERL, F.W. (1982): The Applicability of Satellite Remote Sensing to Small and Medium Scale Mapping. - Proc. EARSeL-ESA Sympos. 20.-21. Apr. 1982 Igls, ESA SP-175, Paris, S.81-84

LENHART, K.G. (1978): Mögliche Anwendungen von METEOSAT für die Fernerkundung. - Bildmessung und Luftbildwesen 46 (4), S.113-122

LESSMANN, H. (1981): Almanaque Salvadoreño 1981, hrsg. v. Min. de Agricultura y Ganadería, San Salvador, S.6

LILLESAND, Th.M. & KIEFER, R.W. (1987): Remote Sensing and Image Interpretation, 2.Aufl., New York, 721 S.

LÖFFLER, E. (1985): Geographie und Fernerkundung, Stuttgart, 244 S.

LOOR, G.P. de (1970): The Electromagnetic Spectrum from an Equipment Point of View. - Geoforum 2, S.9-18

LOUIS, H. (1958): Der Bestrahlungsgang als Fundamentalerscheinung der geographischen Klimaunterscheidung. - Geographische Forschungen (= Kinzl-Festschrift), Innsbruck, S.155-164

MEIENBERG, P. (1966): Die Landnutzungskartierung nach Pan-, Infrarot- und Farbluftbildern. - Münchener Studien zur Sozial- und Wirtschaftsgeographie 1, Kallmünz, 133 S.

MURPHY, J.M., AHERN, F.J., DUFF, P.F. & FITZGERALD, A.J. (1985): Assessment of Radiometric Accuracy of Landsat 4 and Landsat 5 Thematic Mapper Data Products from Canadian Production Systems. - Photogrammetric Engineering and Remote Sensing 51 (9), S.1359-1369

OSTHEIDER, M. (1975): Möglichkeiten der Erkennung und Erfassung von Meereis mit Hilfe von Satellitenbildern (NOAA-2 VHRR). - Münchener Geographische Abhandlungen 18, München, 169 S.

OSTHEIDER, M. & STEINER, D. (1979): Glossar zur Fernerkundung. - Berichte und Skripte zur Quantitativen Geographie 1, Geogr. Inst. ETH Zürich, 66 S.

PRICE, J.C. (1982): Satellite Orbital Dynamics and Observation Strategies in Support of Agricultural Applications. - Photogrammetric Engineering and Remote Sensing 48 (10), S.1603- 1611

REEVES, R.G. (Hrsg.)(1975): Manual of Remote Sensing, hrsg. v.d. American Society of Photogrammetry, 2 Bde., Falls Church, Va., 2144 S.

REIDAT, R. (1955/56): Arbeitsblätter zur Ermittlung der Sonnenstände und der Besonnungsdauer. - Ann. d. Meteorologie 7 (1/2), S.321-337

ROSENBERG, P. (1971): Resolution, Detectability and Recognizability. - Photogrammetric Engineering 37 (12), S.1255- 1258

ROWLAND, J.B. (1976): Scale Differences Along-Track in Landsat Images due to Earth Rotation. - U.S. Geological Survey Memorandum, (BC-42-Landsat), 8. Okt. 1976

ROWLAND, J.B. (1977): The Hotine Oblique Mercator Projection Applied to Landsat Mapping. - U.S. Geological Survey Memorandum, (EC-50-Landsat), 5. Apr. 1977

SELLIN, L. & SVENSSON, H. (1970): Airborne Thermography. - Geoforum 2, S.49-60

SCHMIDT-FALKENBERG, H. (1966): Zur Theorie der Bildauffassung und zur Methodik der Photo-Interpretation. - Actes du IIe Sympos. Internat. de Photo-Interprétation, Paris, S.I-51 - I-61

SCHMIDT-FALKENBERG, H. (1970): Zusammenhänge zwischen Datenspeicherung in der Topographie und automatischer Kartenherstellung. - Nachrichten aus dem Karten- und Vermessungswesen, Reihe I, 45, S.25-62

SCHMIDT-FALKENBERG, H. (1971): Zur Grundlagenforschung in der Photointerpretation. - Nachrichten aus dem Karten- und Vermessungswesen, Reihe I, 50, S.47-51

SCHMIDT-FALKENBERG, H. (1977): Luftbild- und Weltraumbildkarten. - Nachrichten aus dem Karten- und Vermessungswesen, Reihe I, 73, S.203-210

SCHMIDT-FALKENBERG, H. (1978): Beitrag zum Aufbau eines geschlossenen Begriffsystems der Photogrammetrie und der Luftbildkartographie. - Nachrichten aus dem Karten- und Vermessungswesen, Reihe I, 77, S.7-35

SCHNEIDER, S. (Hrsg.)(1984): Angewandte Fernerkundung - Methoden und Beispiele, hrsg. v.d. Akademie für Raumforschung und Landesplanung, Hannover, 285 S.

SCHRÖDER, G. (1981): Technische Fotografie, Nürnberg, 276 S.

SCHULZ, G. (1983): Bildqualität von Luftphotographie auf den neuen AGFA-GEVAERT-Luftbildfilmen. - Bildmessung und Luftbildwesen 51 (4), S.129-142

SIEVERS, J. (1976): Zusammenhänge zwischen Objektreflexion und Bildschwärzung in Luftbildern. - Bayer. Akad. Wiss. Dt. Geodät. Kommission, Reihe C, 221, München, 129 S.

SIMONETT, D.S. (1983): The Development and Principles of Remote sensing. - Manual of Remote Sensing, hrsg. v. R.N. COLWELL, Falls Church, Va., S.1-35

SMITH, J.T. (Hrsg.) (1968): Manual of Color Aerial Photography, 1.Aufl., Falls Church, Va., 550 S.

SNYDER, J.P. (1978): The Space Oblique Mercator Projection. - Photogrammetric Engineering and Remote Sensing 44 (5), S.585-596

SNYDER, J.P. (1981): Space Oblique Mercator Projection; Mathematical Development. - U.S. Geol. Surv. Bulletin 1518, Washington, D.C.

SOUTHWORK, C.S. (1985): Characteristics and Availability of Data from Earth-Imaging Satellites. - U.S. Geol. Surv. Bulletin 1631, Washington, D.C.

STAMS, W. (1972): Vom Luftbild zum Weltraumbild. Technische Entwicklung und geowissenschaftliche Bedeutung. - Geographische Berichte 64/65 (3/4), S.257-292

STEINER, D. (1971): Towards Earth Resources Satellites: The American ERTS and Skylab Programs. - Photogrammetria 27 (6), S.211-251

STRAHLER, A.N. & STRAHLER, A.H. (1983): Modern Physical Geography, 2.Aufl., New York, 532 S.

TANAKA, K. (1950): The Relief Contour Method of Representing Topography on Maps. - Geographical Review 40, S.444-456

TARANIK, J.V. (1978): Principles of Computer Processing of Landsat Data for Geological Applications. - U.S. Geol. Surv. Open-File Report 78-117, Sioux Falls

TODD, W.J. & WRIGLEY, R.C. (1986): Spatial Remote Sensing Requirements for Urban Land Cover Mapping from Space. - Sympos. Rem. Sens. Resources Developm. Environm. Management, Vol. 2, Enschede, S. 881-886

TOWNSHEND, J.R. (1980): The Spatial Resolving Power of Earth Resourses Satellites: A Review. - NASA Techn. Memorandum 82020, Goddard Space Flight Center, Greenbelt, 36 S.

UNO (1971): World Cartography, Vol. XI, New York, 67 S.

VERGER, F. (1982): L'Observation de la Terre par les Satellites, Paris, 128 S.

WELCH, R., JORDAN, T.R. & EHLERS, M. (1985): Comparative Evaluations of the Geodetic Accuracy and Cartographic Potential of Landsat-4 and Landsat-5 Thematic Mapper Image Data. - Photogrammetric Engineering and Remote Sensing 51 (9), S.1249-1262

WESTERMANN, R. (1985): Untersuchungen zur Interpretierbarkeit der Landnutzung im MC-Bild "Rhône-Delta". In: Geographische Bildanalysen von Metric-Camera-Aufnahmen des Space Shuttle-Fluges STS-9. - Münchener Geographische Abhandlungen 35, München, S.90-96

WIENEKE, F. (1987): Der Einfluß der räumlichen Dimension der Daten auf die Einsatzmöglichkeiten photographischer Fernerkundung. - Geomethodica 12, S.57-90

WIENEKE, F. & GIERLOFF-EMDEN, H.G. (1981): Fernerkundung der Erdoberfläche durch LANDSAT. - Praxis Geographie 11 (1), S.4-10

WILLIAMSON, A.N. (1977): Corrected Landsat Images Using a Small Computer. - Photogrammetric Engineering and Remote Sensing 43 (9), S.1153-1159

2 Ausgewählte Beispiele

2.1 Einführung

In diesem Teil sollen jeweils bestimmte Aufnahmesysteme vorgestellt werden und von ihnen erzeugte Produkte, Bildbeispiele, inhaltlich besprochen werden. Die Aufnahmesysteme bestehen aus der Plattform, dem Satelliten, und dem Sensor. Dementsprechend sind die Kapitelüberschriften dieses zweiten Teiles zusammengesetzt aus den Angaben eines Satelliten und eines Sensors als dem zu besprechenden Aufnahmesystem und einer Raumbezeichnung für den im Beispielbild aufgenommenen Ausschnitt der Erdoberfläche.

Oft tragen die Satelliten mehr als einen Sensor während ihrer Mission, z.B. der Satellit SEASAT (vgl. 2.6) das bilderzeugende Radarsystem SAR, einen Altimeter ALT und weitere Sensoren. Die wiederverwendbare Weltraumfähre Space Shuttle trug auf verschiedenen Missionen verschiedene Sensoren, z.B. auf den Missionen 7 und 11 den Modularen Optoelektronischen Multispektralen Scanner MOMS, auf Mission 9 die Metric Camera, auf Mission 41 die Large Format Camera LFC (vgl. 2.2), auf weiteren Missionen ein Synthetic Aperture Radar (Shuttle Imaging Radar, SIR-A und SIR-B). Aus Platzgründen können hier nicht alle Plattformen vorgestellt werden und bei den in den Teilkapiteln vorgestellten Plattformen nicht alle jeweils von ihnen transportierten Sensoren vorgestellt und mit Bildbeispielen besprochen werden.

Satellit	Betriebszeit	Bahntyp	Flughöhe H [km]	Inklination [°]	Umlaufperiode [min]	Repetitionszyklen [d]	Umläufe pro Tag
Landsat 1-3	7.72-9.83	fast polar	907	99	103	18	fast 14
Landsat 4-5	7.82-	fast polar	705	98	99	16	14.6
Meteosat 1-3	11.77-	geostationär	35800	0.5-1.2	24 h	30 min.	1
Seasat	7.-10.78	fast polar	800	108	101		14.3
Nimbus 7	10.78-84	fast polar	955	99	104	6	13.8
NOAA 9-	11.84-	fast polar	870	99	102	0.5	14
HCMM	4.78-8.80	fast polar	620	98	97	16	
SPOT-1	5.86-	fast polar	832	99	101	26	14-15
MOS-1	87-	fast polar	909	99	103	17	ca. 14
IRS-1	88-	fast polar	904			22	
Soyuz 22-	76-		250/350				
Kosmos	76-		200/260				
STS 7/11	6.83/2.84	schief	291/152-172	28.5			
STS 9	11.-12.83	schief	240-250				
STS	11.81/84	schief	245/255-352	38-40 57			
STS 41G	10.84	schief	239/272/370	57	ca.90		manövrierbar

Tab. 2.1-1: Ausgewählte Fernerkundungssatelliten

Das in einem Weltraumbild registrierte Gelände beeinflußt über Objektinhalt und Objektzustand den Bildinhalt. Der Objektzustand, aber auch der Objektinhalt, eines Geländes variiert jahreszeitlich und erdräumlich stark. Aus diesem Grund wäre eine geschickte erdräumliche und saisonale Streuung der Bildbeispiele wünschenswert. Da dieses Manuskript vorlesungs- und übungsbegleitend entstanden ist (s. Vorwort), lehnen sich die hier besprochenen Bildbeispiele an die in den Übungen ausgewerteten Bildbeispiele an. So überwiegen mitteleuropäische Beispiele (2.3, 2.4, 2.6), schon aus Gründen der Erreichbarkeit des Geländes für die notwendige Bodenreferenz. Daneben ist versucht worden, ebenfalls auswertemethodische und auswertetechnische Probleme und Erfahrungen zu variieren. An dieser Stelle soll betont werden, daß die Beiträge 2.3, 2.5 und 2.7 von F.-W. Strathmann, K.R. Dietz und M. Sachweh stammen und vom Autor lediglich der Gesamtdiktion vorsichtig angepaßt wurden.

Unter den mit abbildenden Sensoren bestückten, zivilen Nutzern offenen Satellitensystemen, die teils experimentell-forschend, teils operationell-überwachend eingesetzt werden, kann nach drei Hauptanwendungsgebieten unterschieden werden. Metereologische Satelliten dienen der fast kontinuierlichen Erfassung der Atmosphäre und sollen quasi fortlaufend die Zustandsänderungen der Atmosphäre, das Wetter, registrieren, z.B. Meteosat, NOAA- Satelliten. Ozeanographische Satelliten registrieren vorwiegend den Zustand der großen Wasserkörper der Erde, Wellen, Inhaltsstoffe, Temperatur, z.B. NOAA-Satelliten, Nimbus-7, MOS. Land beobachtende Satelliten, erderkundende i.e.S., dienen der Überwachung von Veränderungen der Oberfläche des festen Landes (land cover), z.B. LANDSAT, SPOT.

Es ist gerechtfertigt, diese Unterscheidung zu treffen. Denn diese drei Aufgaben erfordern jeweils andere Lagegenauigkeit, räumliche Auflösung und Repetition, also zeitliche Auflösung. Meteorologisch relevante Phänomene sind großräumig und schnell, hier sind Beobachtungssysteme erforderlich, die bei geringer räumlicher Auflösung (1-5 km Pixelseitenlänge) Aufnahmen mit hoher zeitlicher Auflösung (Stunden) liefern (vgl. 2.6 METEOSAT- Beispiel). Diese Registrierungen sind immer noch wesentlich besser räumlich und zeitlich auflösend als das synoptische Meßnetz der Wetterdienste (Emeis 1985 gibt 250 km und 6 Stunden als Auflösungswerte des Meßnetzes an). Außerdem werden für meteorologische Zwecke Aufnahmen in den Spektralbereichen des sichtbaren Lichtes und des thermischen Infrarots gewünscht, sowie zur Registrierung von Luftmassen verschiedener Feuchte im Wellenlängenbereich eines Wasserdampfabsorbtionsbandes.

Satellit	Betriebszeit	Sensor	Spektralbereiche	Prinzip	Bodenauflösung (m/lp) bzw. Bodenpixel (m)
Landsat 1-3	7.72-9.83	MSS	4 Kan. VIS, NIR	Zeilenabtaster	80 m
		RBV	3 Kan. VIS, NIR	Vidicon	
Landsat 4-5	7.82-	TM		Zeilenabtaster	30m, 120m
		MSS		Zeilenabtaster	
Meteosat 1-3	11.77-	VISSR	3 Kan. VIS, TIR	Rotationsabtaster	2.5km, 5km
Seasat	7.-10.78	SAR	L-Band 23.5cm	Abb. Radar	25m
Nimbus 7	10.78-84	CZCS	5 Kan. VIS, NIR, TIR	Zeilenabtaster	825m
NOAA 9-	seit 11.84	AVHRR	5 Kan. VIS, NIR, SWIR, TIR	Zeilenabtaster	1.1km
HCMM	4.78-8.80	HCMR	2 Kan. VIS u. NIR, TIR	Zeilenabtaster	500m, 600m
SPOT-1	seit 5.86	HRV	1 Kan. PAN oder	CCD-Zeile	10m
			3 Kan. VIS, NIR	CCD-Zeile	20m
MOS-1	seit 1987	MESSR	4 Kan. VIS, NIR	CCD	50m
		VTIR	4 Kan. VIS, TIR	Radiometer	900m, 2.7km
IRS-1	seit 1988	LISS I	4 Kan. VIS, NIR	CCD	73m
		LISS II	4 Kan. VIS, NIR	CCD	36.5m
Soyuz 22-	seit 1976	MKF 6	6 Kan. VIS, NIR	Photoapparat	25m/lp
Kosmos	seit 1976	KFA 1000	1 Kan. PAN oder	Photoapparat	2m/lp
			2 Kan. zus. Spektrozonal	Photoapparat	2m/lp
STS 7/11	6.83/2.84	MOMS	2 Kan. VIS, NIR	CCD-Zeile	20m
STS 9	11.-12.83	MC	PAN o. CIR	Photoapparat	20m/lp
STS	11.81/84	SIR-A/-B	L-Band 23.5cm	Abb. Radar	40m/30m
STS 41G	10.84	LFC	PAN	Photoapparat	10m/lp

Tab. 2.1-2: Ausgewählte Satelliten- Fernerkundungssysteme (es sind nicht alle von einem Satelliten getragenen Sensoren aufgeführt) (vgl. auch Fig. 1.3-1)

Ozeanographische Satellitenmissionen sollen im Bereich des sichtbaren Lichtes Substanzen im Meerwasser aufnehmen (z.B. Nimbus-7 CZCS), Temperaturen der Meeresoberfläche registrieren im thermalen Infrarot und Wellenregime, allgemein Deformationen der Oberfläche, erfassen mit Hilfe aktiver Mikrowellenerkundung (vgl. SEASAT-SAR, 2.6). Für die Messung der Wassertemperatur gibt Robinson (1985) z.B. eine erforderliche zeitliche Auflösung von 1 bis 10 Tagen und eine erforderliche räumliche Auflösung von 1 bis 200 km an. Wichtig ist hier die Größe der Aufnahmefläche.

Landerkundende Satelliten haben selten sehr schnelle Veränderungen zu registrieren, meist genügt eine Wiederholrate von einigen Tagen bis Wochen. Hingegen soll die räumliche Auflösung hoch sein, da die naturnahe wie die künstliche Bedeckung der Erdoberfläche sehr kleinräumig wechselt (z.B. Vegetation oder Siedlung).

Satellit	Startjahr	Bahntyp	Flughöhe [km]	Repetitionszeit [d]	Sensor/ Prinzip	Spektralbereich	Bodenpixel [m]
Landsat 6	1991	polar, sonnensynchron	705	16	ETM/ Scanner	11 Kan. VIS, NIR, SWIR, TIR, PAN	30, 60, 120, 15
Landsat 7	1994	dto.	dto.	dto.	dto.	dto.	dto.
ERS-1	1990	polar, sonnensynchron	770	3	SAR/ Radar	z.B. C-Band 5.6cm	30
Space Shuttle	1991	schief	350		MOMS / CCD	4 Kan. VIS, NIR; 1 Kan. PAN	15 5
SPOT-2	1989	polar	832	26	HRV / CCD	wie SPOT-1	20, 10
SPOT-3	1991	polar	832	26	HRV / CCD	wie SPOT-1	20, 10
SPOT-4	1994/5	polar	830	26	HRVIR / CCD Veg. PL / CCD	HRV + SWIR HRV + VIS	10, 20 1km, 4km
MOP-1	1989	geostationär	36000	30 min.	Radiometer / Rotationsscanner	wie Meteosat	2.5km, 5km
MOP-2	1990	dto.	dto.	dto.	dto.	dto.	dto.
MOP-3	1993	dto.	dto.	dto.	dto.	dto.	dto.
Space Shuttle	1992	schief ?	225		SIR-C/ X-SAR/ Radar	L-Band 23.5cm/ X-Band 3.1cm C-Band 5.6cm	30 30 30

Tab. 2.1-3: Ausgewählte geplante Satellitenmissionen mit vorgesehenen Sensoren (bei manchen Systemen wird der Name gewechselt mit Beginn des operationellen Betriebs)

Townshend (1977) hat in einem Diagramm mit orthogonal aufeinander stehenden, räumlich und zeitlich jeweils nicht skalierten, Achsen die räumlichen und zeitlichen Eigenschaften von Phänomenen einerseits und auf einem zweiten um 45° gedrehten Achsenkreuz die daraus abzuleitenden Eigenschaften der Fernerkundungssysteme zur Überwachung der Phänomene eingetragen. In ein solches Schema können die bisher existenten Satelliten-Fernerkundungssysteme eingepaßt werden. Die NOAA- und die METEOSAT-Satelliten liefern Bilder von hoher zeitlicher, jedoch geringer räumlicher Auflösung; sie sind damit für die Überwachung großräumiger, sich schnell ändernder Phänomene geeignet. Weltraumphotographie (Space Shuttle-MC und LFC, Soyus-MKF 6, Kosmos-KFA 1000) liefert Bilder geringer zeitlicher, doch hoher räumlicher Auflösung. Beide Typen von Fernerkundungssystemen sind damit auch geeignet zum Studium von großräumigen, langsamen Änderungen. Bis heute ist es nicht gelungen, ein Weltraum-Fernerkundungssystem zu entwickeln, das Bilder der Erdoberfläche mit hoher zeitlicher und gleichzeitig hoher räumlicher Auflösung liefert. Am nächsten ist bisher SPOT-HRV diesem Ziel gekommen. Dieses System hat eine orbitbestimmte Repetition von 26 Tagen, die durch die Möglichkeit der Seitensicht aufnahmetechnisch auf 3 bis 5 Tage verkürzt werden kann. Real kann diese Repetition nicht eingehalten werden, da wetterabhängige Spektralbereiche genutzt werden. Die Bodenelementgröße beträgt im panchromatischen Modus nominal 10 m, im multispektralen Modus nominal 20 m. Sehr schnell ablaufende Änderungen, die auch eine hohe räumliche Auflösung erfordern, müssen nach wie vor durch eine Luftbefliegung mit mehrfacher Wiederholung der Flugbahn erfaßt werden. In wenigen Ausnahmefällen kann auch die Überlappung aufeinander folgender Weltraumphotos genutzt werden. Nur steht dieses Fernerkundungsvervahren nicht ubiquitär und nicht operationell zur Verfügung. Die Planung und Entwicklung von neuen satellitengetragenen Fernerkundungssystemen geht in die Richtung hoher räumlicher Auflösung, hoher spektraler Auflösung (Spektroskopie) und verstärkten Einsatzes wetterunabhängiger Radarverfahren.

ETM	Enhanced Thematic Mapper
HRVIR	Haute Résolution Visible et Infra-Rouge
IRS	Indian Remote Sensing Satellite (Indien)
KFA	Kosmischer Foto-Apparat
LISS	Linear Imaging Self-Scanning Camera
MESSR	Multispectral Electronic Self-Scanning Radiometer
MKF	Multispektraler Kosmischer Fotoapparat
MOP	Meteosat Operational Program
MOS	Marine Observation Satellite (Japan)
SIR	Shuttle Imaging Radar
STS	Space Transport System (Space Shuttle)
VISSR	Visible and Infrared Spin Scan Radiometer
VTIR	Visible and Thermal Infrared Radiometer

Tab. 2.1-4: Bisher nicht erklärte Abkürzungen

Literatur zu 2.1

BARRET, E.C. & CURTIS, L.F.(1982): Introduction to Environmental Remote Sensing. -2nd ed., London/New York, 352 S.

CASSANET, J. (1985): Satellites et capteurs. - Télédétection Satellitaire 1, Caen, 128 S.

CNES (Hrsg.)(1987): SPOT 1. Utilisation des Images, Bilan, Resultats.- Toulouse, 1552. S.

COLWELL, R. N. (Hrsg.)(1983): Manual of Remote Sensing. - American Society of Photogrammetry, 2.Aufl., 2 Bde., Falls Church, Va., 2440 S.

COURTOIS, M. (1987): Perspectives du programme SPOT.- In: CNES (Hrsg.), SPOT 1.Utilisation des Images, Bilan, Resultats. Toulouse, S. 1525-1534

CURRAN, P. J. (1985): Principles of Remote Sensing, New York, 282 S.

EMEIS, ST. (1985): Kleinskalige Energietransporte in der freien Atmosphäre. - Geowissenschaften in unserer Zeit, 3.Jg., Nr.6, Weinheim, S. 181-186

GALLI de PARATESI, S . & REINIGER, P. (Hrsg.) (o.J.): Heat Capacity Mapping Mission. Investigation No.25 (Tellur-Project). Final Report.-JRC Ispra, 239 S.

GENDEREN, J. L. van & COLLINS, W. G. (Hrsg.)(1977): Monitoring Environmental Change by Remote Sensing. - The Remote Sensing Society, Cambridge, 78 S.

GIERLOFF-EMDEN, H.-G. (1988): Fernerkundungskartographie mit Satellitenaufnahmen. Allgemeine Grundlagen und Anwendungen.- Enzyklopädie - Die Kartographie und ihre Randgebiete IV/1, hrsg. v. d. Österr. Akad. d. Wiss., Wien, 640 S.

GIERLOFF-EMDEN, H.-G., DIETZ, K. R. & HALM, K. (Hrsg.)(1985): Geographische Bildanalysen von Metric-Camera-Aufnahmen des Space-Shuttle-Fluges STS-9 - Beiträge zur Fernerkundungskartographie. - Münchener Geographische Abhandlungen 33, München, 169 S.

LILLESAND, TH. M. & KIEFER, R. W. (1987): Remote Sensing and Image Interpretation. - 2.Aufl., New York, 721 S.

MAREK, K.-H. (1988): Zum Vergleich des Informationsgehaltes verschiedener Fernerkundungsaufnahmen. - Vermessungstechnik 36(5), S.152-156

PIEPEN, H. VAN DER, DOERFFER, R. & GIERLOFF-EMDEN,H.-G., mit AMANN, V., BARROT, K. W., HELBIG, H. (1987): Kartierung von Substanzen im Meer mit Flugzeugen und Satelliten. - Münchener Geographische Abhandlungen A 37, München, 60 S.

ROBINSON, I. S. (1985): Satellites Oceanography. An Introduction for Oceanographers and Remote-Sensing Scientists, Chichester, 455 S.

SAGDEJEW, R. S., SALITSHEW, K. A. & KAUTZLEBEN, H. (Hrsg.)(1982): Atlas zur Interpretation aerokosmischer Multispektralaufnahmen. Methodik und Ergebnisse. - Berlin/Moskau, 83 Tafeln.

SOUTHWORK, C. S. (1985): Characteristics and Availability of Data from Earth-Imaging Satellites. - U.S. Geological Survey Bulletin 1631, Washington, D.C., 102 S.

STRAUCH, G. (1988): Anwendungsmöglichkeiten des ersten europäischen Fernerkundungssatelliten ERS-1.- GIS 1(1), Karlsruhe, S.30-36

TOWNSHEND, J. R. (1977): A Framework for Examining the Role of Remote Sensing in Monitoring the Earth's Environment. - In: J. L. van GENDEREN & W. G. COLLINS (Hrsg.), Monitoring Environmental Change by Remote Sensing, The Remote Sensing Society, Cambridge, S.1-5

VERGER, F. (1982): L'Observation de la Terre par les Satellites, Paris, 128 S.

Darüberhinaus muß hingewiesen werden auf Zeitschriften, Schriftenreihen, Tagungsbände und Forschungsberichte, in welchen i.A. Planungen, Entwicklungen und Ergebnisse zuerst publiziert werden.

2.2 Space Shuttle-LFC, Beispiel Adriaküste

Die Large Format Camera (LFC) wurde auf der Raumfähre Challenger im Rahmen der Space Shuttle Mission (STS) 41-G eingesetzt. Während der Mission wurden wurden die Flughöhen der Raumfähre geändert, so daß drei verschiedene Umlaufbahnen für Aufnahmen der Erdoberfläche genutzt wurden. Die Mission hatte experimentellen Charakter und dauerte neun Tage; daher kam es nicht zur Repetition der Umlaufbahnen.

Umlaufbahn des Systems (Fig. 2.2 - 1)

Mittlere Flughöhe	Orbit 001 - 022	370 km
	Orbit 023 - 036	270 km
	Orbit 038 - 128	240 km
Neigung, Inklination	57°	

Raumfähre

Startdatum	5.10.1984
Betriebsende	13.10.1984
Sensorausrüstung	LFC, Orbiter Kamera

Large Format Camera

Kammerfabrikat	ITEK Large Format Camera
Objektiv	Metritek-30
Brennweite	305 mm (Kalibrierte Kammerkonstante: 305, 882 mm)
Blende	f/6.0
Spektralbereich	400 - 900 nm
Verzeichnung	< 10 m (Durchschnitt)
Auflösung	80 lp/mm AWAR
Verschluß	3-Lamellen-Rotationsverschluß
Verschlußzeiten	4 - 32 m/sec
Filter	Antivignettierfilter, austauschbare Dunst- und Gelbfilter
Bildformat	23 cm x 46 cm (Längsseite in Flugrichtung)
Gesichtsfeld in Flugrichtung (FOV)	73.7°
Gesichtsfeld quer zur Flugrichtung (FOV)	41.1°
Rahmenmarken	12, optisch
Reseau	5 cm x 5 cm, eingeblendet
Einstellbare Bewegungskompensation	11 - 41 mrad/sec
Längsüberlappung	10 %, 60 %, 70 % und 80%
Aufnahmebasis - Flughöhenverhältnisse	1.2, 0.9, 0.6 und 0.3
Filmbreite	24,1 cm
Filmlänge	1220 m
Aufnahmen pro Film	2 500

Benutzte Filmtypen

	Räumliche Auflösung [lp/mm]	
	bei hohem,	schwachem Kontrast
Kodak 3412 Panatomic-X Aerocon (Neg.) Panchromatisch	400	125
Kodak 3414 High Definition Aerial (Neg.) Panchromatisch	800	250
Kodak SO-131 High Definition Aerochrome Infrared (Pos.) Farbinfrarotfilm	160	50
Kodak SO-242 Aerial Color Film (Pos.) Farbfilm	200	100

Aus der Kammerkonstanten und den Flughöhen errechnen sich mittlere Bildmaßstäbe und gerundete Flächenäquivalente in der Natur.

Die LFC-Bilder wurden jeweils mit Längsüberlappung aufgenommen. Bei einer Sequenz von fünf Bildern ergeben sich stereoskopisch auswertbare Bereiche von 80 % bis 20 %. Aus dieser variablen Längsüberlappung resultieren Aufnahmebasis-Flughöhen-Verhältnisse zwischen 0,3 und 1,2 und mit abnehmender Überlappung eine Zunahme der Höhenmeßgenauigkeit im Stereomodell (EARSeL 1985, S.71). Die resultierende Bodenauflösung wird bei niedrigster Flughöhe und höchstauflösendem Film mit 10 m (hoher Kontrast) bis 20 m (schwacher Kontrast) angegeben (alle Daten aus Dietz 1988).

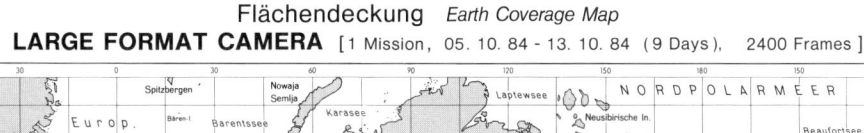

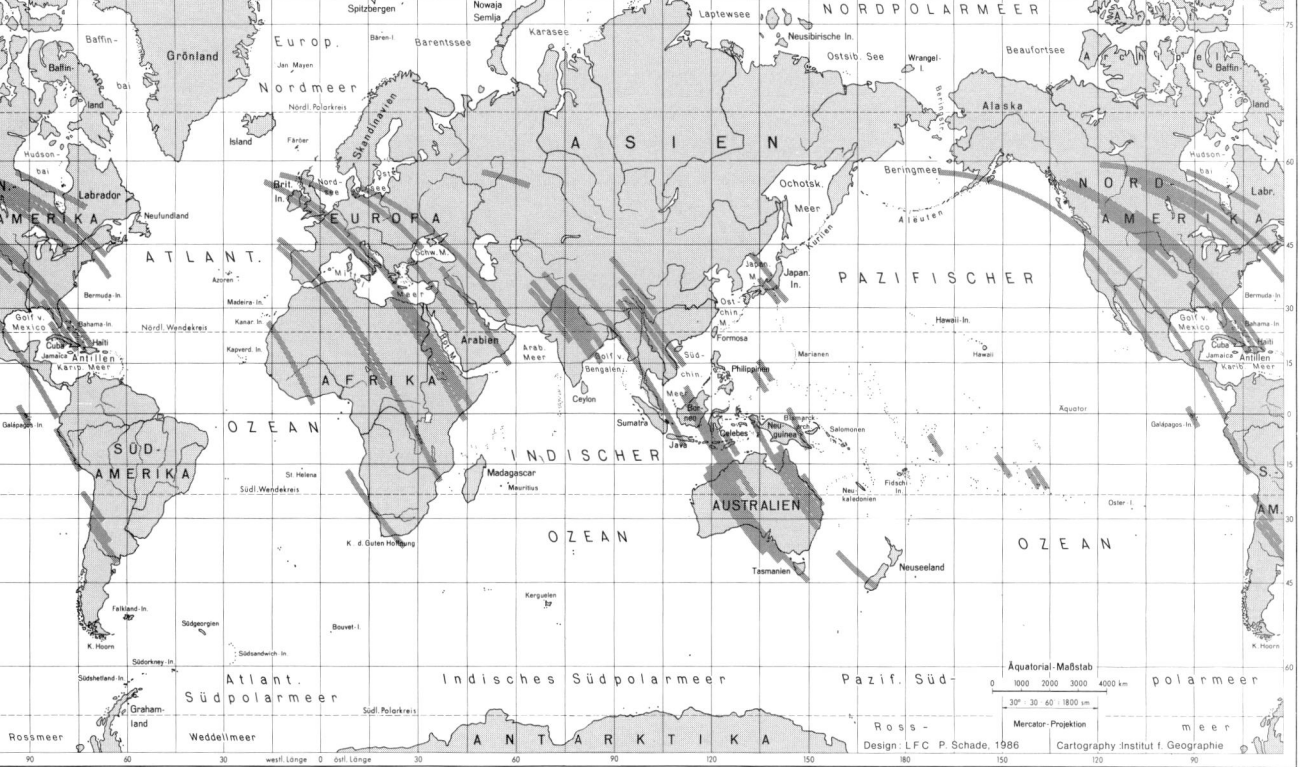

Fig. 2.2-1: Flächendeckung der LFC-Bilder

Den Auswertungen wurde das Large Format Camera- (LFC-) Photo Nr. 1286 der Space Shuttle-Mission 41-G zugrunde gelegt, da in diesem Bild das Untersuchungsgebiet im Zentrum liegt. Dieses Photo lag im Aufnahmemaßstab 1:775 000 als Diapositiv vor. Über ein Zwischennegativ wurden Positivabzüge von vergrößerten Bildausschnitten in den Maßstäben 1:200 000, 1:100 000 und 1:50 000 hergestellt.

Bilddaten

Bildnummer	1286
Aufnahmedatum	9. Oktober 1984
Aufnahmezeitpunkt	11 h 25'5.67" GMT, d.h. 12 h 21'13" MOZ
Sonnenstand	$h = 39.49°$, Az ca. 185°
Geographische Koordinaten des Bildzentrums	43.68° N, 14.03° E

Flughöhe	H = 236,51 km
Brennweite	f = 305 mm
Aufnahmemaßstab	
berechnet	1:775 400
gemessen	1:775 000
Wolkenbedeckung	10 %, gute Bildqualität
Film	Kodak High Definition Aerial (Neg.) 3414 panchromatisch schwarzweiß, sehr feinkörnig, niedrige Empfindlichkeit, starker Kontrast (Brindöpke et al. 1985, S.26)
Räumliche Auflösung	
nach EROS Data Center	800 l/mm bei hohem Kontrast, 250 l/mm bei niedrigem Kontrast,
nach Doyle (1985)	90 lp/mm AWAR.
Meteorolog. Bedingungen	Hochdruckwetter, nur 10 % Bewölkung, niederschlagsfrei, klare Sicht, etwa küstenparallel (SSE) wehende, schwache (3 kn) Winde
Küstenwasserstand	Thw um mehr als zwei Stunden überschritten, 10-20 cm gefallen, kein Windstau, keine starke Brandung.

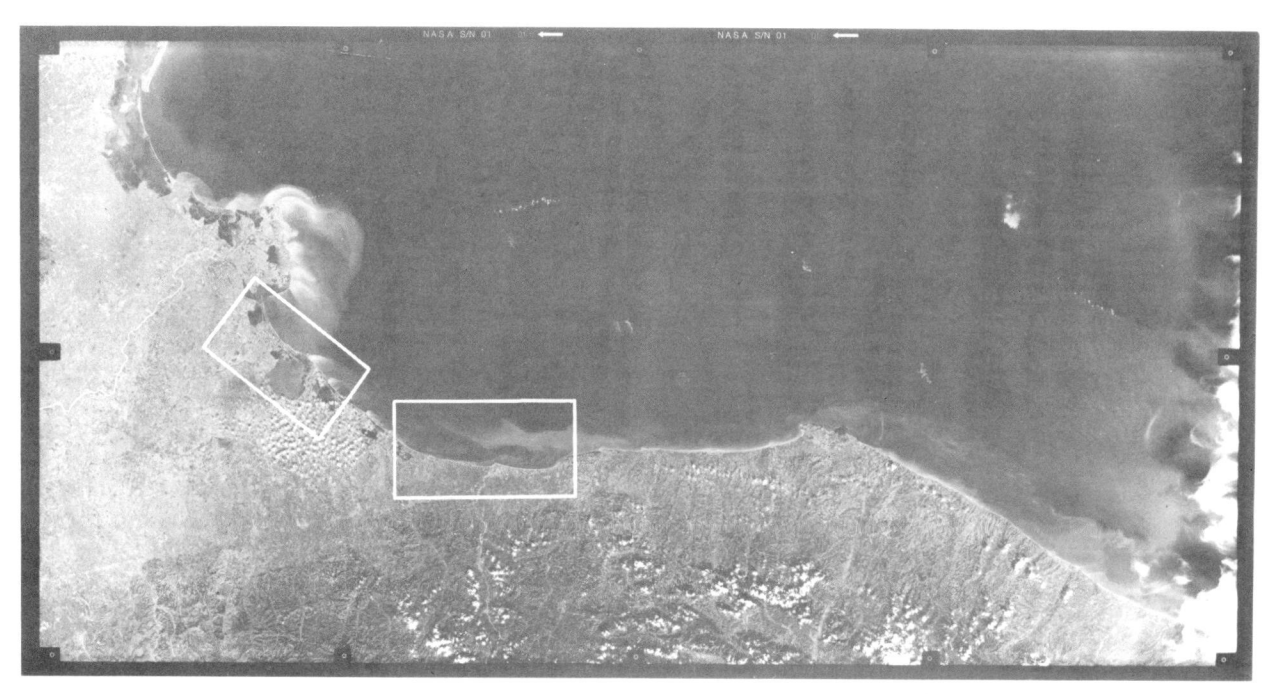

Fig. 2.2-2: Auf 1:2,16 Mio. verkleinertes LFC-Photo 1286, Untersuchungsgebiete weiß umrandet

Am regionalen Beispiel der italienischen Adriaküste zwischen Lido di Volano im Norden und Gabicce Monte im Süden soll die Verwendbarkeit eines Large Format Camera-Photos aus dem Space Shuttle für die topographische und thematische Kartierung von Küsten mit ihrem spezifischen Objektinventar untersucht werden. Die Frage der Eignung für die topographische Kartierung enthält Teilfragen der Lagegenauigkeit, der Wahrnehmbarkeit und Identifizierbarkeit sowie der Verdrängung und Überstrahlung. Wahrnehmung, Identifizierbarkeit und Überstrahlung sind objektspezifisch und objektumgebungsspezifisch. Gerade der natürliche und anthropogene Objektreichtum in kleinsträumigem Mosaik an Küsten bietet reiches Anschauungsmaterial zum Studium dieser Phänomene.

Die Frage der Eignung für die thematische Kartierung enthält Teilfragen der Bildobjekt-Erkennbarkeit, der Objektklassifikation, der Legendenschlüssel. Bei diesen Untersuchungen sind Geländekenntnis und Bodenreferenz unerläßlich. Genaue, inhaltlich auf die Anwendungsmöglichkeiten abgestimmte und aktuelle Karten sind unerläßliche Planungsgrundlage. Dies gilt in besonderem Maße im Falle von Küsten, die einerseits sehr kurzfristigem, schnellem Wandel unterliegen und andererseits seit langem als Siedlungs- und Wirtschaftsraum besonders intensiv anthropogen genutzt und geprägt sind. Die Eignung von Satellitenbildern zur Erfassung und Überwachung von Veränderungen an Küsten ist daher von großer wirtschaftlicher Bedeutung.

Der als regionales Beispiel gewählte Abschnitt der nordwestlichen Adriaküste beginnt im Norden an der Mündung des Po di Volano, südlich des heutigen Po-Deltas, und reicht nach Süden bzw. Südsüdost, bis bei Gabicce Monte die Fußstufe des Apennin- Vorhügellandes, das "Tertiärhügelland der Marken und Abruzzen" (Tichy 1985, S.7, nach Sestini 1963), an die Küste herantritt und damit der Typ der Flachküste vom Typ der Steilküste abgelöst wird.

Naturgeographisch gesehen, gehört der nördliche Teil des untersuchten Küstenabschnittes zum Po-Delta, dem "nassen Dreieck" der Flußmündungs- und Lagunenzone (Lehmann 1961, S.117), welche landeinwärts durch einen voretruskischen Strandwallgürtel abgegrenzt und aus teils versumpften, entwässerten oder wassergefüllten ehemaligen Küstenlagunen und zwischengelagerten fossilen Strandwallstreifen, z.T. mit aufgesetzten Küstendünen, aufgebaut wird.

Zur Adria hin wird dieser Komplex durch junge Strand- und Dünenwälle mit vorgelagertem Sandstrand begrenzt. Diese Sandwälle sind rezent überbaut oder forstlich bewirtschaftet. Dieser nördliche Teil reicht nach Süden bis etwa Cérvia, wo die Zone der Schwemmfächer der Apenninflüsse in spitzem Winkel die Küste erreicht; er wird von einer Ausgleichsküste gebildet und ist von natürlicherweise verschleppten, künstlich stabilisierten Flußmündungen unterbrochen und abschnittsweise, besonders östlich Ravenna und östlich Comácchio, von neuen Touristensiedlungen überbaut. Ravenna besitzt einen bedeutenden Industriehafen, dessen Einfahrt bei Porto Corsini-Marina die Ravenna durch 2,3 km lange Molen lagestabilisiert und geschützt ist.

Von etwa Cérvia bis Gabicce im Süden ist eine lange, sanft geschwungene Ausgleichsküste an der Schwemmfächerzone ausgebildet. Räumlich korrelat ist an diesem Küstenabschnitt, genau von der Sávio-Mündung nach Süden, das kontinuierliche Band der Touristensiedlungen ausgebildet, die auch die alten Ortszentren der ehemals kleinen Fischerhäfen, wie Cesenático, überwuchern.

Natürliche und anthropogene Küstenformen bilden das für diese Untersuchung relevante Objektinventar. Ein prinzipieller Überblick soll den Formenschatz verdeutlichen. Die Küste umfaßt den Bereich des Übergangs vom Meeresboden zum festen Land und unterliegt dadurch mariner und festländischer Formung. Nach Intensität und Dauer mariner Überformung in Abhängigkeit von den wechselnden Wasserständen wird sie in einzelne Zonen unterteilt. Im schematischen Querprofil ist die Adriaküste im nördlichen Abschnitt wie folgt aufgebaut (Cencini 1980, S.31): Auf den vegetationsfreien, ständig bzw. regelmäßig wellenbeeinflußten nassen Strand mit Schwemmselstreifen folgt der trockene Strand - nur gelegentlich wellenbeeinflußt, stärker äolisch geformt - mit einer sehr lückigen, niederen Meersenf-Spülsaum-Vegetation. Daran schließen sich initiale Dünenformen mit lückigen Strandqueckenbeständen an, auf welche mit Strandhafer bestandene Weißdünen von 1-2 m Höhe folgen. Landeinwärts liegen ältere, fossile Dünengürtel, die durch Sanddorn-Dünenweiden-Gebüsche lagestabilisiert sind. Häufig sind sie durch feuchte Depressionen mit hygrophiler Vegetation (Schilf- und Binsengesellschaften) von den breiten, niedrigen, baumbestandenen, zum großen Teil (mit Pinien oder Pappeln) aufgeforsteten Paläodünenstreifen getrennt. Fig. 2.2-3 verdeutlicht diesen Küstenaufbau mit Hilfe heute veralteter Kartenaufnahmen und mit Geländephotos.

Einfache traditionale anthropogene Umgestaltungen der Küste betreffen die teilweise Einebnung von Dünen auf den Strandwällen, auch unter Baumbestand; denn die Pineten sind aufgeforstet worden. Auf den wasserdurchlässigen Sanden ist verstärkt Seestrandkiefer (Pinus maritima) anstelle der ursprünglichen Pinie (Pinus pinea) angepflanzt worden, zusätzlich sind Pappelmonokulturen entstanden. Zur Wasserregulierung der ehemaligen Lagunen und für die Fischerei sind Kanäle gegraben worden. Die Flußmündungen wurden durch Betoneinfassungen und Molen lagestabilisiert. So sind an alten kleinen Fischerorten, wie Porto Garibaldi, Cérvia, Cesenático und Cattólica, Kanalhäfen entstanden. Der touristische Ausbau, der in mehreren Phasen seit dem Ende des 19. Jhs. erfolgte - besonders intensiv nach 1950 im Süden, nach 1975 im Norden des Untersuchungsgebietes - setzte zuerst an bestehenden Siedlungskernen an und weitete sich dann in die angrenzenden Pineten und Dünengebiete aus. Die Fig. 2.2 - 4 zeigt repräsentative Beispiele für das gesamte Gebiet. Es wechseln Campingplätze mit villenartiger Bebauung, mit Hotelkomplexen und Großbauten der Ferienkolonien der Zwanziger Jahre ab, mit modernen Segelschiffhäfen und Marinas. Bei ausreichender Breite des Strandes sind auf seinem oberen Teil Strandrestaurants, Umkleidekabinen, Buden und Vergnügungsparks, die sogenannte Bagnizone, entstanden.

a) Schematisches Querprofil

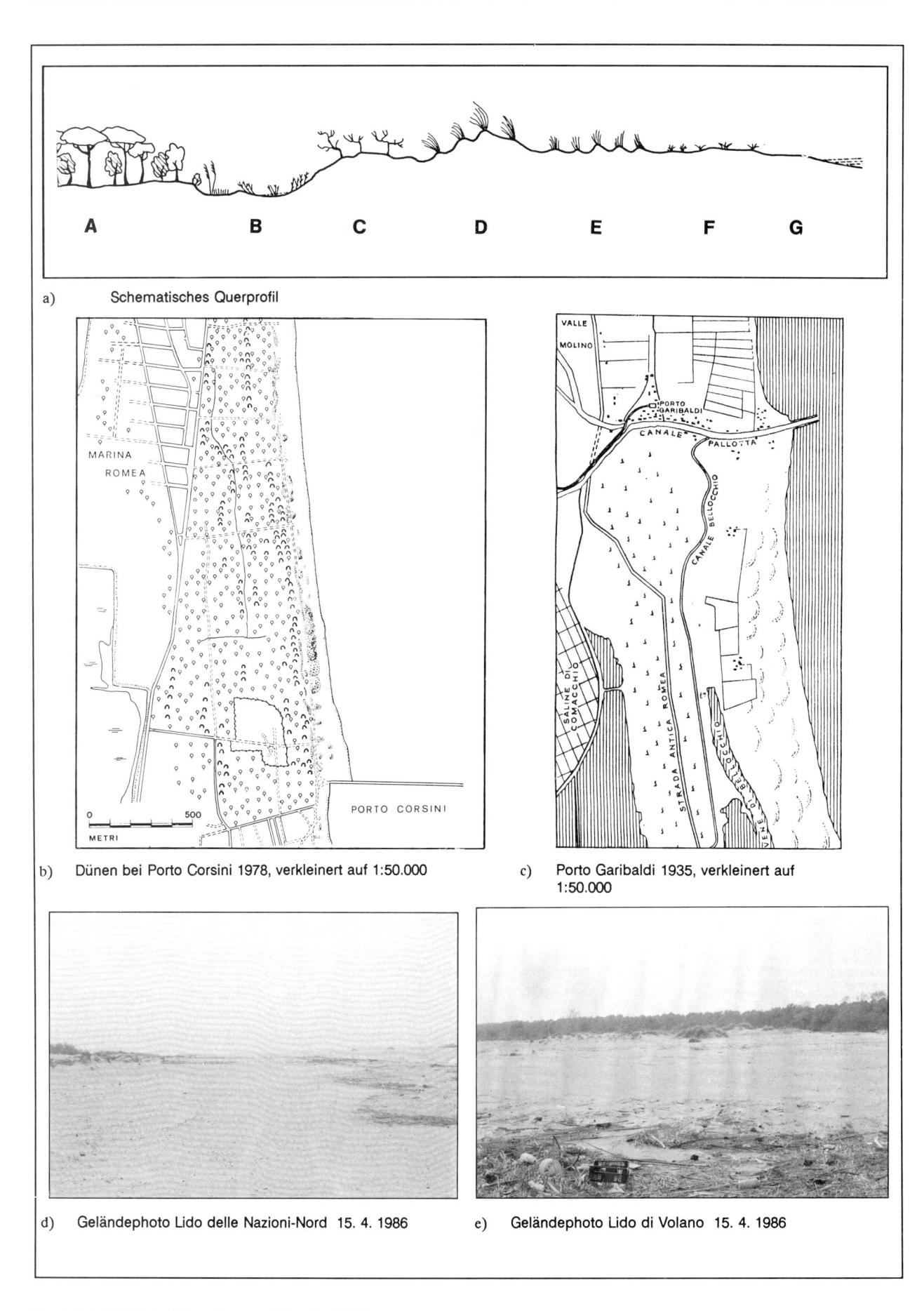

b) Dünen bei Porto Corsini 1978, verkleinert auf 1:50.000

c) Porto Garibaldi 1935, verkleinert auf 1:50.000

d) Geländephoto Lido delle Nazioni-Nord 15. 4. 1986

e) Geländephoto Lido di Volano 15. 4. 1986

Fig. 2.2-3: Natürliche Küstenformen (Wieneke 1988)

MGA A 38   109

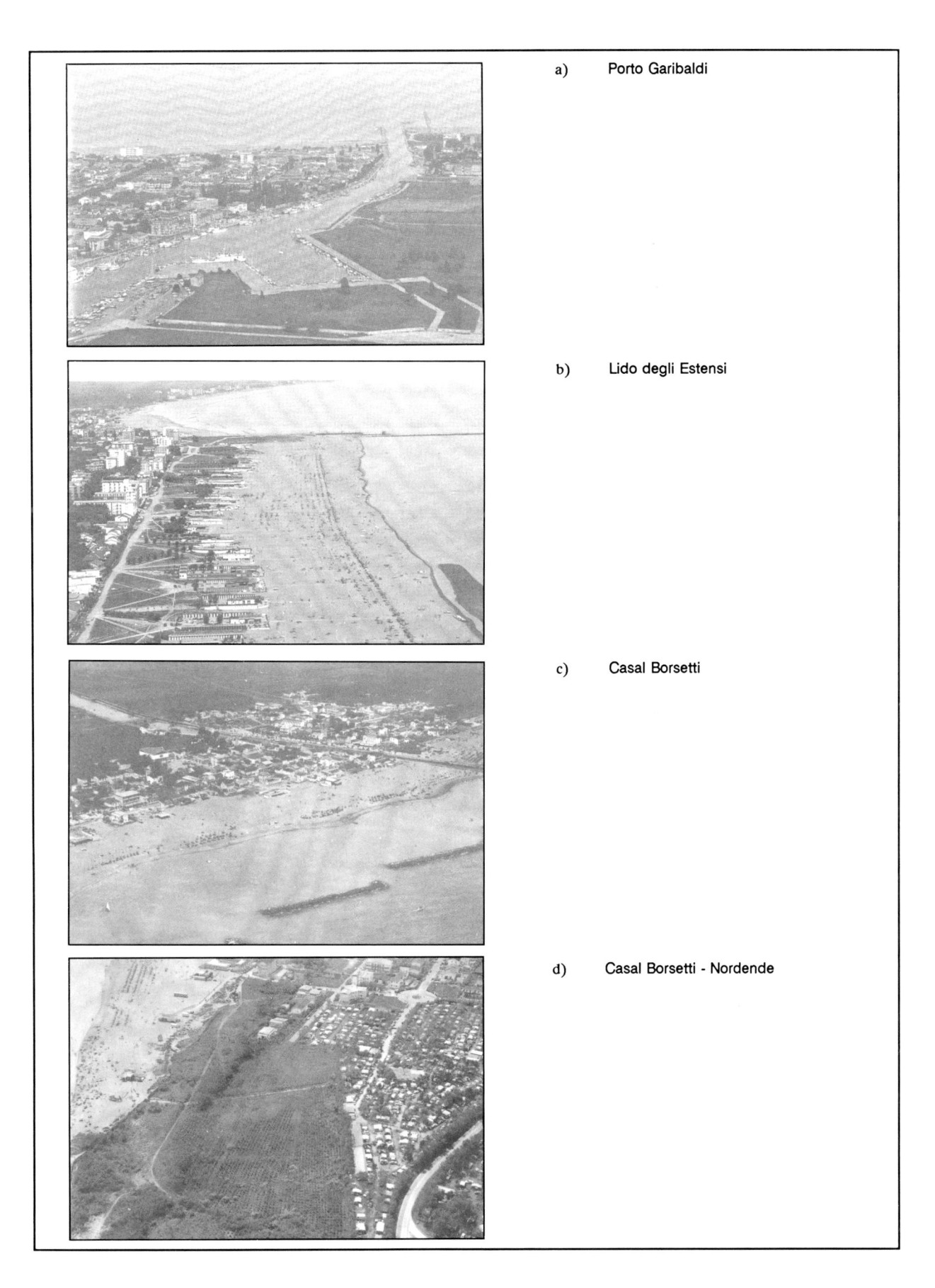

a) Porto Garibaldi

b) Lido degli Estensi

c) Casal Borsetti

d) Casal Borsetti - Nordende

Fig. 2.2-4: Anthropogene Küstenformen, nach käuflichen Ansichtspostkarten (Wieneke 1988)

Porto Garibaldi und Lido degli Estensi liegen als Badeorte unter Pinien (L.E.) bzw. mit dichtem, nahezu baumlosem Siedlungskern (P.G.) beidseitig eines durch Molen geschützten Kanalhafens. Nördlich der Mole setzt eine Reihe von Wellenbrechern ein, südlich sind auf dem hier breiten Strand Restaurants und Buden entstanden.

Aus der übergeordneten Fragestellung sind die methodischen Ansätze und die verwendeten Techniken abgeleitet. Es erfolgten Messungen und Auswertungen aus Bildmaterial und vergleichende Untersuchungen mit dem existenten Kartenmaterial; Geländeaufnahmen und -kontrollen dienten der Bodenreferenz. Das zu untersuchende Objektinventar ist formal und inhaltlich klassifiziert worden, formal in punkt-, linien- und flächenhafte Objekte, inhaltlich in natürliche oder anthropogenetische Küstenformen sowie in Landbedeckungsarten (land cover), die im Untersuchungsgebiet überwiegend anthropogenetisch sind.

Die Objektklassen sind an ausgewählten Beispielen auf ihre Erfaßbarkeit, Identifizierbarkeit und Darstellbarkeit in der Maßstabsreihe 1:200 000, 1:100 000 und 1:50 000 untersucht worden. Das Bildmaterial wurde visuell-manuell ausgewertet, die punkt-, linien- und flächenhaften Bildobjekte wurden direkt vermessen; ein Streifentest (Transsekt) zur Erfassung typischer Objektgesellschaften im räumlichen Kontinuum ist nicht durchgeführt worden. Als Auswerte- und Meßinstrumente wurden eine Meßlupe mit 8facher Vergrößerung, eine Lupe mit 8facher Vergrößerung und ein normierter Glasstab sowie das Interpretoskop Zeiss Jena und ein normierter Glasstab eingesetzt. Meßlupe und Glasstab weisen eine 0,1 mm-Unterteilung auf. Das Interpretoskop Zeiss Jena erlaubt die stufenlose Vergrößerung des virtuellen Bildes in zwei Intervallen bis 15fach. Auch das Kartenmaterial ist unter Verwendung von Meßlupe, Lupe, Glasstab und Lineal visuell-manuell ausgewertet worden. Besonders untersucht wurden die den Anwendungszwecken der Karten entsprechenden Legendenschlüssel hinsichtlich Übereinstimmung oder Abweichung vom Objektinventar des LFC-Photos.

Im April 1986 sind Geländeaufnahmen, Objektüberprüfungen und -vermessungen, Geländephotographie und Kartierungen durchgeführt worden. Eingesetzt wurden Maßband, Kompaß, LFC- Ausschnittsvergrößerungen, Schwarzweiß-Photographie mit Agfapan 100 und Farb-Photographie mit Kodak Ektachrome. Die Geländekontrolle erfolgte etwa eineinhalb Jahre nach der Bildaufnahme.

Die natürlichen und anthropogenetischen Küstenformen bzw. Objekte wurden im Gelände an den Testlokalitäten erfaßt und vermessen. Der direkte Vergleich der Bildausschnittsvergrößerungen erlaubte eine Einstufung der Objekte nach dem Niveau ihrer Erfassung: nicht wahrnehmbar, wahrnehmbar, vermutbar, identifizierbar, schätzbar, meßbar.

Objekt bzw. Küstenform	1:775.000 Transparent	1:200.000 Papierabzug	1:100.000 Papierabzug	1:50.000 Papierabzug
Nasser Strand	o bis +	-	-	- bis +
Trockener Strand	+ ~	+x	+ ~	+ ~
Weißdünen	-	-	+	o +
Gebüschdünen	-	-	-	-
Sumpf	- bis o +	- bis o +	-	-
Pinetadünen	+x	o +	o +	o +
Aufforstung	o +	o +	o +	o +
Kanalmündung	+ ~	+x	+x	+ ~
Molen	+ ~	+ ~	+ ~	+ ~
Hafenbecken	+x	+x	+ ~	+ ~
Buhnen	o bis +	+ ~	+ ~	o bis +
Wellenbrecher	o + bis + ~	+ ~	+ ~	+ ~
Bagnizone	o +	o + bis + ~	o +	o +
Campingplatz	- bis o	-	-	-
Hotelkomplex	o bis +	o +	o +	o +
Villenbebauung	+	+ ~	+ ~	+ ~
Siedlungskern	+ ~	+ ~	+ ~	+ ~
Parkplatz	-	- bis o +	o +	o +
Sportplatz	-	-	-	-

Tab. 2.2-1: Einstufung der Küstenobjekte nach dem Niveau ihrer Erfassung in verschiedenen Maßstäben

     -    nicht wahrnehmbar   + ~   identifizierbar
     o   wahrnehmbar   + ~   schätzbar
     o +   vermutbar   +x   meßbar

Alle Bildvorlagen wurden bei der Auswertung virtuell vergrößert.

Wahrnehmbar bedeutet die Existenzfeststellung eines Bildobjektes ohne mögliche Zuordnung eines Geländeobjektes, vermutbar den Versuch, identifizierbar die Möglichkeit der Korrelation zwischen Bildobjekt und Geländeobjekt. Unter schätzbar wird verstanden, daß die Objektgröße im Bild auch unter der Lupe mit Hilfe einer auf 0,1 mm unterteilten Skala nur geschätzt werden kann, in der Regel, weil die Grenzen zur Umgebung zu unscharf sind. Meßbar bedeutet, daß die Größe der Objekte im Bild gemessen werden kann. Diese Einstufung ist nicht frei von Subjektivität, da visuell- manuell ausgewertet wird, die fraglichen Objekte im Bereich des kontrastabhängigen Minimum Visible liegen und bei der Objektansprache Prä- und Geländeinformationen mit einfließen. Tab. 2.2 - 1 faßt das Ergebnis der Auswertungen zusammen.

Die Auswertung des Transparentes 1:775 000 unter dem Interpretoskop ergab, daß bei 12- bis 13facher Vergrößerung (also etwa 1:60 000) im virtuellen Bild die Kanten der Objekte unscharf wurden und das Korn sichtbar wurde; in den Papierabzügen der Ausschnittsvergrößerungen wurden Objekte an der Grenze der räumlichen Auflösung trotz hohen Umgebungskontrastes (schmale Mole im Wasser) unscharf bei 1:100 000, bei 1:50 000 sind die Grenzen aller Objekte unscharf. Hierdurch sind Bildobjektmessungen mit einer Ungenauigkeit behaftet. An den Testlokalitäten wurden punkt-, linien- und flächenhafte Objekte der Küste in den vorliegenden Bildbeispielen 1:775 000 bis 1:50 000 ausgemessen und mit den entsprechenden Geländemessungen verglichen. Das Ergebnis enthält Tab. 2.2 - 2, die Meßwerte sind jeweils maßstäblich in m umgerechnet.

Testlokalität/ Objekt	1:775 000 Transparent	1:200 000 Papierabzug	1:100 000 Papierabzug	1:50 000 Papierabzug	Gelände
Lido di Volano					
Fahrweg	n.m.	n.s.	?	5-10, geschätzt	5
Strandbreite	77	147	-	verschw.	60
Dünenbreite	115	147	-	verschw.	170
Lido delle Nazioni					
Strandrückgang	155-230	125	150	150	300
schmaler Strand	< 77	30	30	40	40
Buhnenlänge	n.s.	30-35	n.s.	n.s.	50
Wellenbrecher	75-80	60, geschätzt	n.s.	vermutbar	-
P.G./L.E.					
Molen m. Bucht	78	ca. 90	ca. 80	20 + 15 + 41	? + 4 + 47
Südstrand	230-270	ca.250	150-230	150-230	130 + 20
Strandrückgang	ca. 300	252	240	ca. 250	260
Bagni u. Gras	115-155	120	80-100	50, ahnbar	50 + 50
Hafenkanal	25	ca. 20	30	ca. 20	ca. 50
Logonovokanal	24 u. 15	? u. 20	40 u. 20	30 u. 50	34 u. 50
Kanalbrücke	sichtbar	ca. 15	ca. 10-15	15	9
Platanenallee	< 30, geschätzt	ca. 20	15	10-15	22
Casal Borsetti					
Strandbreite	115	105-145	100	102	70 + 30
Mole im Meer	93	100	75	-	-
Kanal in Siedlung	15-16	31	25-30	15	-
Kanal im Strand	ahnbar	?10	10-15	7.5	-
P.C./M.R.					
gr. Nordmole	24	ca. 75	40	35	15
Marinamole	8	n.m.	?10	15-20	5
Bootssteg m. Booten	38	80	20-30	30-35	28
Cesenatico					
Südmole	n.m.	n.m.	n.m.	10	12
Kanal	23	< 20	15	ahnbar	28
Hochhaus	30x85	30x50	40x80	40x60	27x75
Wellenbrecher	93	120	60-90	80	-
Bagni u. Gras	?	120	80-90	97	25 + 95
Porto Verde					
Fahrbahn u. Grün	23 + 77	30 + 60	? + 50	35 + 50	64
Gebäude u. Promenade	85-93	80	90	90	57
Wasserbecken	< 77	80	80	80	-
n.s. nicht sichtbar	verschw. verschwommen				
n.m. nicht meßbar					

Tab. 2.2-2: Maßstäblich umgerechnete Bildmeßergebnisse von Küstenobjekten (Auswahl; in m)

Durch das Zeichen + verbundene Werte entsprechen in der Reihenfolge der Nennung mehr als einem Objekt. Durch einen Bindestrich verbundene Werte zeigen die Meßunsicherheit auf. Die starke Kontrastabhängigkeit der Meßergebnisse führt zur Unterdrückung von Objekten bei fehlendem oder geringem Kontrast (z.B. helle Mole auf hellem Strand) oder zur Verbreiterung von Objekten durch Überstrahlung bei hohem Kontrast (z.B. innere Mole des Segelhafens; Objektbreite in der Realität 5 m). Die Grenze der Detailerkennbarkeit bei hohem Umgebungskontrast liegt somit für linienhafte Objekte bei 5 m; dem entspricht eine Grenze der objektspezifischen räumlichen Auflösung von 10 m/lp, also ca. 75 lp/mm. Dieser Wert liegt zwischen den von Gierloff-Emden (1986) und Doyle (1985) angegebenen. Für punkthafte Objekte ist die Grenze der Detailerkennbarkeit bei hohem Umgebungskontrast etwa bei 20 m Seitenlänge bzw. Durchmesser erreicht.

Zur Klassifikation von Landnutzung (land use) und Landbedeckung (land cover) nach Satellitenbilddaten sind verschiedene Systeme entwickelt worden (z.B. Anderson et al. 1976). Speziell für Küsten hat Weisblatt (1977) einen Diskriminanzbaum auf der Grundlage multispektraler LANDSAT-Daten nach den Kriterien trocken - naß und vegetationsfrei - vegetationsbestanden an nordamerikanischen Beispielen entwickelt (Fig. 2.4-7). Halm (1986) hat für das Rhône-Delta aufgrund von Metric-Camera-Photos einen ebenfalls baumartigen Schlüssel entworfen. Für beide Schlüssel gilt, daß sie Bildinformation und Geländeinformation kombinieren.

Versuche, diesen Schlüssel auf das LFC-Photo der nordwestlichen Adriaküste anzuwenden, ergaben notwendige Änderungen, aber auch die Einsicht, daß interpretatorische Begriffe, wie Siedlungen, Verkehrswege, Brachland usw., den Diskriminanzbaum entscheidend verkürzen können, ohne unzulässige Geländemessungen (Salzgehalt, Schwebstofffracht) einfließen zu lassen. Die verwendeten Kriterien sind stets Grautöne, Strukturen und Texturen, Umgebungssituation sowie Größenmessungen.

Folgender Klassifikationsschlüssel wird daher vorgeschlagen: Das Testgebiet zerfällt in die drei Klassen offene Wasserfläche (Meer), von Land umgebene Wasserfläche (Fluß, Kanal, Lagune) und Land. Das offene Meer läßt sich nach Grauton und Struktur in klares dunkles Wasser, trübes helles Wasser (Sedimentfahnen) sowie durch helle Strukturen (Bauten) gegliedertes Wasser unterteilen. Analog wird das flächenhafte, von Land umgebene Wasser (Lagunen) untergliedert. Linienhafte Wasserflächen fallen nach ihrer Breite in drei Gruppen: <10 m, 10-50 m und >50 m. Die Landflächen werden in vier Klassen unterteilt: bebaut (Siedlungen, Verkehrswege), vegetationsbestanden (Pineten, Brachland, Dünen und Sumpf), vegetationsfrei (trockener Strand, nasser feuchter Strand, Baustelle), parzelliert. Weitere Unterteilungen auf dem nächsttieferen Niveau sind dann noch möglich.

Diese Untersuchung möglicher Klassifikationsschlüssel für die Adriaküste im LFC-Photo nach dem Diskriminanzprinzip zeigt, daß nur bestimmte Objekte identifiziert werden können. Dies hat Einfluß auf Inhalt und Gliederung möglicher Kartenlegenden.

Literatur zu 2.2

ANDERSON, J.R., HARDY, E.E., ROACH, J.T. & WITMER, R.E. (1976): A Land Use and Land Cover Classification System for Use with Remote Sensor Data. - U.S. Geol. Surv. Prof. Paper 964, Washington, D.C., 28 S.

BRINDÖPKE, W., JAAKOLA, M., NOUKKA, P. & KÖLBL, O. (1985): Optimale Emulsionen für großmaßstäbige Auswertungen. - Bildmessung und Luftbildwesen 53 (1), Karlsruhe, S. 23-32

CENCINI, C. (1980): L'evoluzione delle dune del litorale romagnolo nell'ultimo secolo. - Rassegna Economica 6-7, 42 S.

DIETZ, K.R. (1988): Technische Daten zum Large-Format-Camera- Experiment. In: Analysen von Satellitenaufnahmen der Large Format Camera, hrsg. v. H.G. GIERLOFF-EMDEN & F. WIENEKE. - Münchener Geographische Abhandlungen A 40, München, S.13-21

DOYLE, F.J. (1985): High Resolution Image Data from the Space Shuttle. - ESA SP-209, Paris, S.55-58

EARSeL (1985): EARSeL News, No.27, Paris, S.64-65 u. 67-78

EROS DATA CENTER (1985): Microfiche Catalogue of Large Format Camera Image, Sioux Falls

GIERLOFF-EMDEN, H.G. (1986): Large Format Camera Bildanalyse zur Kartierung von Landnutzungsmustern der Region Noale-Musone, Po- Ebene, Norditalien. - ESA SP-252, Paris, S.415-426

GIERLOFF-EMDEN, H.G. & WIENEKE, F. (Hrsg.) (1988): Analysen von Satellitenaufnahmen der Large Format Camera. - Münchener Geographische Abhandlungen A 40, München, 179 S.

HALM, K. (1986): Photographische Weltraumaufnahmen und ihre Eignung zur thematischen und topographischen Kartierung, zur Umweltverträglichkeitsprüfung (UVP) und zur wasserwirtschaftlichen Rahmenplanung (WRP) - dargestellt am Beispiel der Metric-Camera-Aufnahmen des Rhône-Deltas. - Münchener Geographische Abhandlungen 35, München, 122 S.

JAKOBSEN, K. & MÜLLER, W.: (1988): Evaluation of Space Photographs. - Internat. Journal Remote Sensing 9 (10/11), S. 1715-1721

LEHMANN, H. (1961): Das Landschaftsgefüge der Padania. - Frankfurter Geographische Hefte 37, Frankfurt a. M., S.87-158

TICHY, F. (1985): Italien. - Wissenschaftliche Länderkunden 24, Darmstadt, 640 S.

TOGLIATTI, G. & MORIONDO, A. (1986): Large Format Camera: The Second Generation Photogrammetric Camera for Space Cartography. - ESA SP-258, Paris, S.15-18

WEISBLATT, E. (1977): A Hierarchical Approach to Satellite Inventories of Coastal Zone Environments. - Geoscience and Man 18, S.215-227

WIENEKE, F. (1988): Eignung von LFC-Aufnahmen des Space Shuttle für die Kartierung natürlicher und anthropogener Küstenformen - untersucht am Beispiel der italienischen Adriaküste zwischen Lido di Volano und Gabicce Monte. In: Analysen von Satellitenaufnahmen der Large Format Camera, hrsg. v. H.G. GIERLOFF-EMDEN & F. WIENEKE. - Münchener Geographische Abhandlungen A 40, München, S.97-116

Karten

Istituto Geografico Militare: Topographische Karte von Italien 1:100 000

Istituto Geografico Militare: Carta d'Italia - Scala 1:50 000

2.3 Kosmos KFA-1000, Beispiel Soester Börde

Frank-W. Strathmann

2.3.1 Einführung

Seit 1987 werden von der sowjetischen Firma Sojuzkarta (Moskau) Satellitenbilder des KFA-1000 (Kosmicheskij Fotoapparat, Brennweite 1000 mm) angeboten. Die seit Ende der 70er Jahre hergestellten Weltraumaufnahmen haben eine Bodenauflösung von 5 - 10 m. Verglichen mit anderen Sensoren (vgl. Marek 1988) besitzen KFA-1000-Photos somit einen hohen geometrischen Informationsgehalt.

Sojuzkarta liefert Diapositive und Negativfilme im Originalbildformat. Erhältlich sind transparente Ausführungen in Schwarz/Weiß und Farbe (naturnahe und falschfarbige Version) sowie Papierabzüge (auch in zwei- oder vierfacher Vergrößerung). Der Preis für ein Farbdiapositiv zum Beispiel beträgt zur Zeit US $ 980. Bestellungen können auch über die Firmen GAF, München, und Finnmap, Helsinki, vorgenommen werden.

Umlaufbahn des Systems

Mittlere Flughöhe	270 km
Umlaufzeit	98 min.
Bahntyp	polar und sonnensynchron

Kosmos-Satellit

Start	1978 bis heute
Missionsdauer	wenige Monate
Sensorausrüstung	KFA-1000 (zwei Kameras), KATE-200 (drei Kameras)

Kosmicheskij Fotoapparat (KFA-1000)

Bildformat	30 cm x 30 cm
Brennweite	1014.31 mm (Aufnahmebeispiel)
Film	SN-10 (150 ASA) Spektrozonalfilm (Zweischichten-Farbfilm)
Spektralbereiche	570 - 670 nm
	670 - 800 nm
Filmauflösung	145 - 160 Lp/mm
Längsüberlappung	60 %
Filmkapazität	580 m
Aufnahmen pro Film	1800
Szenengröße	80 km x 80 km

Im folgenden Beitrag soll anhand eines geradezu modellhaft gegliederten Landschaftsgefüges der BRD, der Soester Börde, ein Einblick in die Möglichkeiten der Interpretation dieser Weltraumaufnahmen gegeben werden.

2.3.2 Struktur des für die Bundesrepublik Deutschland verfügbaren Bildmaterials

Das Staatsgebiet der Bundesrepublik wurde in den Jahren 1978 - 1987 gut erfaßt. Beispielhaft verdeutlicht die Fig. 2.3-1 die Lage der in den Jahren 1983, 1985 und 1986 aufgenommenen Flugstreifen. Während die meisten Teile bereits mehrfach (bis zu 7 mal im Raum Karlsruhe) durch KFA-1000 - Aufnahmen abgedeckt werden, können Photos aus den Grenzgebieten zur DDR und CSSR noch nicht erworben werden. Insgesamt stehen für die Bundesrepublik ca. 200 Aufnahmen verschiedener Aufnahmejahre bis Ende 1987 zur Verfügung. Zur einmaligen Überdeckung der BRD werden bei 60% Bildüberlappung ca. 150 Aufnahmen benötigt. Die bereits vorhandenen Aufnahmen verteilen sich im Jahresgang auf den Zeitraum Ende Mai bis Anfang September. Tageszeitlich liegen sie zwischen 9 und 13 Uhr UTC.

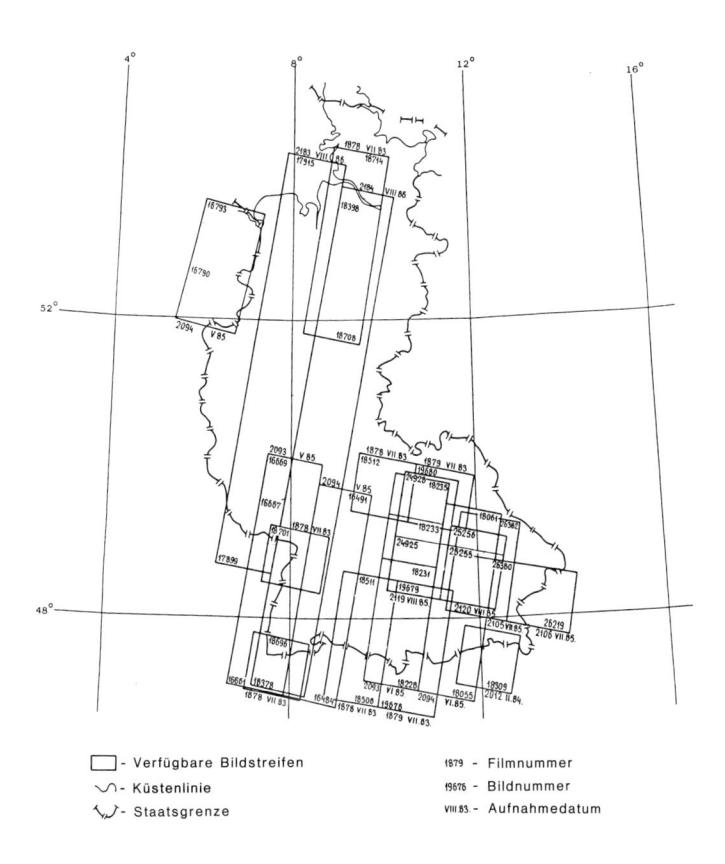

Fig. 2.3-1: Verfügbare Flugstreifen des KFA-1000 für ausgewählte Jahre (1983, 1985 und 1986) nach Unterlagen der Fa. Sojuzkarta

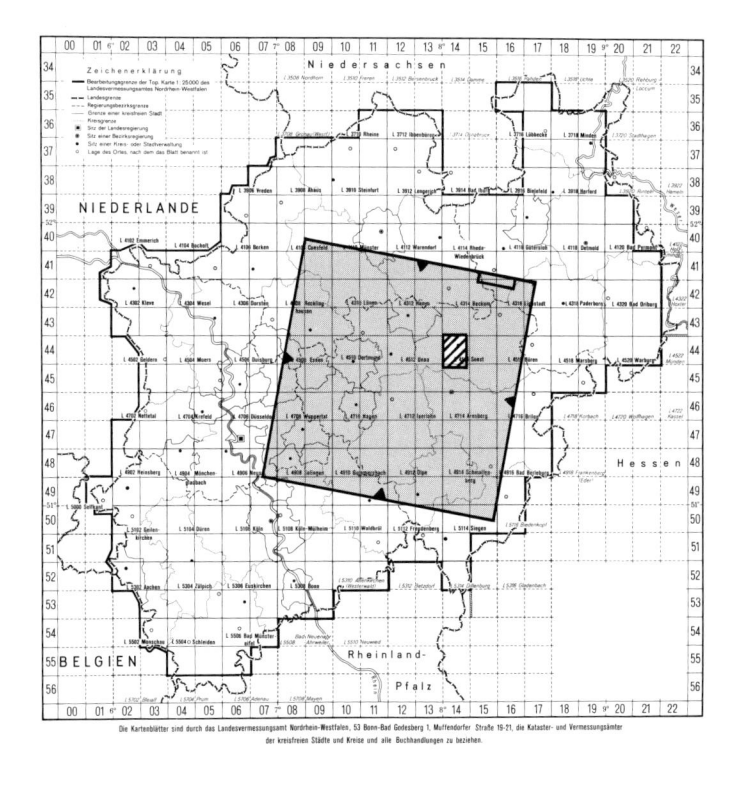

Fig. 2.3-2: Lage des KFA-Bildes und des Testgebietes "Soest" in der Blattschnittübersicht des LVA Nordrhein-Westfalen

2.3.3 Basisinformationen zur Bildinterpretation

• Technische Daten zur Aufnahme "Ruhrgebiet/Münsterland/Sauerland"

Inv.-Nr. Sojuzkarta	M-32, Nr. 90 (00007/0038)
Bildstreifen	2183-3-C
Bildnummer	17907
Bildüberlappung	60%
Datum	06.08.1986
Uhrzeit	13.38 Osteuropäischer Dekretzeit
	11.38 UTC
	11.09 MOZ
Bildmaßstab/	1:272698 / 276,6 km (errechnet nach den Angaben von Sojuzkarta)
Flughöhe	1:277400 / 281,4 km (errechnet durch Streckenvergleiche Bild - TK)
Flugstreifenbreite	83.2 km
Aufnahmefläche	6925.6 qkm
Belichtungszeit	1/145 sec
Bildqualität (1-5)	4 (gut)
Wolkenbedeckung	0 %
Koordinaten	51.27° N / 7.47° E (Bildmitte)

• Flächendeckung

Von der Weltraumaufnahme werden 9 Blätter der Topographischen Karte 1:50000 vollständig und weitere 16 teilweise erfaßt. Für die Stadtkreise Dortmund, Hagen und Hamm sowie für die Landkreise Ennepe-Ruhr-Kreis, Märkischer Kreis und Kreis Unna können flächendeckend Bildinformationen extrahiert werden. Die von der KFA- Aufnahme abgedeckte Landschaftsfläche umfaßt ca. 8 Hochbefliegungen 1:125000 oder ca. 327 Luftbilder 1:20000, jeweils in einfacher Flächendeckung ohne Überlappungsbereiche. Eine SPOT-Aufnahme bedeckt ca. 52% der KFA-Bodenfläche.

Der gewählte Ausschnitt umfaßt etwa 1,4 % der gesamten Bildfläche (vgl. Fig. 2.3-2). Die Siedlungsflächen der Stadt Soest betragen ca. 0,2 % der abgebildeten Landschaftsfläche, das entspricht ca. 1,8 qcm auf der KFA-Aufnahme.

• Bildqualität

Bei der Vergrößerung des Bildinhaltes ist ein feines, regelmäßiges Netz von Linien zu erkennen. Dieses "Textilmuster" mit einem Linienabstand von ca. 90 μm im Bildoriginal (ca. 25 m in der Natur) und einer Linienbreite von ca. 35 μm (ca. 10 m) ist besonders auf Flächen mittlerer Farbintensität ausgeprägt, auf extrem hellen oder dunklen Bildarealen dagegen ist es weniger dominant. Im Bereich der Schnittpunkte sind zum Teil expandierte Knotenbildungen vorhanden. Der Vergleich mit anderen KFA-Farbprodukten der Fa. Sojuzkarta zeigt, daß diese Bildbeeinträchtigung reprotechnisch bedingt und nur bei einigen Lieferungen vorhanden ist. Bis auf wenige Ausnahmen, so zum Beispiel bei Analysen der Bodenfeuchte mittels Erfassung von Farbtonschwankungen, sind diese regelhaft auftretenden Erscheinungen jedoch ohne nennenswerten Einfluß auf die Bildinterpretation.

• Meteorologische Aspekte

Ein geringer Niederschlag von 5 mm in der Nacht vom 4. zum 5.8.1986 könnte vor dem Aufnahmezeitpunkt zu einer guten Bodendurchfeuchtung und somit am 6.8.1986 verbunden mit einer guten Sichtweite und nur schwachen Winden zu kontrastreichen Aufnahmeverhältnissen geführt haben. Da die Temperaturen und andere Klimaparameter grob den langjährigen Mittelwerten für die Soester Börde entsprechen, kann von normalen Aufnahmebedingungen ausgegangen werden.

Fig. 2.3-3: KFA-1000-Bildausschnitt "Soester Börde 1:50000"

• Landeskundliche Aspekte

Im Bildausschnitt "Soester Börde" 1 : 50000 der KFA 1000 - Aufnahme (Fig. 2.3-3) dominiert die durch ein radial-konzentrisches Straßensystem aufgebaute Zentralstadt Soest. Der ländliche Raum wird durch die Rosenau (obere Bildhälfte), die Eisenbahnlinie Hamm-Paderborn (Bildmitte) und die Autobahntrasse Ruhrgebiet-Kassel (unterer Bildrand) grob gegliedert. Die Ost- West-Ausrichtung der linearen Infrastruktur kennzeichnet die Bedeutung dieses Gebietes in der Saumlage zwischen der norddeutschen Tieflandsebene und dem Mittelgebirge mit der wichtigen Verkehrslage entlang der Mittelgebirgsschwelle.

Eine Feingliederung der Hellwegbörde zeichnet sich im Bildinhalt durch Straßen, Feldwege und kleinere Bachläufe mit Begleitgrün ab. Der Landschaftsausschnitt ist eben, in Richtung auf den südlich gelegenen Haarstrang schwach ansteigend.

Auf der mächtigen Lößbedeckung der Soester Börde (vgl. Meynen & Schmithüsen 1959, S. 813 ff.) haben sich Braunerden und Staunässegleyböden entwickelt. Der Jahresdurchschnitt der Niederschläge liegt bei 700 mm in der Soester Börde und etwa 800 mm in der Haarhöhe.

2.3.4 Aufbau der Bildphysiognomie

Zur Interpretation des Satellitenbildinhaltes sind Kenntnisse der speziellen Bildphysiognomie, d.h. der Wiedergabe der weltraumsichtbaren Landschaftsmerkmale auf dem Spektrozonalfilm, von Bedeutung.

Bedingt durch den kleinen Aufnahmemaßstab, Trübungseinflüsse der Atmosphäre, Auflösungsgrenzen des Filmes und Bildqualitätsverschlechterungen durch Zwischenvergrößerungen sowie durch "Farbverfälschungen" im Spektrozonalfilm ergeben sich bildimmanente Muster, welche als Einstieg in die Photointerpretation analysiert werden müssen.

Die Identifikation von Landschaftsobjekten und Landnutzungsklassen im Bildinventar ist hierbei vor allem von folgenden Bildkomponenten (vgl. Strathmann 1988) abhängig:

- Überstrahlung
  Sie bewirkt eine, insbesondere bei kleineren Objekten erhebliche, Verbreiterung der hell reflektierenden Objektoberflächen bzw. eine Verdrängung (Unterstrahlung) des dunkleren Objektinventars.

  Beispiel: Hell reflektierende Dachoberflächen einer 12 m breiten Zeilenbebauung am westlichen Stadtrand sind in der KFA-Vergrößerung 1:50000 mit der doppelten Breite bildwirksam.

- Kontrast zur Umgebung
  Insbesondere lineare Elemente sind bei einer radiometrischen Angleichung an die Reflexion der Umgebungsnutzung (Mimikry-Effekt) abschnittsweise nicht mehr kartierbar.

  Beispiel: Verlaufskartierung der hellbraunen Straßenzüge im Stadtkern ist nur in wenigen Fragmenten möglich (vgl. Fig. 2.3-5).

- Schatten
  Obgleich Schattenbereiche Landschaftsteile verdecken, sind sie bei der KFA-Bildinterpretation ein wichtiges Hilfsmittel zur Akzentuierung von linearen Strukturen und Flächenkanten (z.B. Waldrändern) und ermöglichen zum Teil erst das Erkennen und Identifizieren von kleinsten Landschaftsobjekten (z.B. Bäumen).

  Beispiel : Identifikation der Bachläufe über Schattenbereiche begleitender Baum- und Gebüschreihen.

- Vergesellschaftung von Bildobjekten
  Die charakteristische Anordnung von Signalen, insbesondere aus der Kombination von Größe, Form und Farbe, führt zur Mustererkennung der Bildgefüge und ihrer Zuordnung zu Flächennutzungskategorien.

  Beispiel : Rechteckige, dunkelbraune (sehr große) Gebäude im Gefügeverband mit hell-/mittelbraunen Zwischenflächen am südwestlichen Stadtrand (= Gewerbegebiet).

2.3.5 Ansätze zur Bildauswertung

- Differenzierung der Bildinhalte

Die wesentlichen Hilfsmittel zur Differenzierung des Bildinventars sind Farbinformationen und Gefügemuster. So können die Bildinhalte unmittelbar in größere Feld- und Waldmosaike und kleinteilige Siedlungsstrukturen zerlegt werden. Die Inwertsetzung der Farbinformation führt zur inneren Differenzierung der zwei Hauptkategorien. Zergliedert und verbunden werden diese Gefüge durch ein unregelmäßiges Netz von linearen Strukturen.

Gleiche Farben können verschiedene Objektoberflächen und -zustände abbilden und sind somit in ihrer Aussagekraft mehrdeutig. So "kodiert" zum Beispiel ein "Rotbraun" gepflügte Äcker, Flachwasserbereiche, Asphaltstraßen und -plätze oder verwitterte Tonziegel-Hausdächer. Erst die Verknüpfung mit der Gefügeinformation und den besonderen Lagemerkmalen sowie die Beachtung von Farbnuancen führt zur eindeutigen Identifizierung.

Den Einstieg zur Differenzierung der im Bildausschnitt abgebildeten linearen Elemente soll der in der Fig. 2.3-4 aufgezeigte Eliminationsschlüssel erleichtern. Als Entscheidungskriterien für die Zuordnung der Elemente wurden hierbei die Objektbreite, die Verlaufsform, das Verknüpfungsmuster und die Farbinformation gewählt. Hierbei könnte das nicht festgelegte "Restinventar" durch weitere Zuordnungsmerkmale wie zum Beispiel Umgebungskontrast, Gefügemuster, Nachbarnutzungen und Längen- Breiten-Verhältnis differenziert werden.

- Kartierung linearer Elemente

Straßennetz

Mittels visueller Interpretation in einer Bildvergrößerung 1:50000 und paralleler Kartierung im Maßstab 1:25000 wurde versucht, die linearen Elemente des Straßennetzes im Raum Soest zu kartieren. Das auf 1:50000 verkleinerte Identifizierungsergebnis wird im Vergleich mit dem Karteninhalt der TK 50 in der Fig. 2.3-5 wiedergegeben.

Bei der Kartierung konnten 67% der Straßenelemente der Topographischen Karte 1:50000 richtig identifiziert werden. Eine exakte Klassifizierung gemäß des Zeichenschlüssels der TK 50 war jedoch nur bei der Autobahn und den meisten Hauptstraßensegmenten möglich. Falsch identifiziert wurden 9% der aus dem KFA-Bild extrahierten Linearstrukturen, während 24% des Straßennetzes der TK 50 nicht erkannt wurden. Die Fig. 2.3-5 verdeutlicht, daß die kurzen Straßenzüge im Innenstadtbereich (innerhalb des inneren Ringes) zu 80% nicht kartiert werden konnten. In den Vororten wurden die Straßen vor allem in Wohngebieten mit Zeilenbebauung und kurzen Straßensegmenten, in Gewerbegebieten, bei der Durchquerung von Grünflächen, bei nicht geradlinig verlaufenden Feldgrenzen und in der Parallelführung zur Eisenbahntrasse nicht erkannt. Verwechselungen ergaben sich mit Baum- und Gebüschstreifen, in Baustellenbereichen, mit Feldgrenzen und in einem Eisenbahntrassenabschnitt.

Aufgrund gleichbleibender Objektbreite, der charakteristischen Verknüpfungselemente (Auffahrten) und des hohen Umgebungskontrastes ist die im südlichen Bildteil gelegene Bundesautobahn eindeutig identifizierbar und klassifizierbar. Auch die über lange Strecken geradlinig oder leicht gekrümmt verlaufenden Hauptstraßen sind im ländlichen Raum gut identifizierbar und in die Kernstadt hinein verfolgbar. Nicht direkt erkennbar, jedoch mittels Analogieschluß vollständig erfaßbar, sind einige durch Baumkronen überdeckte Abschnitte der beiden Ringsysteme im Soester Stadtgebiet. Die Möglichkeit der Kartierung von Wohnstraßen ist von der Regelmäßigkeit der Straßenanordnung, dem Erkennen von Verknüpfungen zum Hauptstraßensystem und vom kleinräumigen Wechsel der radiometrischen Grundstrukturen abhängig.

Eisenbahnlinien

Die den Bildausschnitt querenden Eisenbahnlinien sind bis auf einen Teilabschnitt vollständig mittels Linienverfolgung identifizierbar. Ein Industriegleis im Südostteil der Stadt Soest ist aufgrund mangelnder Kontrastverhältnisse zu den angrenzenden gewerblichen Bauflächen in seinem Verlauf nicht unmittelbar aus der Bildphysiognomie ableitbar.

Gewässernetz

Die vorhandenen Bachläufe sind vor allem durch ihre sich oft kleinräumig verändernden Verlaufsrichtungen und durch die Vergesellschaftung mit Baum- und/oder Gebüschstreifen identifizierbar. In Abschnitten, in denen die Begleitvegetation fehlt und in denen zudem radiometrische Kongruenzen mit den umgebenden Acker- und Wiesenflächen vorhanden sind, sind die Bachläufe nicht eindeutig kartierbar.

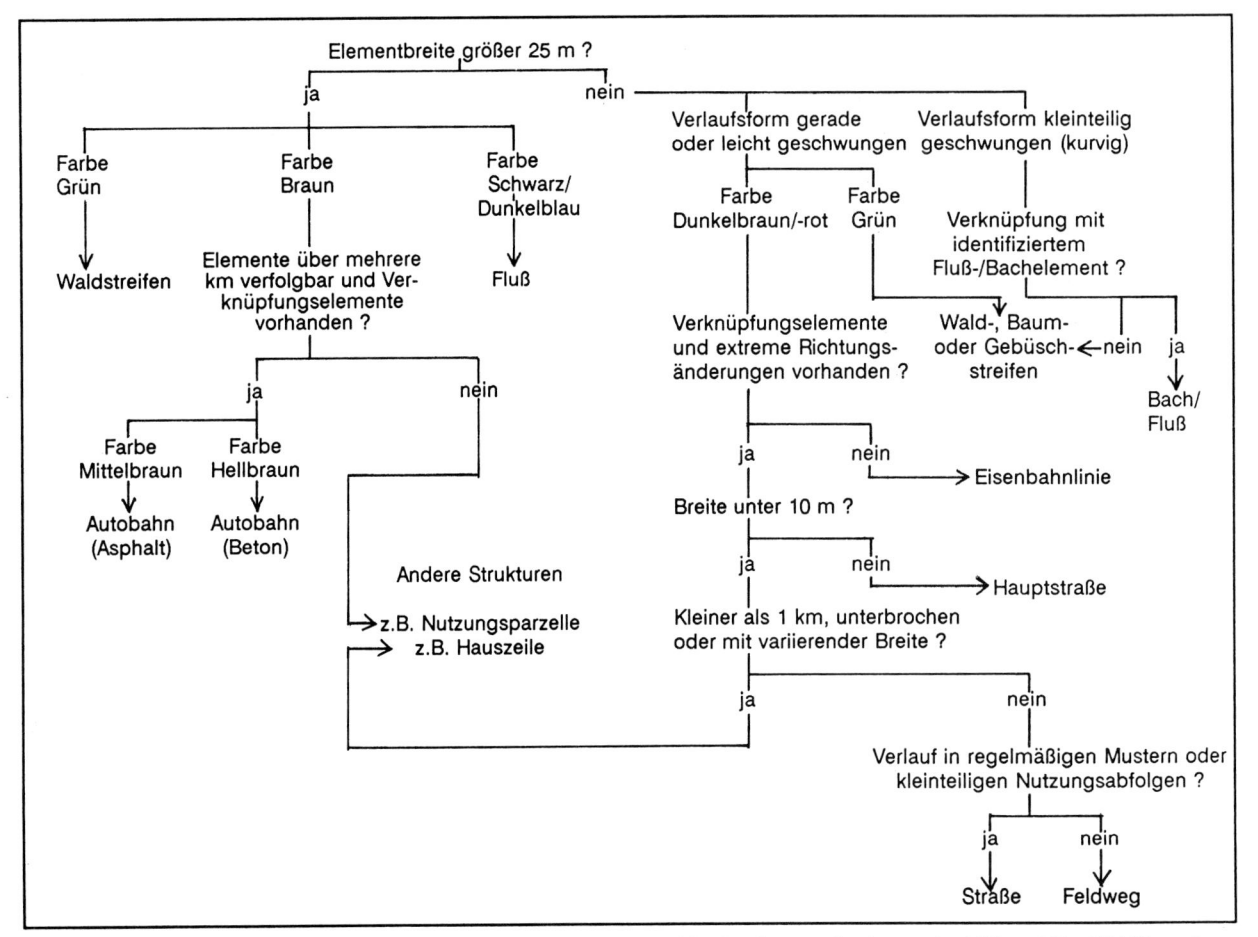

Fig. 2.3-4: Entscheidungsdiagramm zur groben Identifikation/Klassifikation linearer Strukturen im KFA - 1000 - Bild "Soest"

- **Erfassung von Flächennutzungskategorien**

Das primäre Differenzierungsmerkmal der Flächennutzung liegt im Bildausschnitt beim Gefügemuster. Durch Gefügegröße und Strukturmuster lassen sich drei Hauptnutzungen unterscheiden:

1. Wald-, Wasser-, Acker- und Wiesenflächen (Großflächengefüge)
2. Siedlungsflächen (Kleinflächengefüge)
3. Verkehrstrassen und Fließgewässer (Lineargefüge)

Während oberhalb eines Schwellenwertes von ca. 0,5 ha liegende Wald- und Wasserflächen eindeutig als solche identifizierbar und abgrenzbar sind, ergeben sich bei "Kleinstflächen" dieser Kategorie, insbesondere bei mangelndem Umgebungskontrast, zum Teil Identifizierungsprobleme. Die Möglichkeiten der Feingliederung der Landwirtschaftlichen Nutzflächen nach Anbauarten sind stark von dem Aufnahmezeitpunkt abhängig. Bei den Siedlungsflächen lassen sich Flächen mit Wohnbebauung und Industrie-/Gewerbeflächen unterscheiden. Verwechselungen ergeben sich bei der Bestimmung von Gemeinbedarfsflächen und Gewerbeflächen.

Ausschnitt aus der
Topographischen Karte
1 : 50 000

Blatt Soest (1987)

Kartierung des Straßen-
netzes aus der KFA -
Aufnahme vom 6.8.1986

Kartierungsmaßstab
1 : 25 000

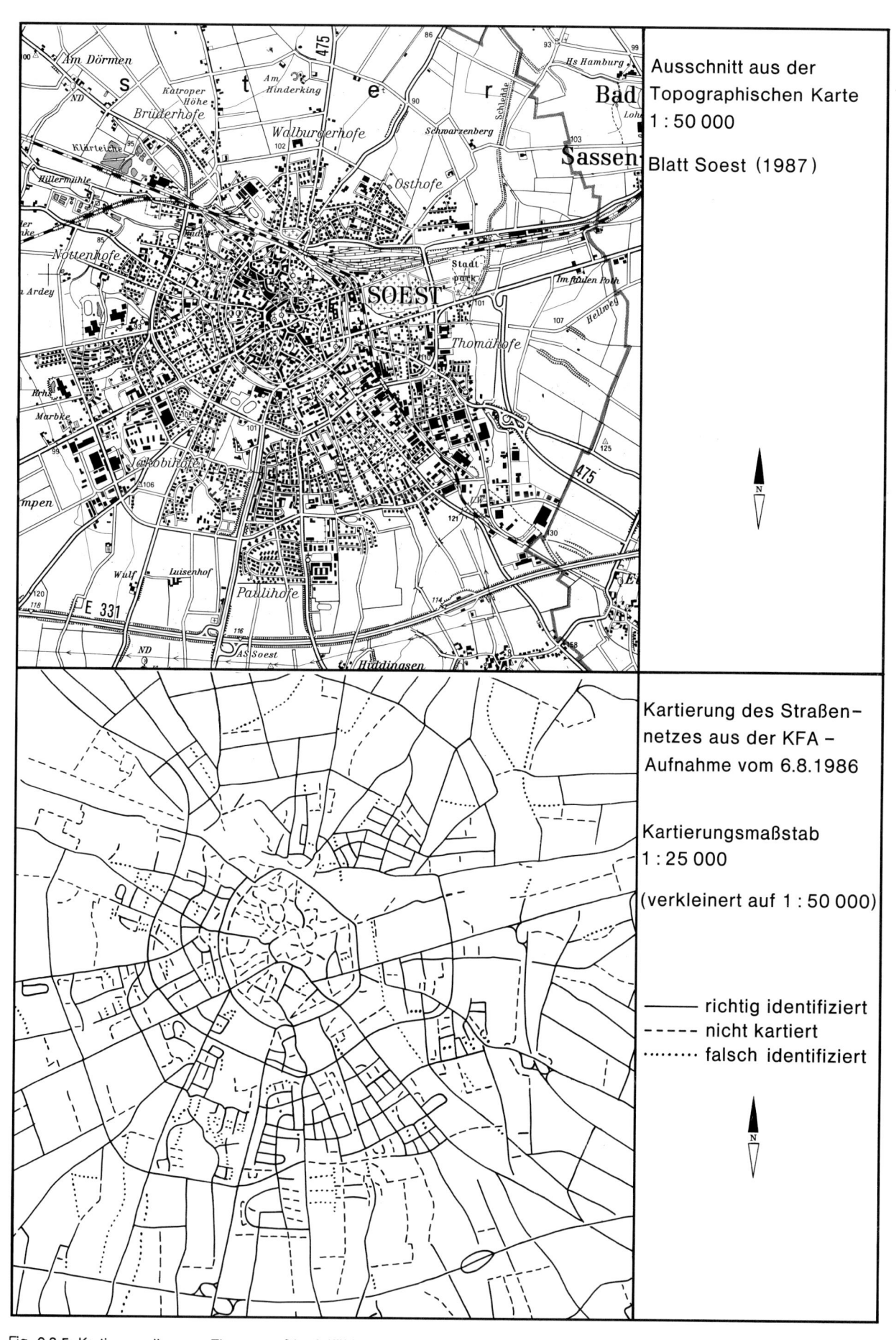

(verkleinert auf 1 : 50 000)

——— richtig identifiziert
- - - - nicht kartiert
·········· falsch identifiziert

Fig. 2.3-5: Kartierung linearer Elemente (Vervielfältigung der Kartengrundlage mit Genehmigung des Landesvermessungsamtes Nordrhein-Westfalen, Nr. 479/89)

Differenzierung landwirtschaftlicher Nutzflächen

Zur groben Unterscheidung der Anbauzustände kann vor allem die Farbinformation des KFA-Bildes genutzt werden. Hierdurch ergibt sich folgende Unterteilung:

Farbinformation im Bild	Zustand der Nutzflächen
Hellbraun	Getreide in Gelb-/Vollreife
Hell- bis mittelbraun	Stoppelfelder
Mittel- bis dunkelbraun (Rotbraun)	Gepflügte Felder, unterschiedl. oberflächige Austrocknung
Hellgrün	Mais- und Zuckerrübenfelder, vereinzelt auch Wiesen, Ausnahme: Wiesengebiet an der Rosenau (Bildrand links oben)

Diese Differenzierung der landwirtschaftlichen Nutzflächen wurde durch eine Befragung von Bauern bestätigt. Hierbei konnten für Testflächen nördlich von Soest die Anfang August 1986 bildwirksamen Anbauarten festgestellt und mit Bildinformationen verglichen werden.

Nach den Versuchsfeld-Unterlagen der Pflanzenbau-Abteilung der Landwirtschaftskammer Soest waren zum Aufnahmezeitpunkt der Winterraps und die Wintergerste bereits geerntet. Die Felder mit Winterweizen und Hafer befanden sich noch im Stadium der Vollreife.

Zwischen der Nordhälfte des Bildes (Unterbörde, 80 m über N.N.) und dem südlichen Bildteil (Haarstrang, 200 - 300 m über N.N.) gibt es einen bei der Bildinterpretation zu beachtenden "Geländehöhen-Erntezeitpunkt-Effekt". Dieser bewirkt bei gleichem Anbauspektrum auf den landwirtschaftlichen Nutzflächen eine Ausprägung hellerer Bildgefüge im Raum Soest-Möhnesee.

Aufgrund der gleichartigen (grünen) Farbinformation sind zum Befliegungszeitpunkt die Wiesen oft nicht von Mais- und Zuckerrübenfeldern zu unterscheiden. Mit Ausnahme von siedlungs- und flußnahen Flächen ergeben sich Differenzierungshypothesen jedoch meistens durch die Lagemerkmale im Parzellengefüge. Innere, in das Flurteilungsschema eingebundende Agrarflächen unterliegen dem Fruchtfolgesystem und werden daher in der Soester Börde nicht zu Wiesen umgewandelt. Auch das Phänomen der Grünbrache dürfte 1986 noch nicht bildwirksam sein.

Erfassung von Wohngebietstypen

Aufgrund der Grünanteile und deren Durchmischungsmuster im Rotbraungemenge, der innerstädtischen Lagemerkmale, der bereits identifizierten Umgebungsnutzungen und durch die Interpretation der Straßen- und Hauszeilengefüge - soweit sie identifizierbar sind - lassen sich Siedlungsgrundmuster herausarbeiten.

Offene Wohnbebauung in Neubaugebieten zeichnet sich durch das Fehlen von intensiven Grünanteilen und durch helle Straßenzüge (Schotter, Sand, frischer Asphalt) aus. Helle Bildpunkte werden auch durch frisch gedeckte Dächer hervorgerufen. Diese Sattel-, Zelt-, Pult- und Walmdächer als luftsichtbare Indikatoren für bestimmte Wohnsiedlungstypen sind somit verwechselbar mit schotterbedeckten Flachdächern (Zeilenbebauung der 60er und 70er Jahre). Reihenhausgebiete und Zeilenbebauungen lassen sich von Einzelhausbebauungen nur dann unterscheiden, wenn der Abstand zwischen den Gebäuden einen Abstandsschwellenwert von einer Hauslänge übersteigt. Unterhalb dieser Distanz sind Einzelgebäude nur bei hohem Umgebungskontrast (z.B. Neubaugebiet oder Schotter- Flachdächer) oder durch die Interpretation von Verkettungsmustern interpretierbar.

Datenerfassung für Raumordnungskataster und Regionalplanung

Durch die Auswertung des KFA-Farbbildes nach bildphysiognomischen Raumeinheiten, die den Kategorien des Raumordnungskatasters (ROK) entsprechen, wurde für einen Sektor des Soester Stadtgebietes ein Informationsvergleich (vgl. Fig. 2.3-6) durchgeführt. Hierbei wurde die aus der KFA-Bildauswertung gewonnene Realnutzungskartierung 1:25000 mit dem bestehenden ROK des Regierungsbezirkes Arnsberg überlagert. Im Rahmen der landesplanerischen Abstimmungen zwischen Kommunal- und Regionalplanung kann das hieraus entwickelte Differenzbild "Ungenutzte Flächen" eine aktuelle Grundlage für die Raumbeobachtung und für Bilanzierungen des Siedlungsflächen-Reservepotentials sein.

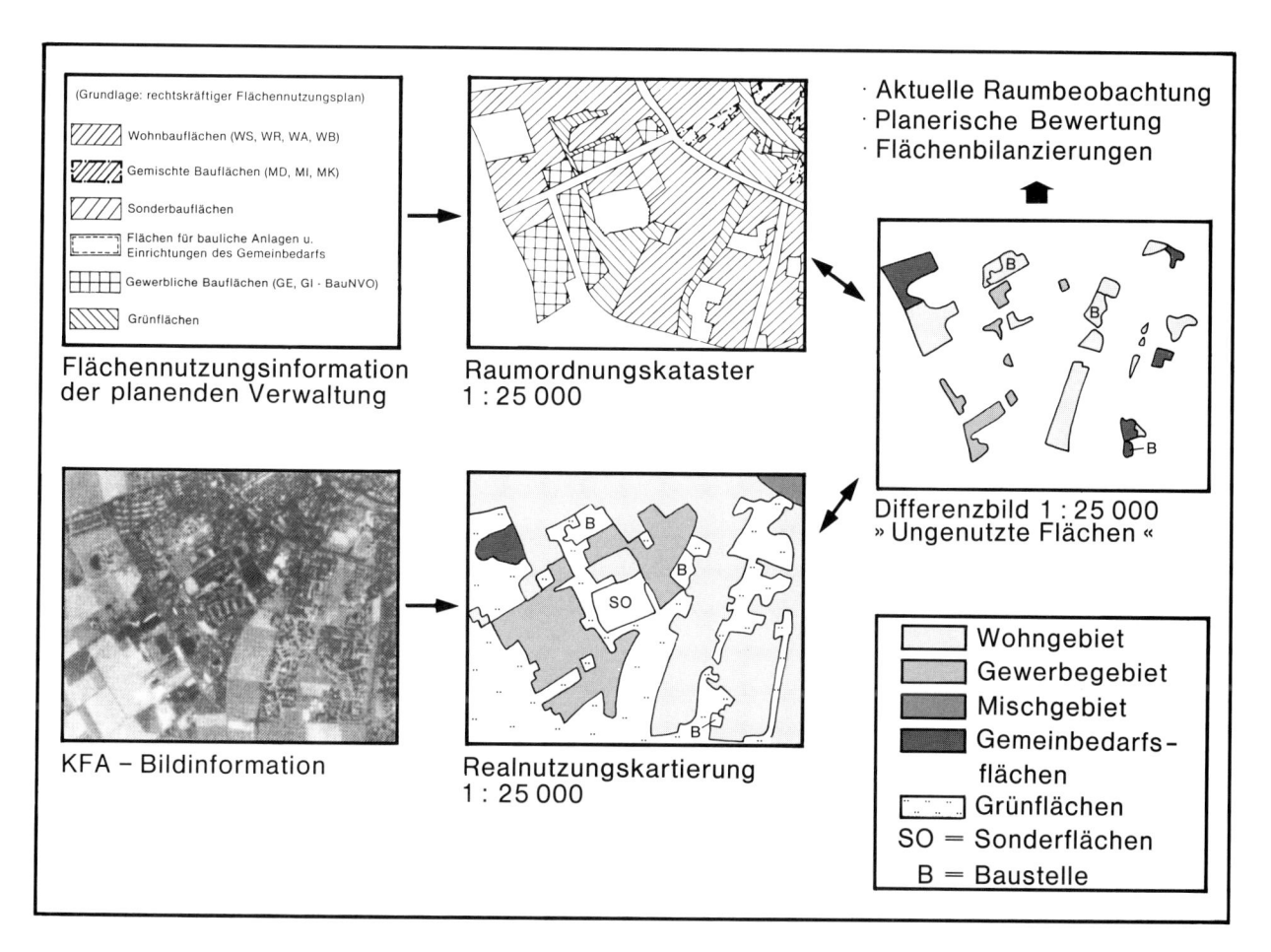

Fig. 2.3-6: KFA-Bildauswertung zur Ermittlung ungenutzter Siedlungsflächen (verkleinert auf 1:50000)

2.3.6 Bewertung

Insbesondere durch charakteristische Gefügemuster lassen sich naturräumliche, agrarische und siedlungsstrukturelle Gliederungen vornehmen. Hierbei beruht die Bildinterpretation auf der Unterscheidung von typischen Vergesellschaftungsformen. Mit der Realnutzungskartierung für das Raumordnungskataster und der groben Differenzierung von Anbauzuständen zum Beispiel zeigen sich Ansätze für thematische Kartierungen.

Die Fehlerquoten bei der Kartierung linearer Strukturen verdeutlichen, daß eine Kartenherstellung im Maßstabsbereich 1:25000 bis 1:100000 nicht sinnvoll ist. Die Kartennachführung mittels KFA- Bildinhalten ist bei wesentlichen Karteninhalten dagegen meist möglich. Dieses zeigen u.a. auch erste Erfahrungen des VEB Kombinat Geodäsie und Kartographie in den Maßstäben 1:25000 und 1:50000 (vgl. Kraemer 1988).

2.3.7 Literatur und Referenzmaterialien

- Literatur

KRAEMER, J. (1988): Map Production and Revision with Satellite Photographs taken by the MKF-6 Camera and by the Cameras KATE- 140, KATE-200, and KFA-1000. - Proceedings of the ISPRS- Congress, Intercommission WG I/II, Kyoto, S. 506-511

MAREK, K.-H. (1988): Zum Vergleich des Informationsgehalts verschiedener Fernerkundungsaufnahmen. - Vermessungstechnik, Heft 5, S. 152-156

MEYNEN, E. & SCHMITHÜSEN, J. (1959-62): Handbuch der naturräumlichen Gliederung Deutschlands, Band II, Bad Godesberg

STRATHMANN, F.-W. (1988): Analyse des Large-Format-Camera-Bildausschnittes "Boston Metropolitan Area". - Analysen von Satellitenaufnahmen der Large Format Camera, Münchener Geographische Abhandlungen, Band A 40, München, S. 131-147

- Karten

Kreiskarte Soest 1:50000, LVA NRW, Bonn 1987

Topographische Karte 1:25000, Blatt 4414 Soest, LVA NRW, Bonn 1988

Raumordnungskataster 1:25000, Blatt 4414 Soest, Interne Unterlagen des Reg. Präs. Arnsberg, o.J.

Stadtplan Soest 1:20000, Städteverlag Wagner & Mitterhuber, Stuttgart 1986

Stadt Soest 1:10000, Verkleinerung der DGK 5, o.J.

Deutsche Grundkarte 1:5000, diverse Blätter, LVA NRW, Bonn 1981

- Luftbilder und Luftbildkarten

Schrägaufnahmen der Soester Börde, Luftbild Hans Blossey, Freigabe-Nr. RP Münster 17.215/87 bis 17.256/87

Luftbildkarte Soest (Innenstadt) 1:2600, 6.9.1979, Geodata Service GmbH, Freigabe-Nr. RP Münster 10627/78

Luftbildkarte 1:5000, diverse Blätter, LVA NRW, Bonn 1987

2.4 LANDSAT 1-3 - MSS, Beispiel Schleswig-Holstein

Zwar arbeitet der MSS als Sensor auch auf LANDSAT 4 und 5, doch ist er dort von weniger Bedeutung als der TM (s. 2.5). Wegen der veränderten Bahnen von LANDSAT 4 und 5 im Vergleich zu LANDSAT 1, 2 und 3 mußte der MSS ebenfalls etwas verändert werden, um trotzdem Szenen gleichen Umfanges aufzunehmen. Der MSS soll hier für die Satelliten LANDSAT 1, 2 und 3 vorgestellt werden, der TM dann für LANDSAT 4 und 5.

Umlaufbahn des Systems

	LANDSAT-1	LANDSAT-2	LANDSAT-3
Mittlere Flughöhe	907 km	908 km	909 km
Umlaufzeit, Periode	103 min.	103 min.	103 min.
Umlaufanzahl pro Tag	ca. 14	ca. 14	ca. 14
Repetitionszeit	18 Tage	18 Tage *)	18 Tage *)
Neigung, Inklination	99,9°	99,2°	99,1°
Äquatorabstand zweier aufeinander folgender Spuren	2874 km	2879 km	2879 km
Bahntyp	polar und sonnensynchron		

*) LANDSAT-3 folgte LANDSAT-2 im Abstand von 9 Tagen

Satellit

	LANDSAT-1	LANDSAT-2	LANDSAT-3
Startdatum	23.7.72	22.1.75	05.3.78
Betriebsende	06.1.78	22.7.83 *)	07.9.83
Masse	891 kg	900 kg	960 kg
Sensorausrüstung	RBV, MSS	RBV, MSS	RBV, MSS
Lagestabilisierung	möglich	möglich	möglich

*) zwischenzeitlich außer Betrieb

Multispectral-Scanner (MSS)

	LANDSAT-1	LANDSAT-2	LANDSAT-3
Kanäle: Kanal 4	0,50-0,60 μm	0,50-0,60 μm	0,50-0,60 μm
Kanal 5	0,60-0,70 μm	0,60-0,70 μm	0,60-0,70 μm
Kanal 6	0,70-0,80 μm	0,70-0,80 μm	0,70-0,80 μm
Kanal 7	0,80-1,10 μm	0,80-1,10 μm	0,80-1,10 μm
Kanal 8	---	---	10,4-12,6 μm *)
IFOV, Winkel	0,086 mrad	0,086 mrad	0,086 mrad
IFOV, Gelände, im Nadir	79 m	79 m	79 m, 240 m
Abtastwinkel, FOV	11,6°	11,6°	11,6°
Pixelformat (ohne Kanal 8)	79 m x 56 m	79 m x 56 m	79 m x 56 m
Szenengröße	185 km x 185 km	185 km x 185 km	185 km x 185 km

*) Kanal 8 versagte am 11.7.1978

Bilddaten

Aufnahmedatum	19.April 1976
Aufnahmehöhe	908 km (LANDSAT-2)
Aufnahmezeitpunkt	ca. 9.30 Uhr MOZ, d.h. 9.55 Uhr MEZ
Sonnenstand	Azimut 145°, Höhe 42°

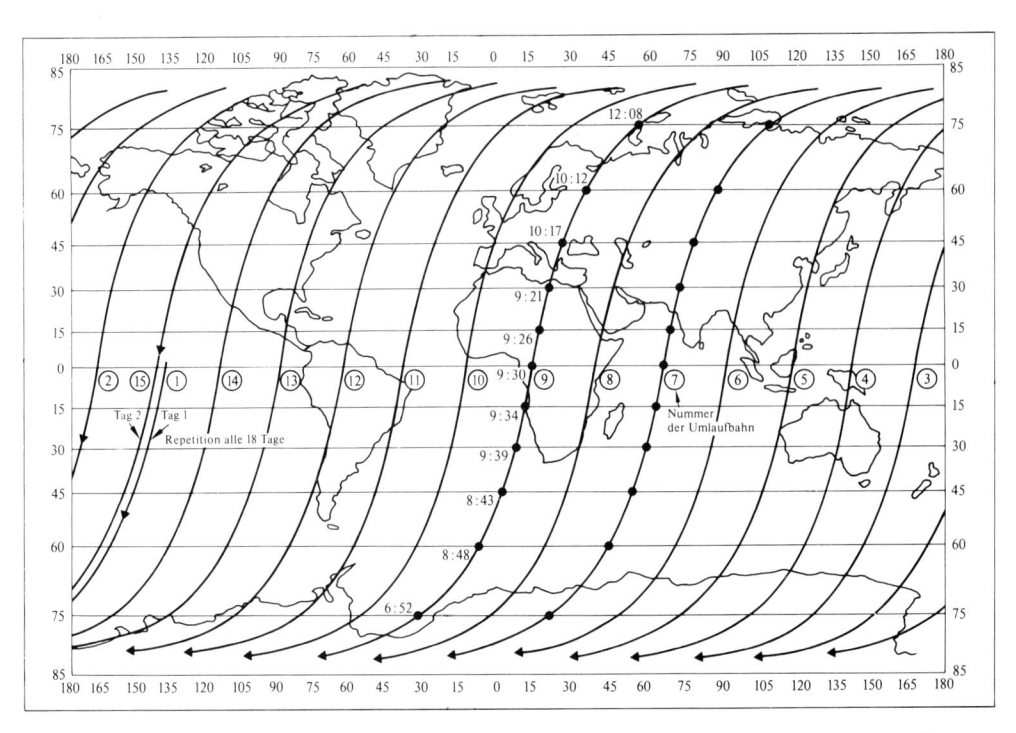

Fig. 2.4-1: Auf einen Mercatorentwurf der Erdoberfläche projizierte Subsatellitenbahnen eines Tages mit Überfliegungszeitangaben für die neunte Bahn

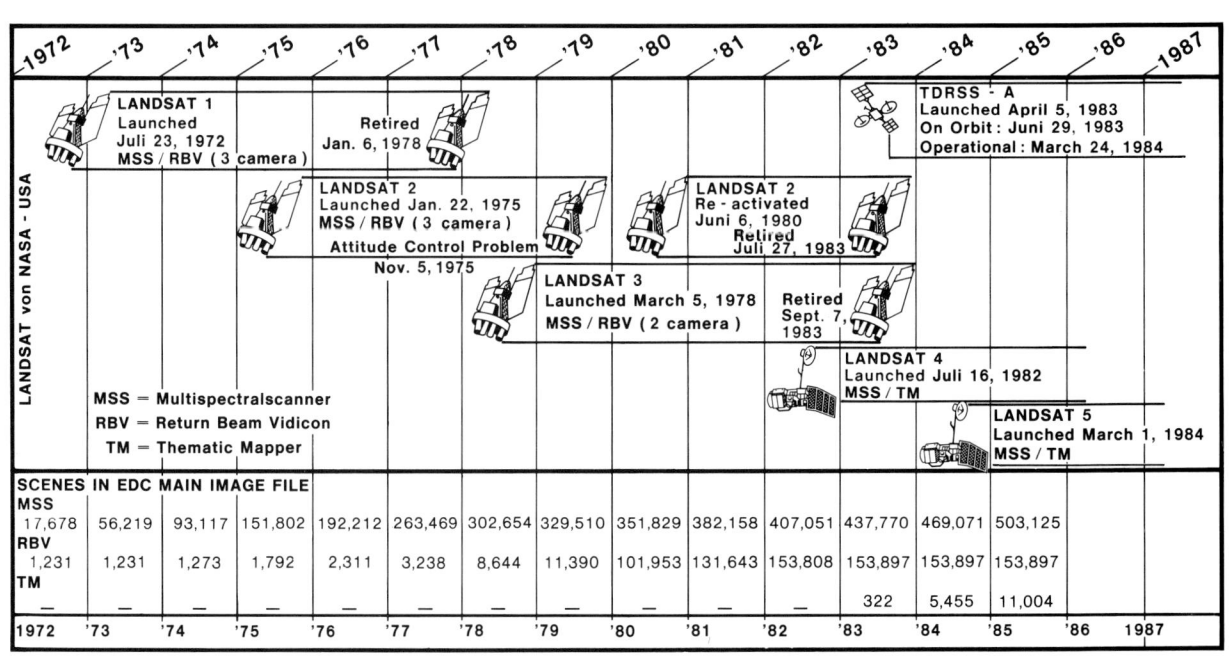

	1972	'73	'74	'75	'76	'77	'78	'79	'80	'81	'82	'83	'84	'85	'86	1987
SCENES IN EDC MAIN IMAGE FILE																
MSS	17,678	56,219	93,117	151,802	192,212	263,469	302,654	329,510	351,829	382,158	407,051	437,770	469,071	503,125		
RBV	1,231	1,231	1,273	1,792	2,311	3,238	8,644	11,390	101,953	131,643	153,808	153,897	153,897	153,897		
TM	—	—	—	—	—	—	—	—	—	—	322	5,455	11,004			

LANDSAT von NASA - USA

LANDSAT 1 — Launched Juli 23, 1972 — MSS / RBV (3 camera) — Retired Jan. 6, 1978

LANDSAT 2 — Launched Jan. 22, 1975 — MSS / RBV (3 camera) — Attitude Control Problem Nov. 5, 1975

LANDSAT 2 Re-activated Juni 6, 1980 — Retired Juli 27, 1983

LANDSAT 3 — Launched March 5, 1978 — MSS / RBV (2 camera) — Retired Sept. 7, 1983

LANDSAT 4 — Launched Juli 16, 1982 — MSS / TM

LANDSAT 5 — Launched March 1, 1984 — MSS / TM

TDRSS - A — Launched April 5, 1983 — On Orbit: Juni 29, 1983 — Operational: March 24, 1984

MSS = Multispectralscanner
RBV = Return Beam Vidicon
TM = Thematic Mapper

JULY 1972
70mm MSS Film
Browse Roll Microfilm
CCT-"X" Format (Uncorrected)
System Corrected Image Products

NOVEMBER 1976
NASA NDPF Product Generation

JANUARY 1979
IPF/EDIPS Product Generation
9" MSS Film Products
HDT-"P" (Resampled) MSS Data Available
Initiated GCP Correction to HOM Projection
CCT-"P" Fully Corrected Data
Microcatalog Listings By WRS Path and Row
70mm RBV Film
L/S 3 Line Start Anomaly

MARCH 1979
L/S 3 Thermal Band Failure

NOVEMBER 1979
Presidential Directive 54

SEPTEMBER 1980
9" RBV Film Products for L/S 3
RBV Digital Products Available for L/S 3

JUNE 1981
Unsampled or Resampled MSS and RBV Digital Products
Image and Digital Products Corrected to HOM Projection

JULY 1982
L/S 4 Activation of TM Bands 1-4, and MSS

AUGUST 1982
L/S 4 Activation of TM Bands 5-7

SEPTEMBER 1982
L/S 4 X-Band Transmitter A Failure
NOAA Assumes Operational Responsibility for MSS

OCTOBER 1982
L/S 4 Central Unit B Failure

MAY 1983
L/S 4 Solar Panel 4 Cable Failure

JULY 1983
L/S 4 Solar Panel 3 Cable Failure

FEBRUARY 1983
L/S 4 X-Band Transmitter B Failure

JANUARY 1984
Department of Commerce Releases RFP for Landsat Commercialization

JUNE 1984
Land Remote Sensing Commercialization Act of 1984 passed by Congress

SEPTEMBER 1984
NOAA Assumes Operational Responsibility for TM

SEPTEMBER 1985
EOSAT Contract Signed

DECEMBER 1985
EOSAT Headquarters Grand Opening in Lanham, Maryland

Fig. 2.4-2: Das LANDSAT-Programm seit 1972 (nach NASA 1986)

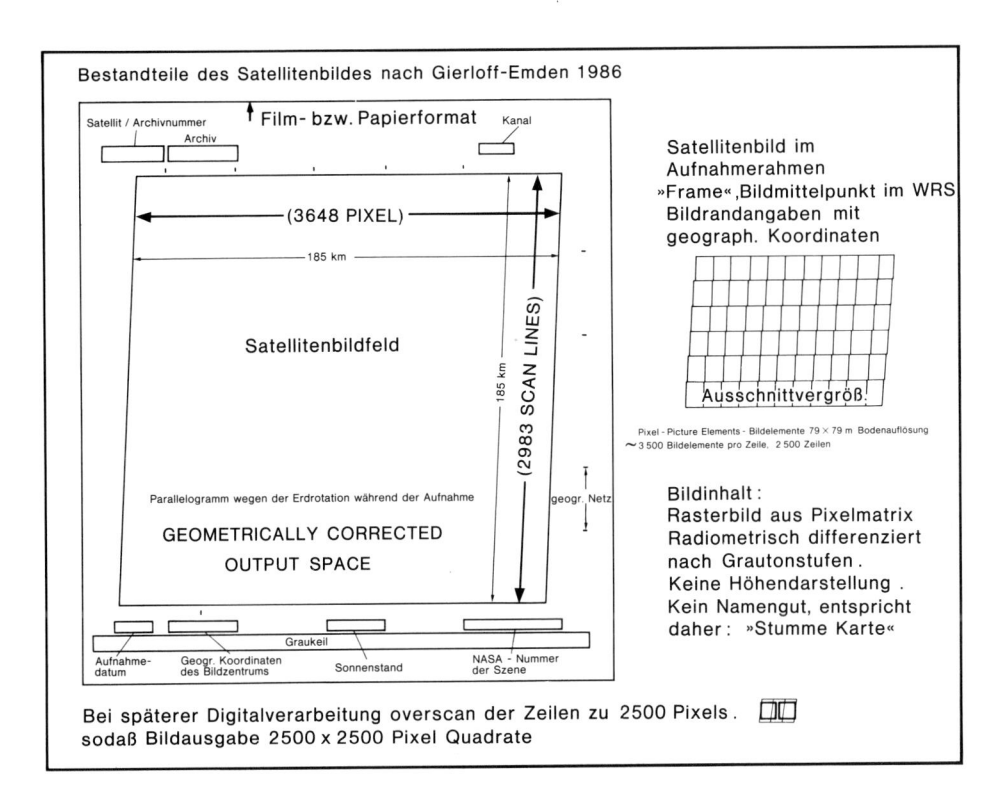

Fig. 2.4-3: Format (Pixel- und Zeilenanzahl) und Randinformation eines LANDSAT-MSS-Bildes

- Meteorologische Bedingungen (Berliner Wetterkarte vom 18.4. und vom 19.4.1976):

Am 18.4.1976 kam die Kaltfront einer kräftigen Sturmzyklone mit dem Kern östlich Lappland bis zum deutschen Küstengebiet voran und brachte strichweise etwas Regen oder Sprühregen, im übrigen Deutschland dauerte freundliches, angenehm warmes und sonniges Wetter an. Über der Nordsee bildete sich eine Hochdruckzelle, die sich am 19.4. noch etwas verstärkte. An ihrer Südseite drang die Kaltfront weiter nach Süden vor (Holland - Harz). Markant waren an der Front Feuchtigkeits- und Temperaturunterschiede. Es herrschte sonniges Wetter, gute Sicht, leicht östliche Winde (Tab. 2.4 - 1).

Unter Berücksichtigung der Pegelstände (Tab. 2.4-2) und der für einzelne Pegel a.a.O. angegebenen Gezeitenkurven lassen sich für den angegebenen Aufnahmezeitpunkt 9.30 Uhr MOZ die folgenden Wasserstände interpolieren: Borkum (außerhalb des Bildes) 370 cm PN, -130 cm NN; Cuxhaven 330 cm PN, -172 cm NN; Büsum 300 cm PN, -200 cm NN; Husum 335 cm PN, -165 cm NN; List a. Sylt 395 cm PN, -106 cm NN. Man sieht deutlich, wie, bezogen auf Pegelnull und auf Normalnull als jeweils feste Größen, der Wasserstand von Ostfriesland in Richtung Dithmarschen sinkt, um dann nach Norden deutlich wieder anzusteigen. Im Bild (Fig. 2.4-4) sind die Wattflächen bis zu den Außensänden zwischen dem Elbeästuar und etwa Pellworm gut differenziert sichtbar, im Raum um Sylt hingegen wegen des noch hohen Wasserstandes nicht mehr.

Sehr ausführliche Karten mit Isohypsen der Wasserstände an der deutschen Nordseeküste zu bestimmten Zeitpunkten, bezogen auf Hochwasser bzw. Niedrigwasser am Pegel Borkum, haben Siefert/Lassen (1985) veröffentlicht. Das LANDSAT-Bild ist mehr als eine Stunde nach Niedrigwasser in Borkum (8.36 Uhr MEZ) aufgenommen; daher zeigt das Bild eine räumliche Wasserstandsverteilung, die mit einer Karte zwischen den Abb. 14 und 15 a.a.O. vergleichbar ist.

Station Hamburg-Fuhlsbüttel	18.4.76			19.4.76			
	7h	14h	21h	7h	14h	21h	
Windrichtung	270°	360°	45°	45°	45°	45°	d.h. NE
Windstärke	2	2	1	2	4	3	Beaufort
Sichtweite	10			50			
Bewölkung	8	7	0	7	0	1	in Achteln
Niederschlag	0.0			.			in mm
Temperatur	7.2	14.1	9.6	5.3	15.4	7.0	in °C
Rel. Feuchte	95	74	88	96	49	60	in %, nachts Tau
Globalstrahlung		899			2158		in Joule/cm^2
Sonnenscheindauer		1.3			11.3		in Stunden

Tab. 2.4-1: Meteorologische Daten der Station Hamburg-Fuhlsbüttel für den 18. und 19. April 1976 (nach Deutscher Wetterdienst 1978)

Pegel	HW			NW		
	Uhrzeit	+PN(cm)	±NN(cm)	Uhrzeit	+PN(cm)	±NN(cm)
List/Sylt	05.37	545	+44	11.51	353	-148
Dagebüll	05.33	596	+96	12.03	282	-218
Schlüttsiel	05.15	618	+118	12.10	278 (?)	-222 (?)
Wittdün	04.31	589	+89	11.18	304	-196
Strucklahnungshörn	04.55	615	+115	10.55	260	-240
Husum	05.09	633	+133	11.42	258	-242
Eidersperrwerk	04.13	619	+119	11.34	291	-209
Büsum	04.13	633	+133	10.26	286	-214
Cuxhaven	04.25	627	+125	11.06	308	-194

Tab. 2.4-2: Am 19. April 1976 an der deutschen Nordseeküste im Bereich des Satellitenbildes eingetretene Wasserstände (nach Landesamt für Wasserhaushalt und Küsten Schleswig-Holstein 1977)
HW = Hochwasser, NW = Niedrigwasser, PN = Pegelnull, NN = Normalnull

Ein Vergleich der beiden Satellitenbilder zeigt Informationsunterschiede, die durch die verschiedenen wirksamen Spektralbereiche (Kanal 4 bzw. Kanal 7) verursacht sind. Kanal 7 zeigt eine gestochen scharfe Wasserlinie (Grenze wasserbedeckte / wasserfreie Fläche), Kanal 4 enthält einen ca. 30 km breiten Streifen trüben Wassers westlich des Wattgebietes. Hassenpflug (1978) interpretiert ihn als den Bereich, in den das sedimentbeladene Wasser, das bei Ebbe aus dem Wattenmeer in das offene Meer zurückfließt, zum Aufnahmezeitpunkt zurückgeströmt ist. Die beobachteten nordöstlichen Winde unterstützen diesen Rückstromvorgang noch.

Sehr schwierig ist eine Differenzierung des Wattgebietes, wie sie Dennert-Möller (1982) durch digitale Klassifikation einer LANDSAT-Szene vom 11. August 1975 versucht hat. Sie führte eine überwachte Maximum-Likelihood-Klassifikation durch und arbeitete mit den folgenden Objektklassen: Sandwatten, trockene Außensände, Schlickwatten, Vorland, Land, Wasser, Restflächen. Sie beschränkte sich auf die nordfriesischen Watten von Eiderstedt bis Sylt, doch ist auch hier (s.o.) der Wasserstandsunterschied beträchtlich. Andrews (1976) zeigte außerdem, daß bei klarem oder fast klarem Himmel und einem Sonnenstand von 42° über dem Horizont Schlick, nasser brauner Sand und trockener brauner Sand fast gleiche Albedo (10-12 %) aufweisen; unter stark bewölktem Himmel unterscheiden sie sich ebenfalls kaum. Hingegen wirkt sich im Tagesgang der Gezeitenrhythmus deutlich auf die Albedowerte der Wattflächen aus. Nach dem Trockenfallen bleibt häufig ein dünner Wasserfilm auf den Schlickflächen, und erst bei Austrocknung erfolgt eine steile Zunahme der Albedo bis zur nächsten Durchfeuchtung und Wasserbedeckung mit erneutem Albedoabfall (a.a.O.). Da die in einer Szene erfaßten Wattflächen wasserstandsbedingt verschiedene Wasserbedeckungs- und Durchfeuchtungszustände besitzen, wird durch einen solchen Albedorhythmus eine Klassifikation weiter erschwert. Weisblatt (1977) hat für die Interpretation von Küstenmilieus aus LANDSAT- Bildern hierarchisch baumartig geordnete Auswerteschlüssel an nordamerikanischen Beispielen erarbeitet, die nur bedingt auf die vorliegende Szene übertragen werden können.

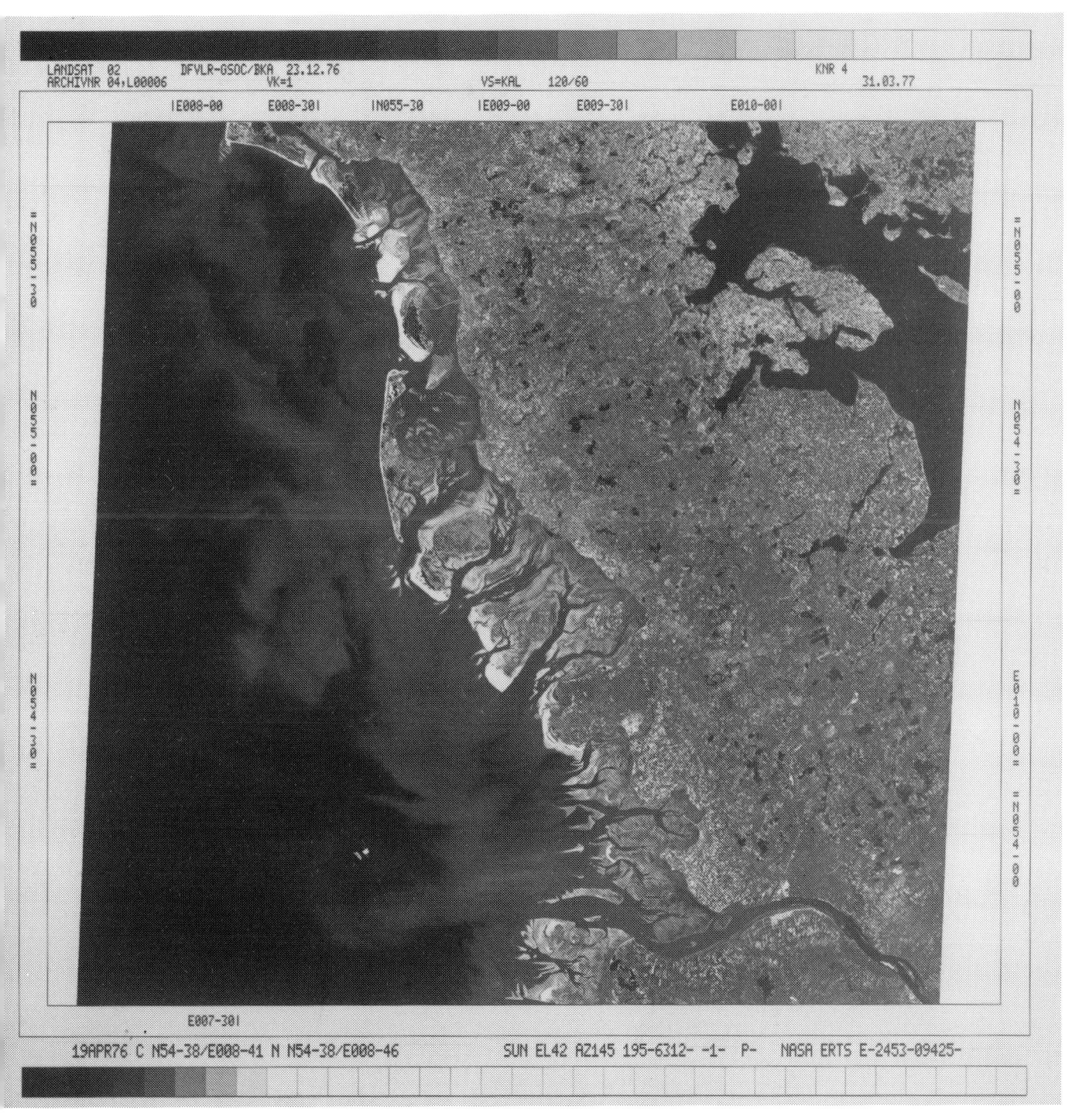

Fig. 2.4-4: LANDSAT-Bild vom 19. April 1976, Kanal 4 (Quelle: DFVLR Oberpfaffenhofen)

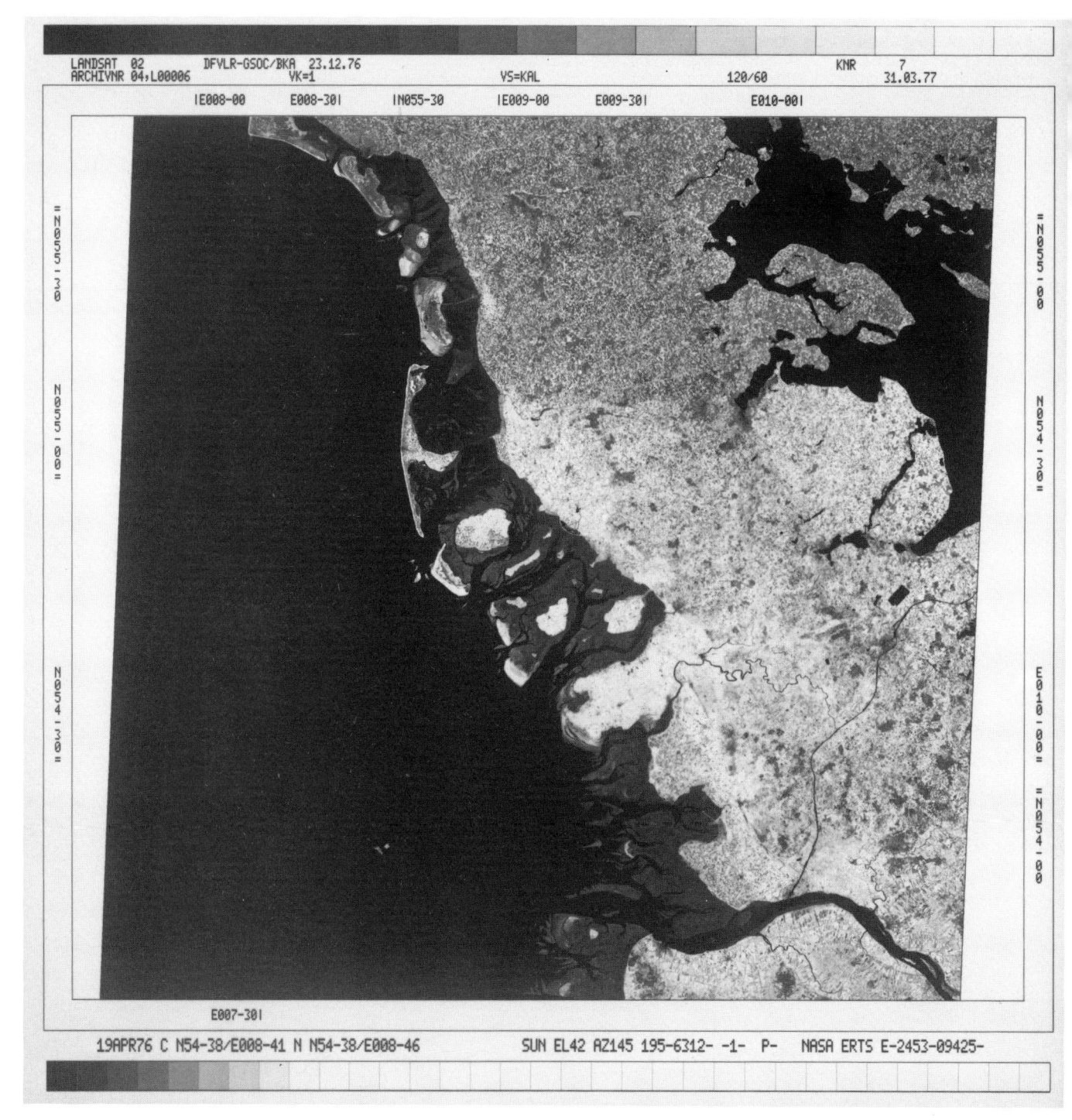

Fig. 2.4-5: LANDSAT-Bild vom 19. April 1976, Kanal 7 (Quelle: DFVLR Oberpfaffenhofen)

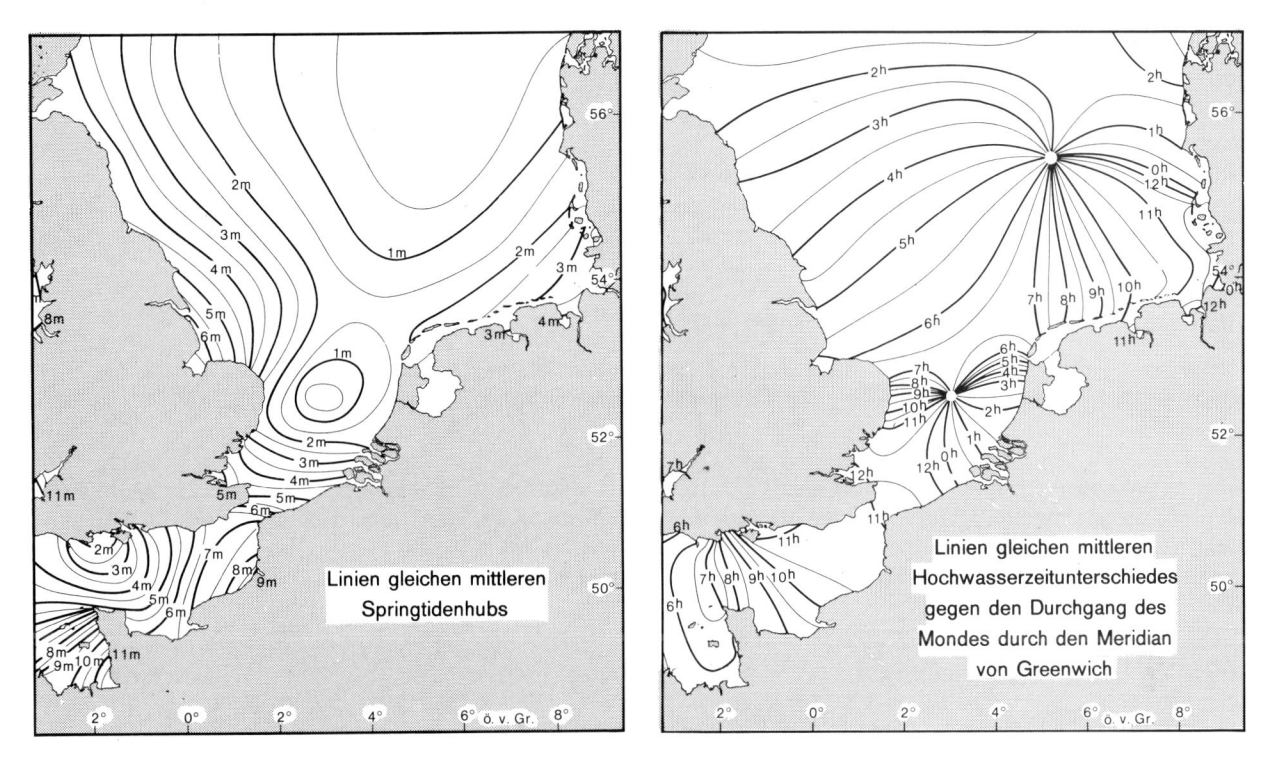

Fig. 2.4-6: Umlaufende Gezeitenwelle im Nordseebecken (nach Gierloff-Emden 1980b)

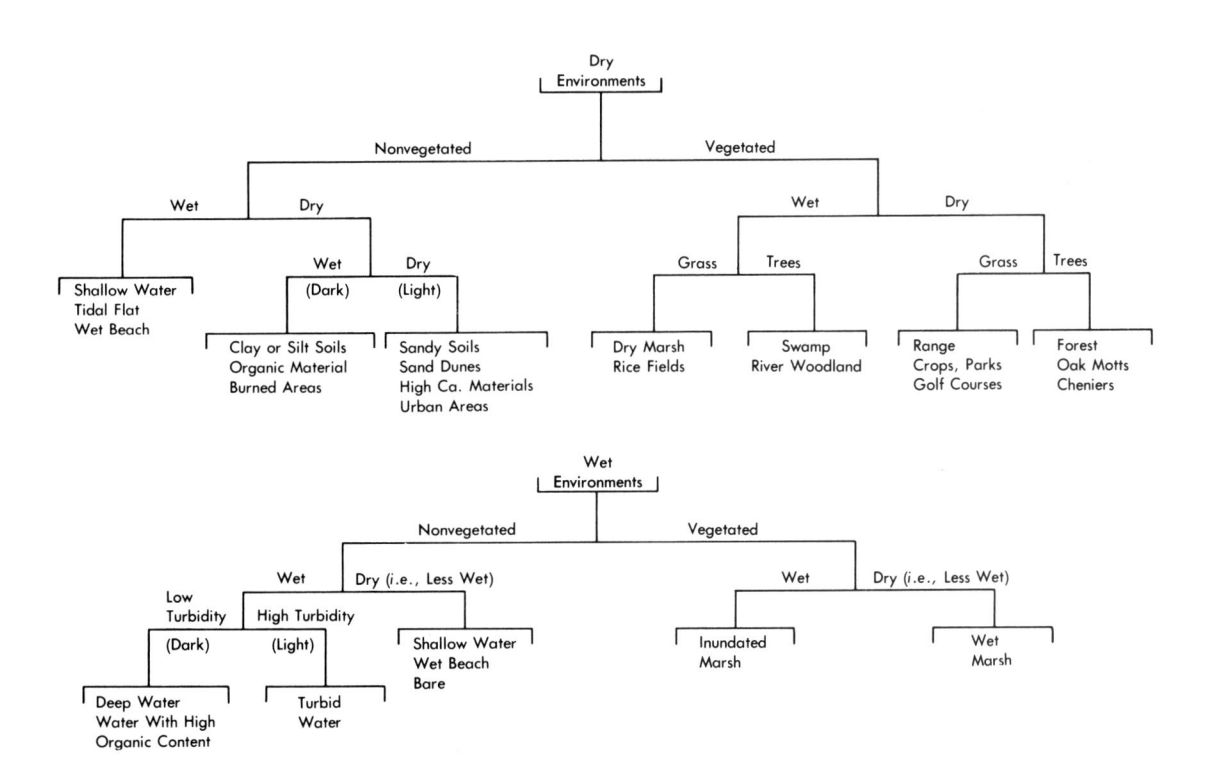

Fig. 2.4-7: Baumartig geordnete Auswerteschlüssel für (relativ) trockene und feuchte Milieus in Küstengebieten (nach Weisblatt 1977)

Winterweizen	Ä 2.6.-21.6.	
Sommerweizen	?	
Wintergerste	Ä 18.5.-1.6.	
Sommergerste	Bst. 7.4-16.4.	Au 19.4.-2.5.
Roggen(Winter-)	Ä 19.5.-26.5.	
Hafer	Bst. bis 12.4.	Au 19.4.-30.4.
Zuckerrüben	Bst. 8.4.-26.4.	Au 22.4.-10.5.
Frühkartoffeln	Bst. 15.4.-25.4.	Au ab 12.5.
Spätkartoffeln	Bst. 15.4.-28.4.	Au ab 15.5.
Raps	?	?
Grünland	Beginn des Heuschnitts 30.5-20.6.	

Tabelle 2.4.-3: Phänologische Situation im Frühjahr 1976 (bezogen auf Schleswig-Holstein, ausgewählte Stationen). Ä = Ährenschieben, Au = Aufgang, Bst. = Feldbestellung (nach Deutscher Wetterdienst 1978)

Gegenüber den Angaben von Jakob/Lamp (1978) (Fig. 2.4 - 9a-c) war das Frühjahr 1976 agrarphänologisch mehrere Tage verspätet. Wintergetreide stand grün, jedoch lückig auf den Äckern, Sommergetreide war bestellt, jedoch noch nicht aufgegangen; die Bestellung der Hackfrüchte war im Gang, Grünland lag noch lange vor dem ersten Schnitt, die Nachtfrostgefährdung war noch nicht vorbei.

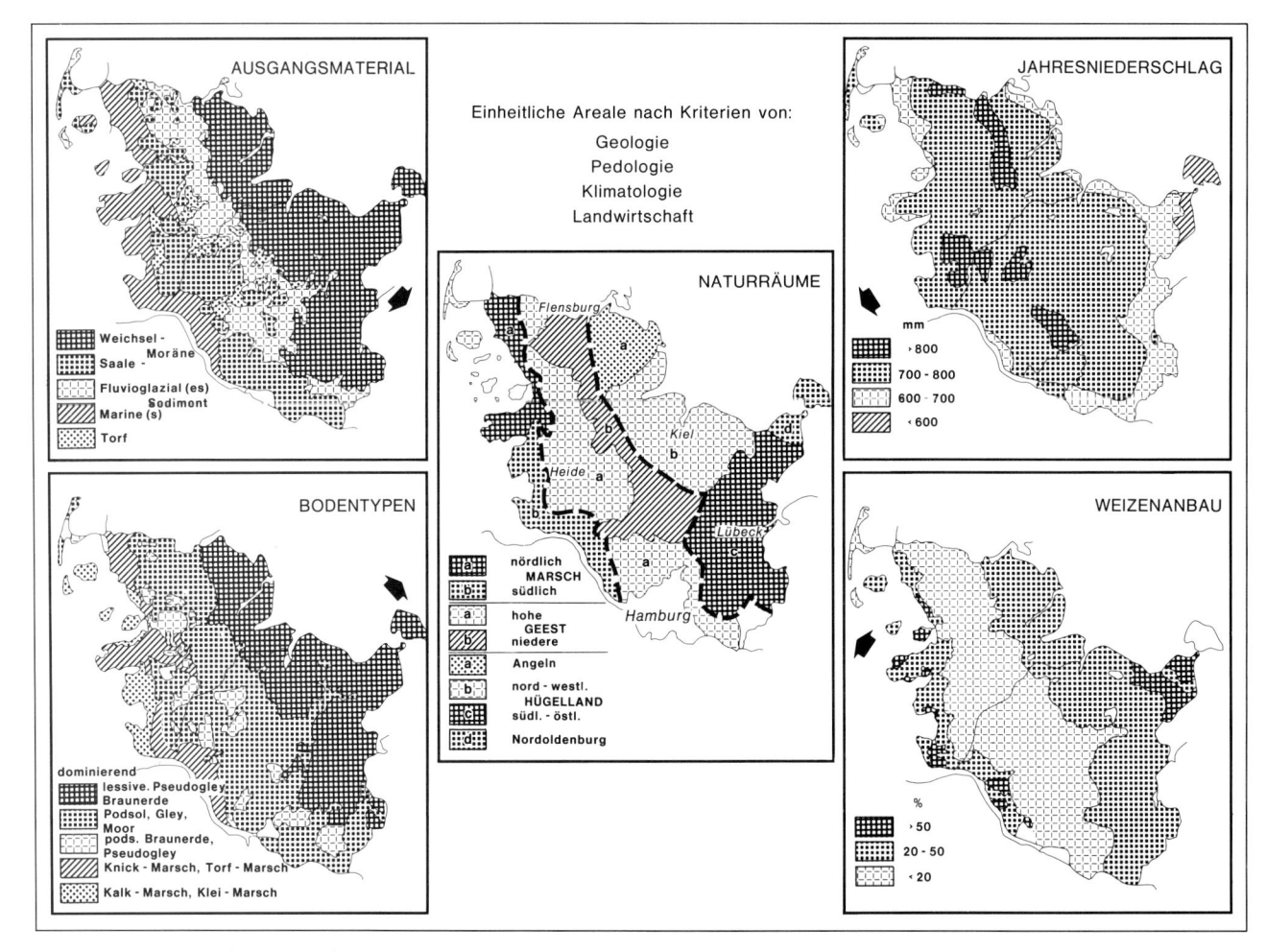

Fig. 2.4-8: Regionale Gliederung Schleswig-Holsteins (nach Jakob/Lamp 1978)

Jakob/Lamp (1978) und Jakob (1980) haben aufgrund von LANDSAT- Bildern und von phänologischen und pedologischen Daten Regionalisierungen Schleswig-Holsteins nach landwirtschaftlichen Kriterien erarbeitet. Sie legten Parzellenmuster einerseits und Kulturpflanzenzustand andererseits zugrunde. Die von ihnen erarbeiteten agrophänologischen Kalender (Fig. 2.4-9a bis c) zeigen Durchschnittsjahresgänge. Im Frühjahr 1976 waren alle agrophänologischen Phasen gegenüber diesen Durchschnittsangaben verspätet. Zum Aufnahmezeitpunkt lassen sich daher reine Grünlandgebiete (z.B. Wilster Marsch zwischen Stör und Nord- Ostsee-Kanal, Eiderstedt) von Ackerbaugebieten und gemischten Gebieten (z.B. Dithmarschen) gut trennen. Im Kanal 4 erscheinen Grünlandgebiete flächenhaft dunkelgrau, im Kanal 7 flächenhaft sehr hell, fast weiß. Gebiete mit Akkerbau weisen noch vegetationsfreie Parzellen bzw. Parzellen mit offener Vegetation (Saatreihen) auf, die im Kanal 4 hellere, im Kanal 7 dunkle Flächen erzeugen. Hierdurch entsteht ein Muster aus hellen und dunklen Parzellen. Die in Kanal 7 insgesamt dunklere Tönung nördlich der deutsch-dänischen Grenze läßt auf einen höheren Anteil von ackerbaulich genutzten Parzellen und auf spätere Feldbestellung schließen (s.a. Hassenpflug 1978). Niels-Christiansen/Rasmussen (1984) haben mit einer zeitlichen Sequenz mehrerer LANDSAT-Bilder der Insel Fünen unter Berücksichtigung der agrophänologischen Entwicklung der Feldfrüchte mit guten Resultaten eine multitemporale Landnutzungsklassifikation durchgeführt. Hierbei mußte nicht, wie aus Jakob/Lamp (1978) ersichtlich (vgl. Fig. 2.4-8 und 2.4-9), eine naturräumliche Gliederung des Untersuchungsgebietes Fünen vorgenommen werden, eine Stratifikation, wie sie für Schleswig-Holstein notwendig ist (vgl. auch Fig. 1.13 - 9 und Text hierzu).

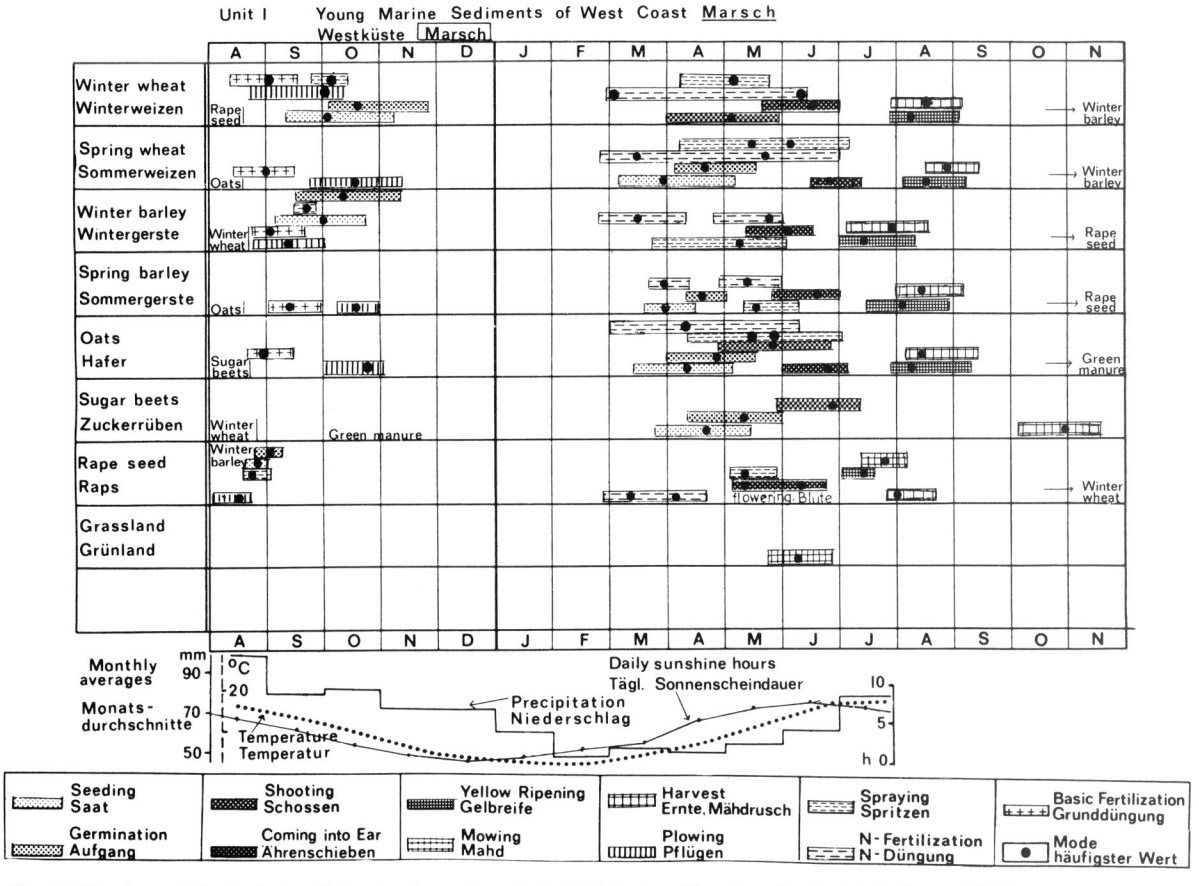

Fig. 2.4-9a: Agrarphänologischer Kalender der schleswig-holsteinischen Marschen (nach Jakob.-Lamp 1978)

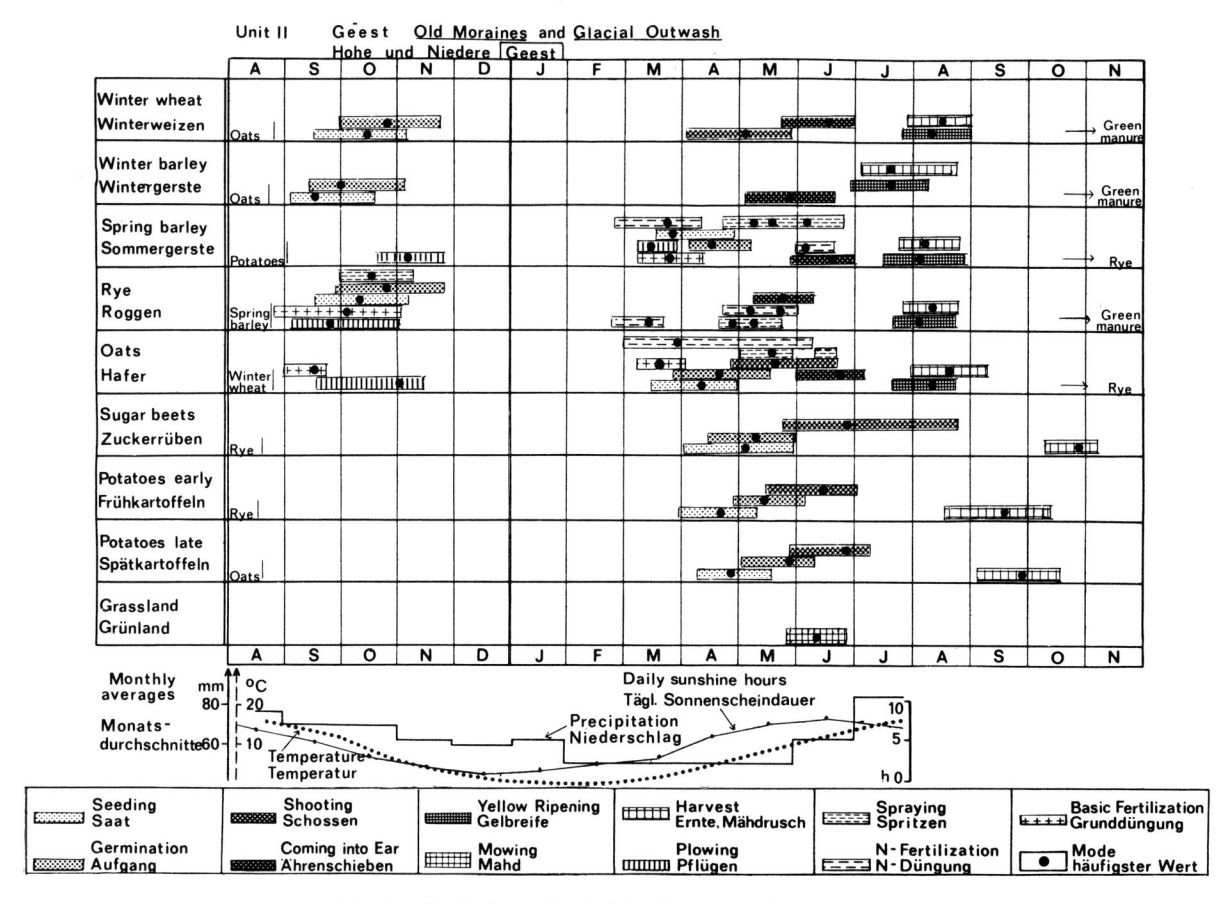

Fig. 2.4-9b: Agrarphänologischer Kalender für die Geest (nach Jakob/Lamp 1978)

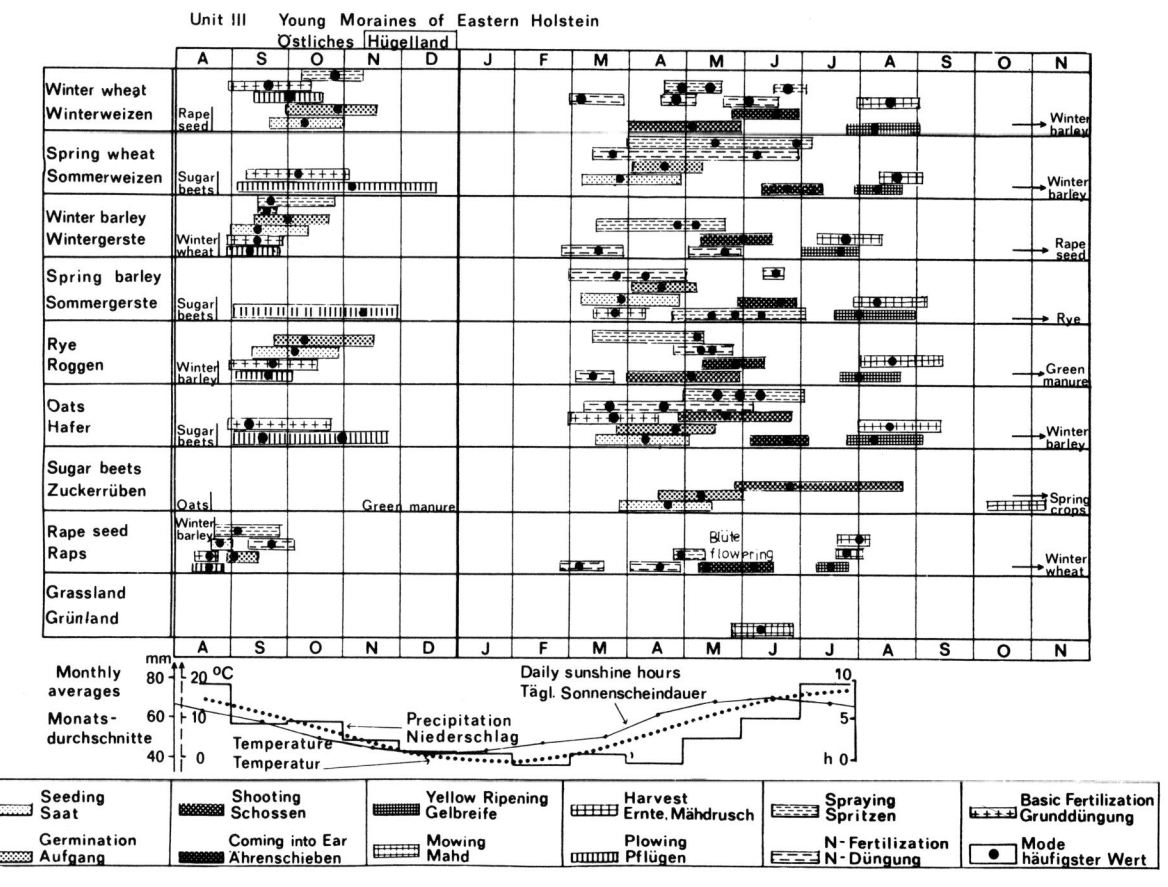

Fig. 2.4-9c: Agrarphänologischer Kalender des Östlichen Hügellandes (nach Jakob/Lamp 1978)

Literatur zu 2.4

ANDREWS, R. (1976): Wärmehaushaltsuntersuchungen im Wattgebiet der Nordseeküste. - Deutsche Gewässerkundliche Mitteilungen 20 (5), S.17-126

DENNERT-MÖLLER, E. (1982): Erstellung einer Sedimentkarte der nordfriesischen Wattgebiete aus LANDSAT-Bilddaten. - BuL 50 (6), S.204-206

DEUTSCHER WETTERDIENST - ZENTRALAMT (Hrsg.) (1978): Deutsches Meteorologisches Jahrbuch, Bundesrepublik Deutschland 1976, Offenbach a.M., 239 S.

DEUTSCHES HYDROGRAPHISCHES INSTITUT (Hrsg.) (1975): Hoch- und Niedrigwasserzeiten für die Deutsche Bucht und deren Flußgebiete 1976, Hamburg, 107 S.

GIERLOFF-EMDEN, H.G. (1961): Luftbild und Küstengeographie am Beispiel der deutschen Nordseeküste. - Landeskundl. Luftbildauswertung im mitteleurop. Raum 4, Bad Godesberg, 118 S.

GIERLOFF-EMDEN, H.G. (1980a): Timescale as Interface of Satellite Data Acquisition Systems Against Coastal Water and Tidal Region Processes. - 14. ISP-Kongreß Hamburg 1980, Kommission VII, hrsg. v. F. ACKERMANN (= Internat. Archiv f. Photogrammetrie 23, Teil B10), Hamburg, S.510-519

GIERLOFF-EMDEN, H.G. (1980b): Geographie des Meeres. Ozeane und Küsten, 2 Bde., Berlin/New York, 847 u. 608 S.

HASSENPFLUG, W. (1978): Schleswig-Holstein im Satellitenbild. - Die Heimat 85 (6), S.141-148, und (10/11), S.300-317

INSTITUT FÜR METEOROLOGIE DER FREIEN UNIVERSITÄT BERLIN (1970ff): Berliner Wetterkarte, 18.4. und 19.4.1976, Berlin-Dahlem, je 4 S.

JAKOB, J.A. (1980): Landnutzung und Parzellierungsmuster auf LANDSAT-Bildern - eine Hilfe zur Bodenregionalisierung norddeutscher Landschaften. - 14. ISP-Kongreß Hamburg 1980, Kommission VII, hrsg. v. F. ACKERMANN (= Internat. Archiv f. Photogrammetrie 23, Teil B7), Hamburg, S.477-486

JAKOB, J.A. & LAMP, J. (1978): The Compilation of Agro-Phenological Crop Calendars for Remote Sensing of Cultured Landscapes. - Proc. Internat. Sympos. Remote Sensing ... 2.- 8. Juli 1978 Freiburg/Br., Vol.III, S.1587-1596

LANDESAMT FÜR WASSERHAUSHALT UND KÜSTEN SCHLESWIG-HOLSTEIN (Hrsg.) (1977): Deutsches Gewässerkundliches Jahrbuch, Küstengebiet der Nord- und Ostsee, Abflußjahr 1976, Kiel

NASA (Hrsg.) (1986): LANDSAT-Data User's Notes, No.35, March 1986, Sioux Falls, S.10-11

NIELS-CHRISTIANSEN, V. & RASMUSSEN, K. (1984): Digital Analysis of Landsat Images for Land Use Mapping in Denmark. - Geografisk Tidsskrift 84, S.89-92

SIEFERT, W. & LASSEN, H. (1985): Gesamtdarstellung der Wasserstandsverhältnisse im Küstenvorfeld der Deutschen Bucht nach neuen Pegelauswertungen. - Die Küste 42, S.1-77

WEISBLATT, E. (1977): A Hierarchical Approach to Satellite Inventories of Coastal Zone Environments. - Geoscience and Man 18, S.215-227

WIELAND, P. (1984): Fernerkundung als Hilfsmittel in der Wattenforschung. - Die Küste 40, S.91-106

WIENEKE, F. & GIERLOFF-EMDEN, H.G. (1981): Fernerkundung der Erdoberfläche durch LANDSAT. - Praxis Geographie 11 (1), S.4-10

2.5 LANDSAT 4-5 - TM, Beispiel Mississippital

Klaus R. Dietz

LANDSAT 4 und 5 fliegen im Vergleich zu LANDSAT 1-3 auf etwas veränderten Bahnen, vor allem ist die Flughöhe deutlich niedriger.

Umlaufbahn des Systems

	LANDSAT 4, LANDSAT 5
Mittlere Flughöhe	705 km
Umlaufzeit, Periode	98,9 min.
Umlaufanzahl pro Tag	14 bis 15
Repetitionszeit	16 Tage
Neigung, Inklination	98,2°
Äquatorabstand zweier aufeinanderfolgender Spuren	2 752 km
Bahntyp	fast polar, sonnensynchron

Satellit

	LANDSAT 4	LANDSAT 5
Startdatum	16.7.1982	1.3.1984
Betriebsende	Feb.1983	
Masse	1 941 kg	1 941 kg
Sensorausrüstung	MSS, TM	MSS, TM
Lagestabilisierung	möglich	möglich

Thematic Mapper (TM)

	LANDSAT 4	LANDSAT 5
Kanäle: Kanal 1 (blaugrün)	0,45 - 0,52 µm	0,45 - 0,52 µm
Kanal 2 (grüngelb)	0,52 - 0,60 µm	0,52 - 0,60 µm
Kanal 3 (orangerot)	0,63 - 0,69 µm	0,63 - 0,69 µm
Kanal 4 (NIR)	0,76 - 0,90 µm	0,76 - 0,90 µm
Kanal 5 (SWIR)	1,55 - 1,75 µm	1,55 - 1,75 µm
Kanal 6 (TIR)	10,4 - 12,5 µm	10,4 - 12,5 µm
Kanal 7 (SWIR)	2,08 - 2,35 µm	2,08 - 2,35 µm

IFOV, Winkel	
K1 - K4	0,042 mrad
K5 u. K6	0,044 mrad
K7	0,170 mrad
IFOV, Gelände, im Nadir	
K1 - K5 u. K7	30 m
K6	120 m
Abtastwinkel, FOV	14,8°
Pixelformat	30 m x 30 m, 120 m x 120 m
Szenengröße	185 km x 185 km

Die Satelliten queren auf dem absteigenden Ast ihrer Umlaufbahnen den Äquator um nominal 9.45 Uhr MOZ; für Mitteleuropa variieren somit die Aufnahmezeiten um ca. 10 Uhr MOZ. Der Kanal 6 des TM kann auch während der Nacht, auf dem aufsteigenden Ast der Umlaufbahn, Bilder aufnehmen. Die breitenkreisabhängige seitliche Überlappung benachbarter Szenen liegt für $\varphi = 20°$ bei 12.9 %, $\varphi = 40°$ bei 29 %, $\varphi = 60°$ bei 53.6 % und $\varphi = 80°$ bei 83.9 %. Benachbarte Bahnen werden allerdings mit einem zeitlichen Abstand von 7 Tagen geflogen.

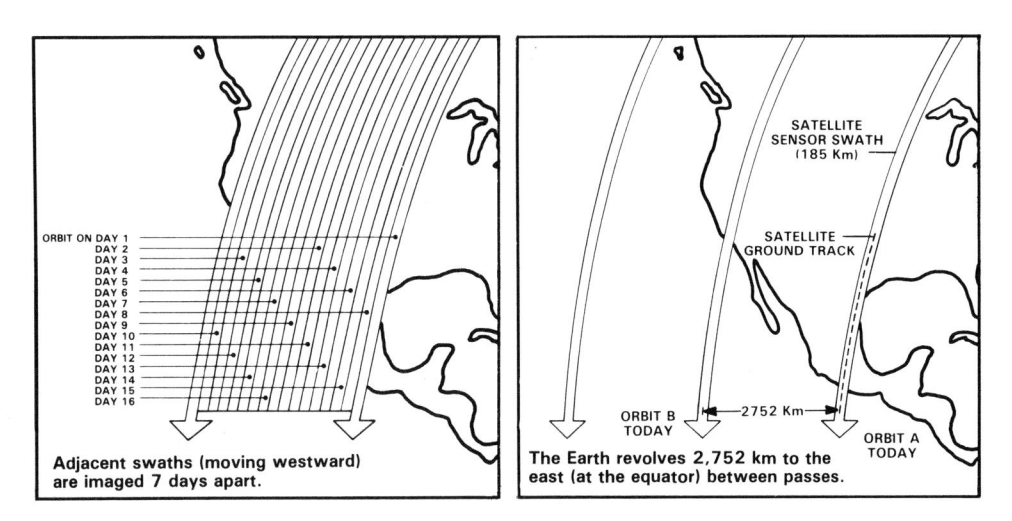

Fig. 2.5-1: Umlaufbahnen von LANDSAT 4 und 5 über Nord- und Mittelamerika (nach NASA-Broschüren)

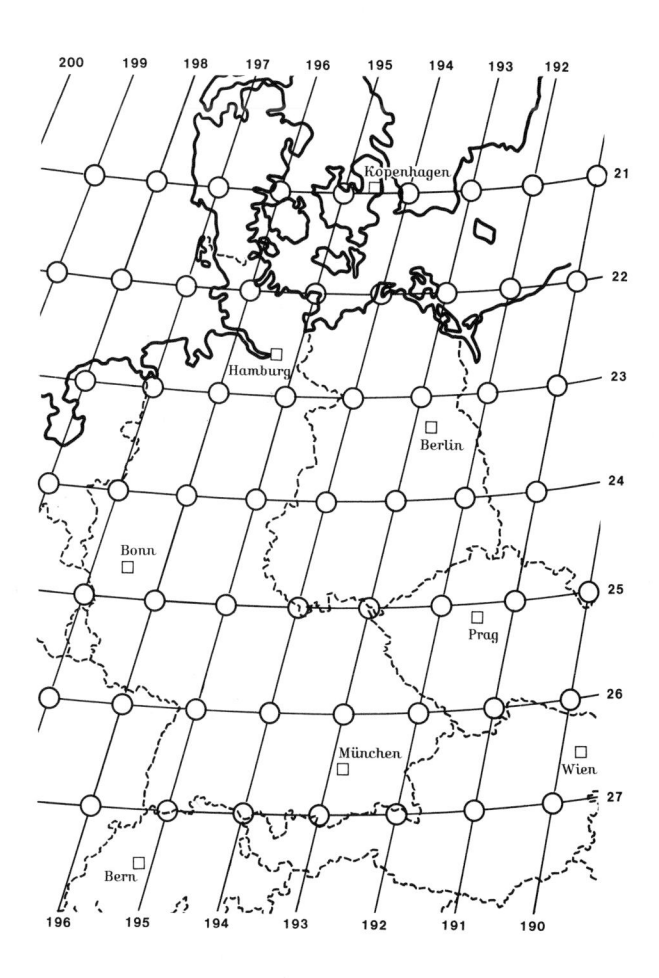

Fig. 2.5-2: Überdeckung Mitteleuropas durch das World Reference System (WRS) von LANDSAT 4 und 5 mit den Bahnnummern (path) und den Reihennummern (row) (nach verschiedenen Quellen)

TM - Beispiel Mississippital

Bilddaten

Aufnahmedatum	22. August 1982, ca. 10 Uhr MOZ
Aufnahmehöhe	705 km
Geographische Koordinaten des Bildmittelpunktes	35° 45'N, 89° 46'W

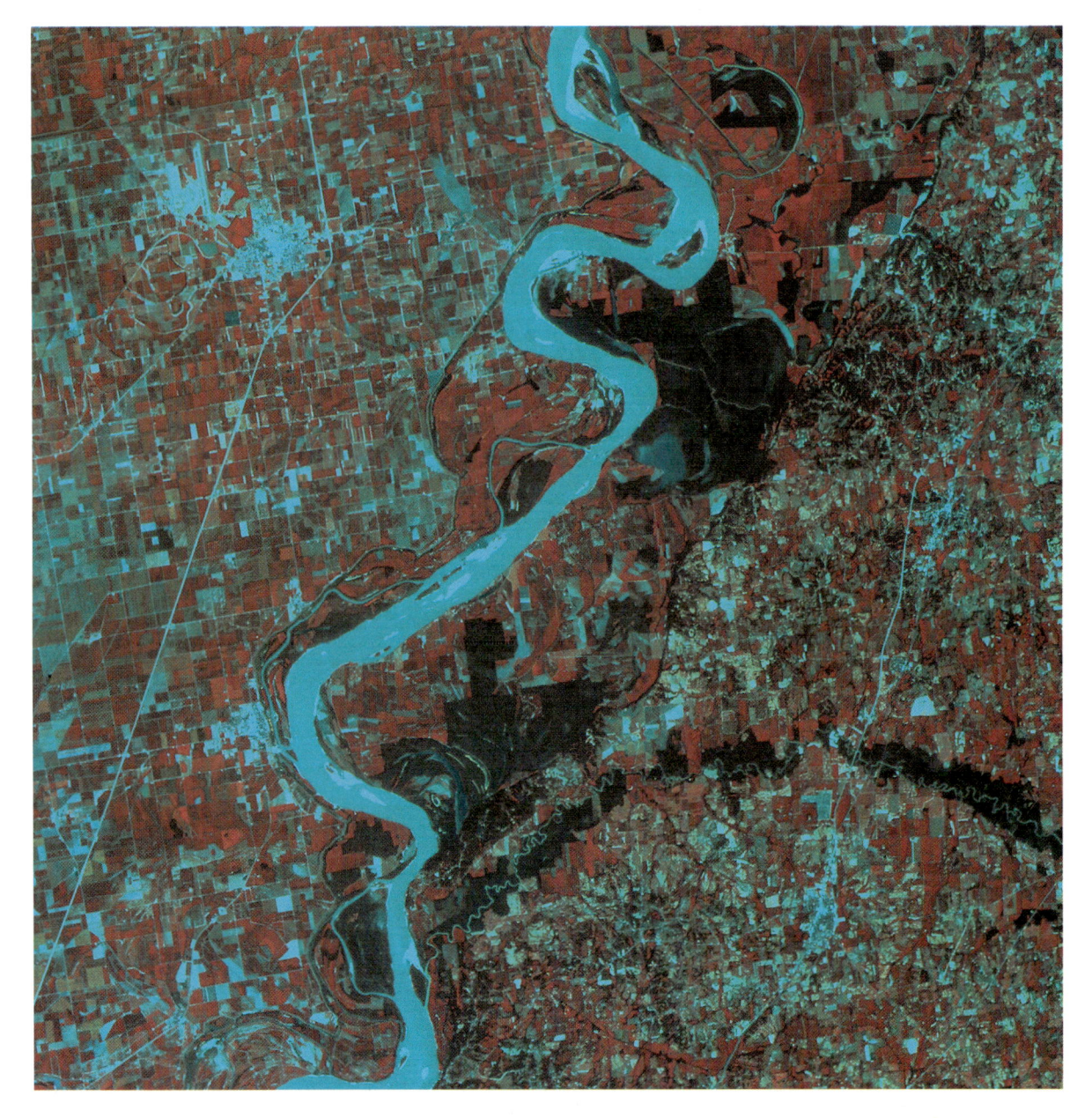

Fig. 2.5-3: Kontrastverstärktes Falschfarbenkomposit der Kanäle 1,2 und 4 eines Ausschnittes der TM-Szene vom 22.8.1982 (Quelle: DFVLR Oberpfaffenhofen, Verarbeitung W. Kirchhof)

Eine der ersten wolkenfreien Aufnahmen, die vom amerikanischen LANDSAT 4-Satelliten aufgezeichnet wurde, zeigt einen Ausschnitt des Mississippitals nördlich von Memphis mit Teilen der drei Bundesstaaten Arkansas, Tennessee und Missouri.

Unabhängig von einer NASA-Studie zum Aufnahmesystem des Thematic Mapper (Quattrochi et al. 1982), welche die gleiche Szene zum Gegenstand hatte, waren von deutscher Seite (W. Kirchhof, DFVLR Oberpfaffenhofen) aus dem Bereich dieser LANDSAT-Szene Teilausschnitte selektiert und digital weiterverarbeitet worden.

Als aussagekräftigste Falschfarbenkombination ergaben sich die TM-Bandkombinationen 1,2,3; 1,2,4; 7,5,6 mit Kontrastverstärkung und für MSS die Bandkombination 1,2,4, kontrastverstärkt, wobei die Reihenfolge jeweils die Zuordnung zum blauen, grünen und roten Videokanal angibt. Die Bezeichnung der Kanäle 6 = thermaler Kanal und 7 = NIR folgt schon der heute üblichen Einteilung. Im Text Kirchhofs (1983) steht noch die Bezeichnung 6,5,7.

Zusätzlich wurde ein Farbäquidensitenbild des thermalen Bandes erzeugt.

Aus den zahlreichen möglichen Bildverarbeitungen und Kanalkombinationen wird im folgenden Bezug genommen auf ein kontrastverstärktes Falschfarbenkomposit der TM-Kanäle 1, 2 und 4, die entsprechend dem blauen, grünen und roten Videokanal zugeordnet wurden (Fig. 2.5 - 3).

Der analysierte TM-Ausschnitt umfaßt einen ca. 3 775 km^2 (2 048 x 2 048 Bildelemente) großen Bereich, der an der Grenze von Nordost-Arkansas und dem mittleren West-Tennessee liegt. Die geographischen Koordinaten des Bildmittelpunktes lauten 89° 46' westl. Länge und 35° 45' nördl. Breite.

Im Rahmen eines BMFT-Forschungsvorhabens zu den Anwendungsmöglichkeiten der Metrischen Camera (Gierloff-Emden & Dietz, FKZ 01 QS 193 3) hatte der Verfasser Gelegenheit, diesen Bereich des Mississippitals aufzusuchen und vergleichende Geländeaufnahmen zur betreffenden LANDSAT-Szene durchzuführen.

Geologisch-geomorphologischer Überblick

Die "Blufflands"

Der Bildausschnitt zeigt einen Teil des Mississippitals, welcher geologisch-geomorphologisch der landschaftlichen Großeinheit der Gulf Coastal Plain, speziell dem Mississippi Embayment im Sinne der Gliederung von Murray 1961 zugerechnet wird. Oberflächennah stehen hier ausschließlich quartäre Lockersedimente in Form von pleistozänen Kiesen, Sanden und Lössen sowie holozänen Terrassen- und Auenablagerungen an. Die räumliche Verbreitung dieser Sedimente folgt einem einfachen Muster, das auch im TM-Ausschnitt deutlich erkennbar wird.

In etwa östlich der von Nordost nach Südwest verlaufenden Bilddiagonalen treten - mit Ausnahme der holozänen Auensedimente der linken Mississippi-Nebenflüsse, wie z.B. des Hatchie River - vor allem pleistozäne Sedimente auf. Es handelt sich überwiegend um bis zu 30 m mächtige Lößablagerungen, deren Mächtigkeit nach Osten zu abnimmt. Der Bereich der Lösse wird als "Blufflands" bezeichnet, da er von einer ca. 60 m hohen, nordwest-exponierten Landstufe, dem "Bluff", begrenzt wird. Die mittlere Geländehöhe dieses Gebietes liegt bei ca. 120 - 150 m über dem Meeresspiegel.

In einem Aufschluß an dieser Landstufe knapp nördlich des Bildausschnitts bei Dyersburg/Ts. (TK 1 : 24 000, Caruthersville SE Quadr., R 274.650 / H 3992.700) war im April 1984 in einer Höhe von 25 - 30 m über der Talaue ein bis zur Basis der Aufschlußwand 5 - 6 m mächtiger, hellgrau bis gelb gefärbter Schotterkörper aufgeschlossen. Die vorwiegend kantengerundeten Grobkiese (Durchmesser 2 - 6 cm) bestanden in der Hauptsache aus Sandsteinen, Quarzen und Quarziten. Im Hangenden dieses Schotterkörpers folgten ca. 1,5 m mächtige tonige Sande, die infolge einer als warmzeitlich anzusehenden Bodenbildung intensiv dunkelrot (Munsell 10 R 3/6) bis dunkelbraun (Munsell 7,5 YR 5/8) gefärbt waren. Darüber folgten ca. 2 - 3 m gelbbrauner Löß, dann ein weiterer fossiler Bodenhorizont mit B_t-Charakter, schließlich ein ca. 25 m mächtiges Paket von kalkhaltigem Löß (Munsell 2,5 Y 5/4).

Unter der Voraussetzung, daß jeder dieser fossilen Böden tatsächlich einer Warmzeit entspricht und daß im Aufschluß keine erheblichen Diskordanzen vorhanden sind, scheint folgende zeitliche Einstufung dieser quartären Sedimentfolge möglich:

Oberer Löß	Letzte Kaltzeit	= Wisconsin
1. foss. Boden	Interglazial	= Sangamon(?)
Unterer Löß	Vorletzte Kaltzeit	= Illinois(?)
2. foss. Boden	Interglazial	= Yarmouth(?)
Schotter	Vorvorletzte Kaltzeit	= Kansas(?)

Tab. 2.5-1: Terassenaufschluß bei Dyersburg/Tenn.

Die Einstufung der Schotter als kaltzeitliche Ablagerungen basiert auf einem Analogieschluß zu mitteleuropäischen Verhältnissen und kann im beschriebenen Aufschluß nicht durch entsprechende Geländebefunde bewiesen werden. Diese Auffassung steht im Gegensatz zu Fisk (1944; nach Thornbury 1965), dessen Idealprofil durch die Terrassen des Mississippitals die jeweiligen Terrassenablagerungen als interglaziale Bildungen ausweist.

Aufgrund des aus den Decksedimenten abgeleiteten Alters der liegenden Kiese folgt, daß es sich wahrscheinlich um Ablagerungen des pleistozänen Ohio handelt, da der Mississippi in diesem Flußabschnitt erst im Jungpleistozän bis Holozän seinen Lauf nach Osten bis an den Fuß der Lößbluffs verlagert hat, während der Ohio mit ursprünglich wesentlich längerem Lauf erst bei Simmesport (Louisiana) in den Mississippi einmündete.

Das Gebiet der "Blufflands" wird von zahlreichen Talungen und Dellen in einzelne Rücken und Riedel zerlegt. Vor allem in der Nähe der Landstufe werden die nach Zerstörung der natürlichen Vegetation leicht erodierbaren Lösse von der rückschreitenden Erosion erfaßt, und es entstehen steilwandige Lößschluchten (Gullies), die eine weitere land- oder forstwirtschaftliche Nutzung ausschließen.

Im TM-Ausschnitt ist dieser Bereich durch dendritische Texturen charakterisiert.

Die holozäne Talaue

Westlich der Löß-Bluffs schließt sich die holozäne Talaue des Mississippi an, die im Westen (außerhalb des Bildbereichs) vom Crowley's Ridge begrenzt wird. Die Talaue erreicht bei Blytheville in west-östlicher Richtung eine Breite von rund 90 km und nimmt eine mittlere Höhe von ca. 75 m über dem Meeresspiegel ein. Dieser breite Talboden wird von einer Anzahl annähernd Mississippi-paralleler Gerinne entwässert, deren bedeutendstes, der St. Francis River, auch namengebend für diesen Abschnitt des Mississippitals als "St. Francis Basin" war.

Die Anlage des vom TM-Ausschnitt erfaßten Bereiches wurde am Ende der letzten Kaltzeit (Wisconsin, Woodfordian Substage) eingeleitet. Seit ca. 17 000 a.b.p. floß der Mississippi östlich von Crowley's Ridge, nachdem er im Norden bei Cape Girardeau (Missouri) die sogenannte "Morehouse lowland route" (Fisk 1944) eingeschlagen hatte.

Der Abfluß erfolgte am Ende der letzten Kaltzeit noch in zahlreichen, sich häufig verlagernden, kleineren Gerinnebetten. Ein derartiges Abflußregime wird als verwildert bezeichnet ("braided river"). Aus den entstehenden Schotter- und Sandflächen wurden bis zum frühen Holozän von den vorherrschenden Westwinden Lösse ausgeweht, die dann in den "Blufflands" akkumuliert wurden.

Die Umwandlung vom "braided river" zum mäandrierenden Tieflandfluß erfolgte erst ca. 8 800 a.b.p., zeitgleich mit einer weiteren Ostverlagerung des Mississippilaufs in das ehemalige Ohiotal nach dem Durchbruch durch die Thebes Gap bei Cairo, Illinois.

Diese Zweiteilung der holozänen Talaue in eine ältere "braided river"-Aue und den östlich anschließenden, jüngeren Mäandergürtel ist im TM-Ausschnitt gut zu erkennen. Die Grenze wird annähernd durch den Verlauf des Interstate Highway 55 markiert. Östlich davon sind zahlreiche, heute zumeist verlandete, ehemalige Mäanderschlingen erkennbar, die, wie die Mäanderbögen des Pemiscot Bayou westlich von Blytheville, um ca. 3 m in das umgebende Gelände eingetieft sind.

Die Verlandung dieser Flußschlingen erfolgte z.T. in historischer Zeit: So soll die Ortschaft Blytheville noch um die Jahrhundertwende per Schiff erreichbar gewesen sein, und zwar durch den südöstlich von Blytheville erkennbaren Mäanderbogen. Nach Errichtung der Flußdeiche im Mississippital sind diese natürlichen Erosions- und Verlandungsprozesse, die in humorvoller Weise schon in Mark Twain's "Life on the Mississippi" geschildert werden, räumlich stark eingeengt worden.

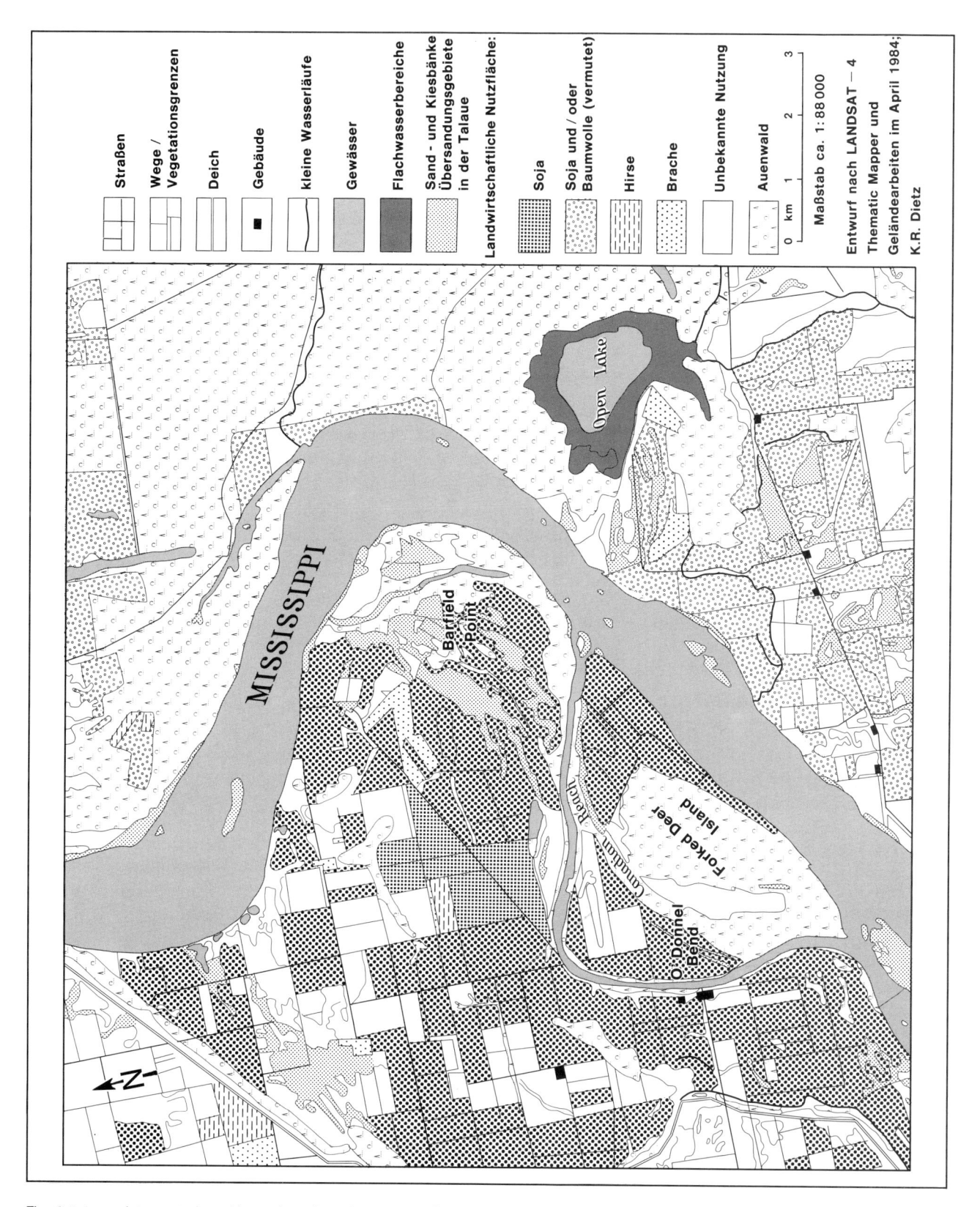

Fig. 2.5-4: Interpretationsskizze eines Ausschnittes aus Fig. 2.5-3

Der Mississippi fließt im TM-Ausschnitt heute in einem zwischen 0,7 km bis 2 km breiten Bett, überflutet jedoch bei den jährlichen Hochwässern große Areale zwischen den Lößbluffs und dem westlich des Mississippi verlaufenden Flußdeich. Zum Aufnahmezeitpunkt der TM-Szene am 22. August 1982 dürfte ein Normal- bis Niedrigwasserstand anzunehmen sein, da im Fluß zahlreiche Inseln und vegetationsfreie Kiesbänke zu erkennen sind.

Bodenkundliche Übersicht

In Abhängigkeit von den geologisch-geomorphologischen Gegebenheiten läßt sich der TM-Ausschnitt bodenkundlich in zwei Gebiete gliedern:

1. das Gebiet der Böden auf pleistozänen Lössen,

2. das Gebiet der Böden auf holozänen Auensedimenten.

Die Lößregion

Auf den zwischen 10 - 30 m mächtigen pleistozänen Lössen des westlichen Tennessee sind Böden verbreitet, die nach der Nomenklatur der U.S. Soil Taxonomy zur Order der Alfisols gezählt werden. Diese Böden, die früher als "grey-brown podzolic soils" bezeichnet wurden, sind genetisch den mitteleuropäischen Parabraunerden (sol brun lessivé) verwandt und zeichnen sich im Unterboden durch Tonanreicherung und z.T. auch durch Bildung eines Verfestigungshorizonts (fragipan) aus.

Die Böden besitzen aufgrund ihres äolischen Ausgangsmaterials einen hohen Schluffanteil (Korngrößen zwischen 0,002 und 0,06 mm). Sie sind relativ fruchtbar und leicht zu bearbeiten. Die landwirtschaftliche Nutzung dieser Böden wird jedoch entscheidend vom Faktor Relief eingeschränkt. Bei steileren Hangneigungen, so z.B. in der Nähe der Lößbluffs und in Seitentälern des Hatchie River, sind sie dagegen sehr erosionsgefährdet. Häufig kommt es dort zur Ausbildung von Gullies und Gully-Systemen, die auch im TM-Ausschnitt als dendritische Texturen zu erkennen sind. In sehr flachen Reliefbereichen wirkt sich dagegen der Einfluß von Staunässe (Pseudovergleyung) standortverschlechternd aus.

In Abhängigkeit von Relief und Bodenwasser werden in diesem Bereich West-Tennessees drei Bodengesellschaften (Soil Series) unterschieden:

Im hügligen, stärker zertalten Bereich in der Nähe der Lößbluffs die gut bis mäßig drainierte Memphis-Lories-Series, daran östlich anschließend in welligem bis flachem Gelände die mäßig bis gut drainierte Grenada-Loring-Memphis-Series, schließlich auf flachem bis welligem Gelände die schlecht bis mäßig drainierte Grenada- Calloway-Henry-Series (Springer & Elder 1980). Trotz der etwas ungünstigeren Bodenwasserverhältnisse sind letztere die Bereiche mit vorwiegend agrarischer Nutzung, wie z.B. auf einer breiten Terrassenfläche südlich des Hatchie River, wo auch im TM- Bildausschnitt die großen Feldstrukturen nach dem Muster der U.S. Landvermessung von 1785 erkennbar sind.

Die Böden der holozänen Talauen

Die Böden der holozänen Talauen bestehen zumeist aus grundwasserbeeinflußten Alluvialböden (Vergleyung), deren Ausgangssubstrat von Hochwässern des Mississippi und seiner Nebenflüsse sedimentiert wurde. In Abhängigkeit von der Fließgeschwindigkeit des Wassers wurden zunächst sandige, mit geringer werdender Geschwindigkeit dann Lehme und Schluffe, unter Stillwasserbedingungen schließlich Tone abgelagert. Charakteristischerweise treten die sandigeren, besser drainierten Böden in Flußnähe (natürliche Dammufer), die tonigeren, schlechter drainierten Böden in flußferner Lage auf. Häufig erfolgt auch ein kleinräumiger Wechsel zwischen tonreichen und lehmig-sandigen Böden, wobei erstere in tieferen, letztere dagegen in topographisch höheren Positionen vorkommen (Mikrorelief im dm-Bereich).

Gemäß der Nomenklatur der U.S. Soil Taxonomy gehören die Auenböden vorwiegend den Orders der Entisols und Inceptisols (d.h. junge, wenig entwickelte Böden), den bereits erwähnten Alfisols und der Order der Mollisols (Böden mit mächtigeren, humosen Oberhorizonten) an.

Talaue des Mississippi und Stufe der Löß-Bluffs bei Dyersburg, Tennessee

Talaue mit Auwald und Altlaufrinne beim Open Lake, Tennessee

Rezente Bodenerosion (Gully Erosion) in den Löß-Bluffs

Fig. 2.5-4: Geländephotos der Testregion (Aufnahmen K. R. Dietz)

In der Bodenkarte des Mississippi County, Arkansas (Ferguson & Gray 1971), und der General Soil Map of Tennessee (Springer & Elder 1980) werden für den TM-Ausschnitt sieben Streifenassoziationen unterschieden, die in mehr oder weniger parallelen Streifen zum Mississippi auftreten:

Diese beginnen im Osten am Fuß der Lößbluffs mit der Tunica- Sharkey-Bowdre-Serie; bis zum Mississippi folgt die Commerce-Robisonville-Crevasse-Serie. Westlich des Flusses, v.a. im nicht eingedeichten Bereich, schließt sich die Convent-Morganfield- Crevasse-Serie an. Die beiden letzteren Serien weisen die sandigsten, am besten drainierten Böden auf. Westlich anschließend folgt erneut die Tunica-Sharkey-Bowdre-Serie. Südlich von Blytheville findet sich ein inselartiges Vorkommen der Sharkey-Crowley-Serie, das nach Südwesten in Richtung Victoria an die Sharkey-Steele-Serie mit sehr tonreichen und schlecht drainierten Böden grenzt. Der Bereich um Blytheville selbst und die Areale beiderseits des Pemiscot Bayou gehören zur etwas besser drainierten, vorwiegend lehmigen Amagon-Dundee-Crevasse-Serie. In der Nordwestecke des TM-Ausschnitts kommt erneut die Sharkey-Steele-Serie vor. Diese kann im TM-Ausschnitt gut gegen die anderen Bodenassoziationen abgegrenzt werden.

Die oben beschriebene Verteilung der Bodenassoziationen ist nach Ansicht der kartierenden Bodenkundler z.T. auch Resultat lokaler tektonischer Verstellungen, die mit dem New Madrid-Erdbeben von 1811-1812 in Zusammenhang gebracht werden (Sunken Land, Blytheville Dome). Morse & Morse (1983) lehnen diese tektonische Interpretation ab und sehen das "Sunken Land" als Resultat einer kurzfristigen Westverlagerung des Mississippi aus seinem Mäandergürtel 5 an.

Die Talauen in der Lößregion von West-Tennessee werden von einer weiteren Bodenassoziation eingenommen, die als Falaya-Waverley- Collins-Serie bezeichnet wird. Es handelt sich dabei um schlecht bis mäßig drainierte, schluffreiche Böden. Die Böden der heute von bis zu 10 m hohen Flußdeichen geschützten Auenbereiche werden nahezu ausschließlich landwirtschaftlich genutzt. Die natürliche Auwaldvegetation wurde infolge der Rodungen auf die auch heute noch periodisch überfluteten Bereiche vor den Deichen zurückgedrängt. Die sehr fruchtbaren, intensiv genutzten Böden zeichnen sich allerdings durch einen standortverschlechternden hohen Grundwasserstand aus, der mit Hilfe von Drainagegräben abgesenkt werden muß. Andererseits können Trockenzeiten während der Vegetationsperiode sogar Bewässerung, z.B. bei Baumwollkulturen, erforderlich machen.

Klima

Aufgrund der zu vernachlässigenden Reliefenergie im Testgebiet ist das Klima einheitlich und wird durch warme bis heiße Sommer und milde Winter charakterisiert. Im Sinne der Köppenschen Klimaklassifikation entspricht es einem warmgemäßigten Regenklima (Cfa-Klima); nach Troll & Paffen gehört das Gebiet der warmgemäßigten Subtropenzone an, die im Tiefland wintermild ist und in der die Temperaturen des kältesten Monats zwischen 2°C und 13°C liegen (Zone IV,7) (Blüthgen & Weischet 1980).

	Tägl. Max. °C	Tägl. Min. °C	Durchschn. °C	Niederschlag mm
Jan	9.4	-0.6	4.4	138.4
Feb	11.7	0.6	6.2	110.0
Mär	16.1	4.4	10.3	127.0
Apr	22.8	10.0	16.9	101.9
Mai	27.2	13.9	20.6	105.9
Jun	32.2	20.0	26.1	83.6
Jul	33.3	21.1	27.2	93.0
Aug	32.8	20.6	26.7	85.9
Sep	30.0	16.1	23.1	81.5
Okt	24.4	10.0	17.2	71.1
Nov	16.1	3.9	10.0	99.8
Dez	10.6	0.6	5.6	107.7
Jahr	22.2	10.0	16.1	1205.8

Tab. 2.5-2: Ausgewählte Klimadaten der Station Blytheville, Arkansas, Mittelwerte 1931-1960 (nach: FERGUSON&GRAY 1971, umgerechnet in metrische Werte)

Die frostfreie Periode umfaßt durchschnittlich 243 Tage. Der letzte Frühjahrsfrost fällt im Mittel auf den 28. März, der erste Herbstfrost auf den 3. November.

Die Niederschläge fallen relativ ausgeglichen über das Jahr verteilt; die jährliche Durchschnittsmenge beträgt rund 1 200 mm. Nur ca. 1 % des Niederschlags fällt als Schnee (Ferguson & Gray 1971).

Vegetation

Bedingt durch die edaphischen und klimatischen Gegebenheiten kann im betrachteten Gebiet die potentielle natürliche Vegetation in zwei Haupttypen gegliedert werden (Knapp 1965):

1. Die südöstlichen Eichen-Hickory (Quercus-Carya)-Wälder der "Blufflands". In diesen mesophytischen Laubmischwäldern kommen neben Eichen und Hickory vor allem Buchen (Fagus grandifolia), Tulpenbaum (Liriodendron tulipifera), Zuckerahorn (Acer saccharum), Walnußarten (Juglans ssp.) und Eschen (Fraxinus ssp.) vor.

Die Waldareale im Bereich der "Blufflands" sind vorwiegend auf die stärker reliefierten Bereiche beschränkt, die für eine landwirtschaftliche Nutzung ungeeignet sind. So findet sich ein deutlich höherer Waldanteil in der Nähe der Lößbluffs.

2. Die südöstlichen Eichen-Eschen-Hickory (Quercus-Fraxinus- Carya)-Auenwälder. Hier sind neben den namengebenden Arten vor allem Weiden (Salix ssp.), Schwarzbirke (Betula nigra), Tupelobäume (Nyssa sylvatica und Nyssa biflora), Sumpfzypresse (Taxodium distichum), Ulmen (Ulmus ssp.), Pappeln (Populus ssp.), Zürgelbaum (Celtis laevigata), Ahorn (Acer ssp.) und Platanen (Platanus occidentalis) verbreitet. Auf feuchteren Auenstandorten wächst ein Sumpfzypressen-Tupelo-Wald (Taxodium-Nyssa) mit Schwarzweide (Salix nigra), Eichen (Quercus ssp.), Ahorn (Acer ssp.), Pappel (Populus deltoides) und Wasserhickory (Carya aquatica) (Delcourt et al. 1980).

Derartige Auen- und Sumpfwälder sind im TM-Ausschnitt entlang des Hatchie River und im periodisch überfluteten Bereich des Mississippitals verbreitet. In den von Deichen geschützten Bereichen der Talaue mußte die natürliche Vegetation fast vollständig einer landwirtschaftlichen Nutzung weichen.

Als Nutzpflanzen werden in diesem Bereich des Mississippitals vor allem Soja, Baumwolle, Weizen, Mais und Hirse angebaut. Auf schlechter drainierten Standorten wird z.T. auch Reis angebaut. Gemüsekulturen mit grünen Bohnen, Tomaten, Okra und, auf sandigen Substraten, Spargel ergänzen die Palette der Anbauprodukte. Als Sonderkulturen findet man vereinzelt Bestände mit Pecan- Nußbäumen.

Darüber hinaus werden verschiedene Kleearten und Alfalfa als Futterpflanzen für die Stallviehhaltung angebaut (Ferguson & Gray 1971). Im Bereich der "Blufflands" von West-Tennessee nimmt darüber hinaus der Grünlandanteil zu.

Literatur zu 2.5

BLÜTHGEN, J. & WEISCHET, W. (1980): Allgemeine Klimageographie. - 3.Aufl., Berlin/New York, 887 S.

DELCOURT, P.A., DELCOURT, H.R., BRISTER, R.C. & LACKEY, L.E. (1980):   Quaternary Vegetation History of the Mississippi Embayment. - Quarternary Research 13, S.111-132

EARSeL (Hrsg.)(1985): EARSeL News, No.28, Paris

ESA/EARTHNET (Hrsg.)(o.J.): Earth Imaging from Space and Thematic Mapping, Frascati, 4 S.

FERGUSON, D.V. & GRAY, J.L. (1971): Soil Survey of Mississippi County, Arkansas. - U.S. Dept. of Agriculture, Soil Conservation Service, Washington D.C., 58 S.

KIRCHHOF, W. (1983): Thematic Mapper Studie Beschreibung und Vergleich thematischer Informationsinhalte von Fernerkundungsbilddaten verschiedener Aufnahmesysteme. - DFVLR- interner Zwischenbericht, Oberpfaffenhofen, 78 S.

KIRCHHOF, W., MAUSER, W. & STIEBIG, H.-J. (1985): Untersuchung des Informationsgehaltes von Landsat-Thematic Mapper- und SPOT- Multiband-Bilddaten mit simulierten multispektralen Bilddaten des Gebietes Freiburg. - DFVLR-FB 85-49, 142 S.

KNAPP, R. (1965): Die Vegetation von Nord- und Mittelamerika und der Hawaii-Inseln. - Stuttgart, 373 S.

LARANCE, F.C., GILL, H.V. & FULTZ, C.L. (1976): Soil Survey of Drew County, Arkansas. - U.S. Dept. of Agriculture, Soil Conservation Service, Washington, D.C., 86 S.

MILLER, R.A. (1979): The Geologic History of Tennessee. - State of Tennessee, Dept. of Conservation, Division of Geology, Bulletin 74, Nashville, 63 S.

MORSE, D.F. & MORSE, P.A. (1983): Archaeology of the Central Mississippi Valley, New York/London, 345 S.

MURRAY, G.E. (1961): Geology of the Atlantic and Gulf Coastal Province of North America. - New York, 692 S.

NASA (Hrsg.) (1984): Landsat Data User's Notes, No.31, Sioux Falls

QUATTROCHI, D.A., ANDERSON, J.E., BRANNON, D.P. & HILL, C.L. (1982): An Initial Analysis of LANDSAT 4 Thematic Mapper Data for the Classification of Agricultural, Forested Wetland, and Urban Land Covers. - Report 215, NASA, National Space Technology Laboratories, NSTL-Station, MS, 41 S.

SAUCIER, R.T. (1974): Quarternary Geology of the Lower Mississippi Valley. - Arkansas Archaeological Survey, Publication of the Archaeological Research Series 6, S.1-26

SPRINGER, M.E. & ELDER, J.A. (1980): Soils of Tennessee. - Univ. of Tennessee Agricultural Experiment Station, Knoxville & U.S. Dept. of Agriculture, Soil Conservation Service, Bulletin 596, Knoxville, 66 S.

THORNBURY, W.D. (1965): Regional Geomorphology of the United States. - New York/London/Sydney, 609 S.

U.S.D.A. - S.C.S. Soil Survey Staff (1975): Soil Taxonomy. A Basic System of Soil Classification for Making and Interpreting Soil Surveys. - Agricultural Handbook No.436, Washington D.C., 754 S.

2.6 SEASAT-SAR, Beispiel Ijsselmeerpolder

SEASAT war der erste nichtmilitärische Satellit mit einem abbildenden Radarsystem an Bord. Es folgten 1981 und 1984 zwei Shuttle Imaging Radar (SIR)-Missionen, SIR-A und SIR-B. In allen drei Fällen wurde ein Synthetic Aperture Radar (SAR)-System als Sensor verwendet und in allen drei Fällen dieselbe Frequenz, das L-Band in gleicher Polarisation HH (s.u.). Die Shuttle-Bahnen unterschieden sich nach Flughöhe (niedriger) und Inklination (niedriger) deutlich von denen des SEASAT-Satelliten. Das Radarsystem der SIR-Missionen wies auch deutlich flachere Depressionswinkel auf.

Umlaufbahn des Systems

Mittlere Flughöhe	784 km
Flughöhe im Apogäum	799 km
Flughöhe im Perigäum	769 km
Umlaufzeit, Periode	100.7 min.
Umlaufanzahl pro Tag	14 bis 15 (14.3)
Neigung, Inklination	108° nominal
Bahntyp	fast polar, fast kreisförmig

Satellit

Startdatum	26.6.78
Betriebsende	10.10.78
Masse	2274 kg
Sensorausrüstung	SAR, ALT, SASS, SMMR, VIRR
Lagestabilisierung	Dopplereffekt, Laserreflektor, ±0.5°

Die **Abkürzungen** der Sensornamen haben die folgenden Bedeutungen

SAR	Synthetic Aperture Radar
ALT	Radar Altimeter
SASS	Seasat-A Scatterometer System
SMMR	Scanning Multichannel Microwave Radiometer
VIRR	Visible and Infrared Radiometer

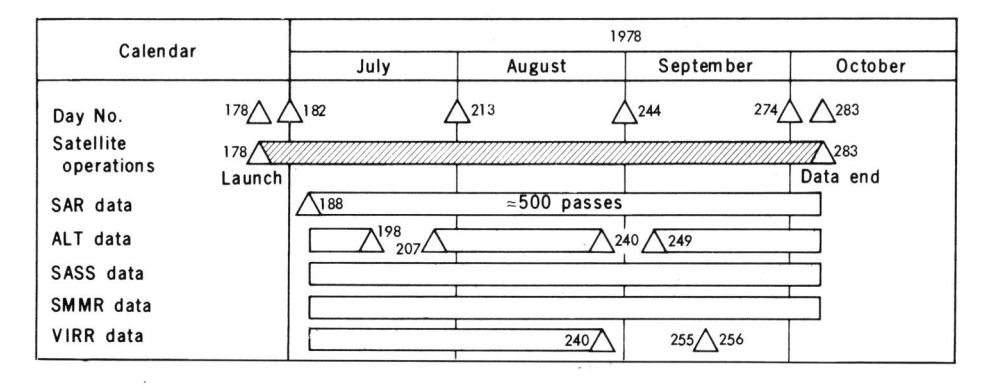

Fig. 2.6-1: Zusammenfassende Übersicht über die Sensoreinsätze der SEASAT-Mission (nach Gonzalez et al. 1979)

An dieser Stelle soll das Synthetic Aperture Radar mit einem Bildbeispiel besprochen werden.

Synthetic Aperture Radar (SAR)

Wellenlänge	23.5 cm
Frequenz	1275 MHz (L-Band)
Bildfeld	100 km in 250-350 km vom Nadir
Bodenauflösung	nominal 25 m (in Range und im Azimut)
Polarisation	HH linear
Nadirwinkel	20.5° (17°-23°)
Depressionswinkel	69.5° (73°-67°)
Impulskeule	ca. 1° x 6°
Impulshäufigkeit	1500 Impulse/Sekunde
Impulsdauer	50 nsec

Wegen der sehr hohen Datenraten wurden die Aufnahmen nicht an Bord gespeichert, sondern jeweils direkt zu einer Bodenstation gesendet ('real time') und dort aufgenommen. Für Europa stand die Station Oakhanger, Großbritannien, hierfür zur Verfügung. An Bord des Satelliten standen jeweils 10 Minuten Aufnahmezeit zur Verfügung, dem entspricht ein 100 km breiter, kontinuierlicher Streifen von 4000 km Länge.

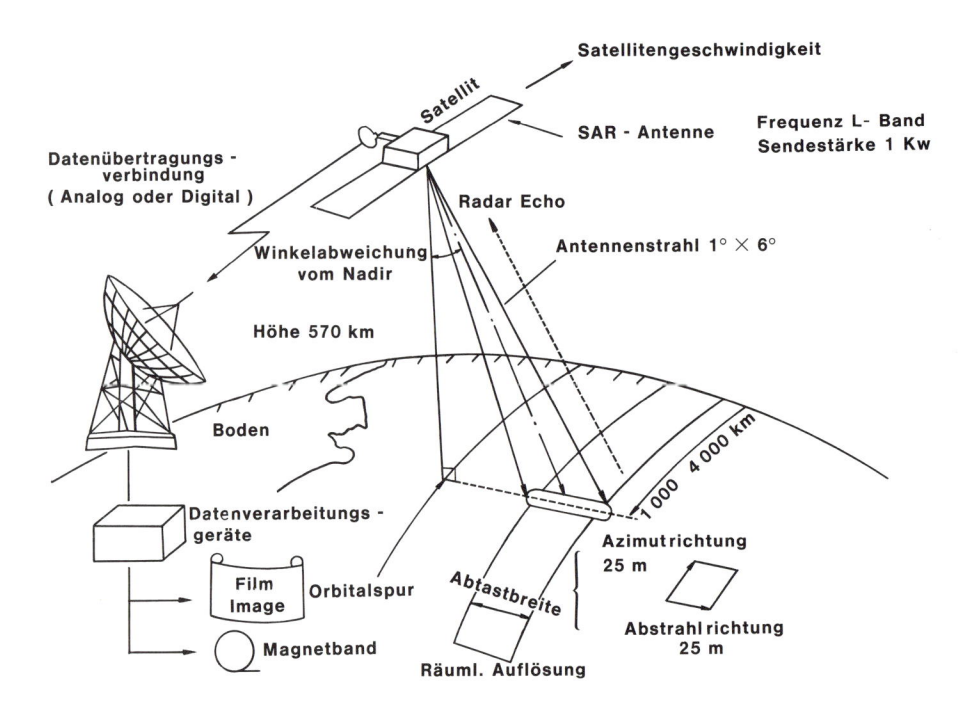

Fig. 2.6-2: SEASAT-SAR. Schematische Skizze der geometrischen Parameter (nach NASA-Broschüren)

Radarverfahren sind aktive Fernerkundungsverfahren (Fig. 1.1-2) im Mikrowellen-Bereich des elektromagnetischen Spektrums (Fig. 1.2-2 und 1.2-4), d.h. sie benutzen Wellenlängen im Millimeter-, Zentimeter- und Dezimeterbereich. Die gebräuchlichen Wellenlängen λ bzw. Frequenzen ν sind in Tab. 1.2-1 aufgeführt. Fig. 1.2-3 zeigt, daß Mikrowellen Dunst und Wolken durchdringen können. Daher sind Radarverfahren Allwettersysteme. Da Radarsysteme an Bord erzeugte elektromagnetische Energie nutzen, aktive Systeme s.o., sind sie außerdem von der Tageszeit unabhängig.

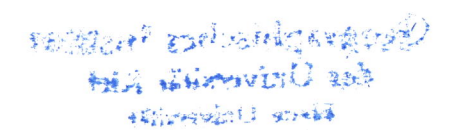

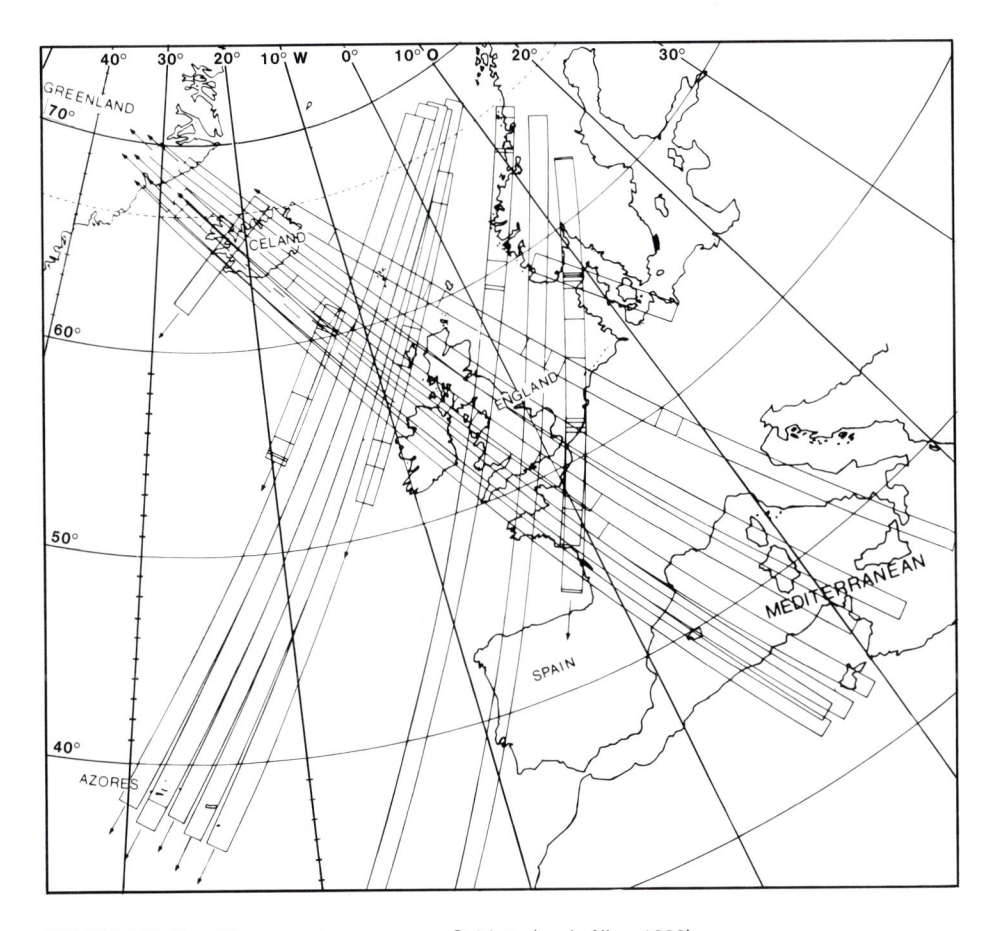

Fig. 2.6-3: Von SEASAT-SAR über Europa aufgenommene Gebiete (nach Allan 1983)

Die an Bord des Sensorträgers, hier SEASAT, erzeugte Energie wird in sehr kurze Impulse von mehreren Nanosekunden zerlegt und von einer Antenne unter einem bestimmten Winkel schräg abgestrahlt (Fig. 2.6-2). An den Objekten der Erdoberfläche wird die angestrahlte Energie gespiegelt oder gestreut (s.u.) und nur ein Teil der Energie wird hierbei in Richtung der Antenne zurückgestreut. Die Antenne registriert diese zurückgestreute Energie und mißt einerseits die Intensität dieses Radarechos, andererseits die Laufzeit des Signals von der Abstrahlung bis zum Empfang. Das SEASAT-SAR arbeitet mit einer Strahlungsbreite von 1° und einer Strahlungshöhe von 6° zwischen den Inzidenzwinkeln (Winkeldifferenz zur Nadirrichtung) von 17° und 23° (Fig. 1.3-2). Der Abbildung ist zu entnehmen, daß zuerst die der Antenne, dem Satelliten am nächsten liegenden Objekte bestrahlt werden und diese daher auch zuerst rückstreuen. Zuletzt werden die am weitesten entfernten Objekte des Aufnahmestreifens erreicht (far range).

Die räumliche Bodenauflösung wird beim Synthetic Aperture Radar richtungsabhängig nach zwei verschiedenen Prinzipien erreicht. Senkrecht zur Flugrichtung (Blickrichtung, Look-, Range- Direction) wird durch minimale Laufzeitunterschiede des Radarsignals die Größe eines Bodenelementes festgelegt. In Flugrichtung wird der Dopplereffekt ausgenutzt. Der Satellit fliegt in schneller Bewegung an den aufgenommenen Objekten vorbei; dabei verändern sich die Signallaufzeiten, es treten Frequenzunterschiede auf. Rechnerisch können dann Objekte voneinander getrennt werden, die ohne Berücksichtigung dieses Effektes, aufgrund der Laufzeit des Signales alleine, nicht getrennt werden können. Die Bodenauflösung von SAR-Bildern ist entfernungsunabhängig, da die normalerweise mit wachsender Entfernung eintretenden Verschlechterung der Auflösung durch den Dopplereffekt kompensiert wird.

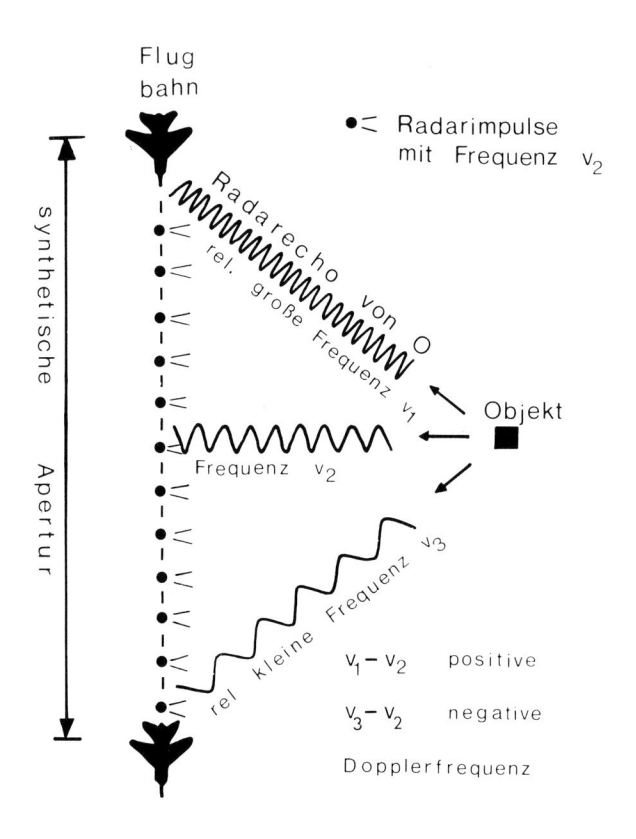

Fig. 2.6-4: Prinzip des Doppler-Effektes beim SAR. Liegt ein Objekt in Flugrichtung vor der Antenne, so sind die Frequenzen des Radarechos größer als bei Objekten, die hinter der Antenne liegen, von denen sich das System entfernt (Endlicher/Kessler 1981/82)

Die Intensität des zurückgestreuten und von der Antenne empfangenen Mikrowellensignals hängt von der 'Beleuchtungsgeometrie' und von den Geländeeigenschaften ab. Die abgestrahlte elektropmagnetische Welle ist vertikal oder horizontal polarisiert. Bei der Streuung an der Erdoberfläche wird sie teilweise depolarisiert. Das zurückgesendete Signal kann von der Antenne in vertikaler oder horizontaler Polarisation empfangen werden. Bei der Interpretation von Radarbildern sind neben anderen Merkmalen stets auch die Sende- und die Empfangspolarisation zu beachten.

Größere Flächen in Radarbildern weisen eine körnige Textur auf (speckles, Salz und Pfeffer). Dieser Effekt entsteht durch Interferenzen der kohärenten, frequenzgleichen Strahlung benachbarter Objekte. Durch die Interferenzen werden die Amplituden der Schwingungen verstärkt oder zwei Wellen löschen sich gegenseitig aus. Hierdurch werden unabhängig von den Strahlungseigenschaften der aufgenommenen Flächen helle und dunkle Bildpunkte regelmäßig erzeugt. Im Bildbeispiel ist dieser Effekt gut auf der Ijsselmeer-Wasserfläche zu erkennen (Fig. 2.6-7).

Die Beleuchtungsgeometrie des Seitensicht-Radars verursacht je nach dem Verhältnis von Impulsrichtung und Geländeneigung für die Bildinterpretation ungewohnte Effekte. Dem Aufnahmesystem zugeneigte Hänge werden bei großer Steilheit zusammen mit dem vor ihnen liegenden Flächenstück abgebildet (Überlagerung, layover). Sind solche Hänge flacher als die Tangentialebene der Wellenfront, so werden sie verkürzt, aber mit starkem Signal abgebildet (Verkürzung, foreshortening). Vom Aufnahmesystem abgewandte Hänge werden gedehnt mit abgeschwächtem Signal, wenn ihre Neigung flacher ist als die des Radarimpulses. Sind solche Hänge steiler, so liegen sie im Radarschatten (Fig. 2.6-5).

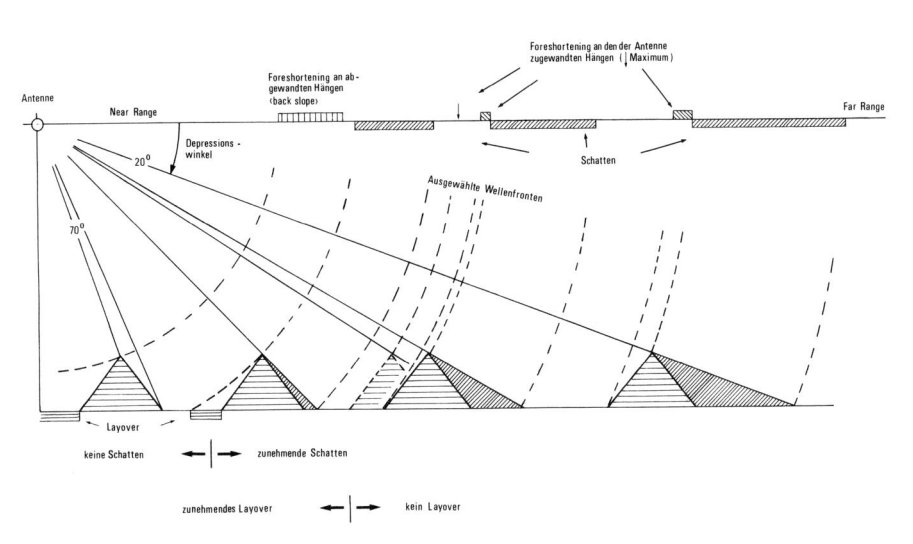

Fig. 2.6-5: Schematische Abbildung zur Erläuterung von Layover, Forshortening und Radarschatten (nach Jaskolla 1986)

Die Geländestreuung der Radarstrahlung hängt ab von der Rauhigkeit der Geländeoberfläche in Bezug auf die Wellenlänge der Radarstrahlung (Fig. 1.2-5). Spiegelnde Flächen reflektieren die auf sie fallende Energie weg vom Aufnahmesystem (es tritt kein Radarecho auf). Winkelreflektion (corner reflection), z.B. an Straßen und Gebäuden, reflektiert ein Maximum an Energie in Richtung auf die Antenne und erzeugt ein starkes Signal. Daher werden künstliche Winkelreflektoren als Markierungspunkte aufgestellt. Eine gleichmäßige oder fast gleichmäßige diffuse Reflektion erzeugt in Antennenrichtung nur ein mittleres bis schwächeres Signal (Fig. 2.6-6).

Die beim Radarverfahren genutzten Mikrowellen können in Vegetation, Böden, Schneedecken eindringen. Daher erfolgt die Rückstreuung des Radarechos nicht sofort bzw. alleine an der Oberfläche. Das Signal enthält also auch Informationen über eine oberflächennahe Schicht, die mit dem bloßen Auge nicht sichtbar ist. Wichtig für die Eindringtiefe wie für die Reflektion sind die elektrischen Eigenschaften des Materials.

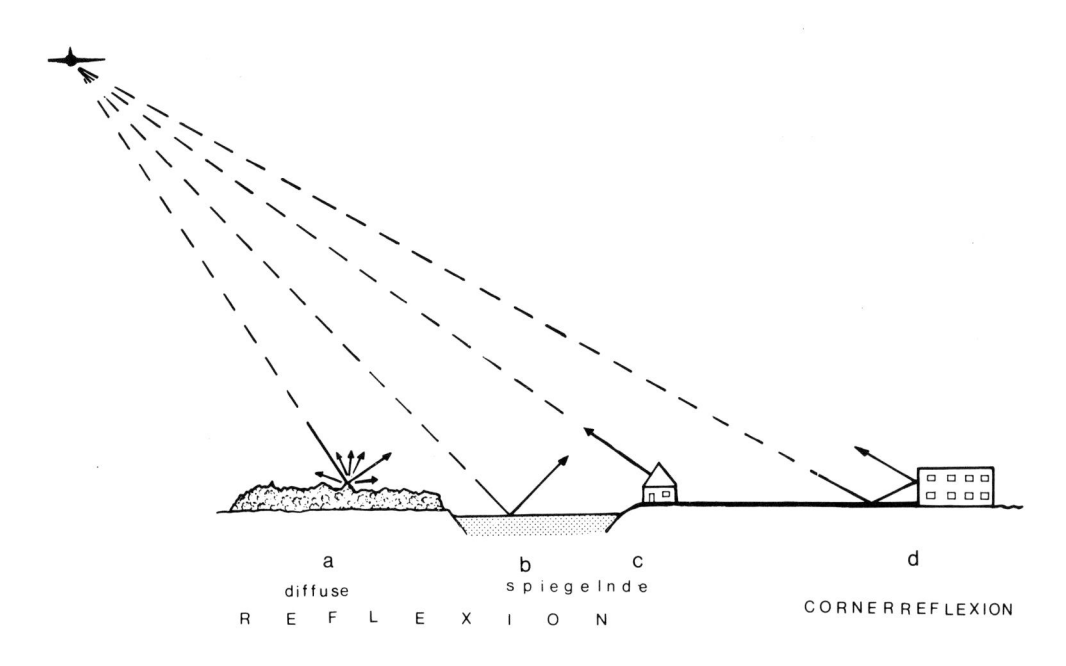

Fig. 2.6-6: Verschiedene Arten der Radarstreuung (vgl. Text; nach Endlicher/Kessler 1981/82)

Bilddaten

Aufnahmedatum	9. Oktober 1978
Aufnahmezeitpunkt	12.00 Uhr UTC, d.h. ca. 12.23 Uhr MOZ
Bildzentrum	52° 34' 05" n.Br., 5° 47' 43" ö.L.
Satellitenumlaufbahn	1493, aufsteigend
Flugrichtung	N 31° W, d.h. 329° rw (rekonstruiert)
Aufnahmerichtung	N 59° E, d.h. 59° rw (rekonstruiert)
Bildverarbeitung	DFVLR-GSOC/BKA, Oberpfaffenhofen
Bildmaßstab	1:250000 (nominal)
Bodenpixelgröße	25m x 25m (4 looks)
Bildgeometrie	Ground range, d.h. Äquidistanz auf der Horizontalen
Bildformat	22.3cm x 16.7cm (gemessen)
Aufnahmefläche	54km x 40.5km (gemessen)
	55.7km x 41.7km (berechnet)

Die natürliche Beleuchtung, der Sonnenstand, spielt für dieses Aufnahmeverfahren keine Rolle, daher entfallen diese Angaben. Die künstliche Beleuchtung, die Antennenposition, läßt sich aus der Aufnahmerichtung und dem Depressionswinkel berechnen.

Antennenhöhe	69.5°
Antennenazimut	239° rw, d.h. zwischen SW und WSW.

- Metereologische Bedingungen (Berliner Wetterkarte vom 4.10. bis zum 10.10.1978):

Der 4. Oktober ist niederschlagsfrei, am Vormittag des 5.10. zieht ein kleines, ausgeprägtes Regentief in den späten Nachtstunden sehr schnell über das Gebiet hinweg. Amsterdam und Rotterdam messen 1 bzw. 2mm Niederschlag. Die folgenden Tage sind niederschlags- und bewölkungsfrei. Am Westrand eines mitteleuropäischen Hochs wird zuerst sehr warme feuchte Luft, später warme trockene Luft in den Raum gesteuert. Am Aufnahmetag selbst greift die Kaltfront eines ostatlantischen Tiefs auf Mitteleuropa über. Die Front schwenkt schnell am Vormittag über die Niederlande hinweg; um 7 h MEZ liegt sie über dem Ärmelkanal, um 13 h MEZ, zum Aufnahmezeitpunkt, auf der Linie Brüssel - Arnheim - Leer, d.h. bereits im Osten der aufgenommenen Fläche. Der schnelle Durchzug der Kaltfront brachte nach 4 niederschlagsfreien sonnigen Tagen Amsterdam und Den Helder je 1mm Niederschlag. Aufgrund dieses Witterungsverlaufes sind zum Aufnahmezeitpunkt keine deutlichen Feuchtedifferenzierungen der Böden zu erwarten; sie waren alle ausgetrocknet.

Station	4.10.78 07h	19h	5.10.78 07h	19h	6.10.78 07h	19h	7.10.78 07h	19h	8.10.78 07h	19h	9.10.78 07h	19h	10.10.78 07h
Amsterdam	0	0	1	0	.	.	0	.	.	.	.	1	0
Den Helder	0	0	0	0	.	.	0	.	.	.	0	1	0
Rotterdam	0	0	2	0	.	.	.	.	.	.	.	0	.

Tab. 2.6-1: Niederschlagswerte in mm dreier niederländischer Stationen (Berliner Wetterkarte, a.a.O.)

- Agrarphänologische Situation:

Das Aufnahmedatum liegt spät im landwirtschaftlichen Jahr. De Boer (Allan 1983) berichtet, daß die verschiedenen Arten des Grünlandes, natürlicherweise zum Aufnahmedatum gegen Ende der Wuchszeit, sehr ähnlichen Habitus aufweisen, allenfalls Mahd- oder Weiderotationsunterschiede noch auftreten. Die Feldfrüchte der Ackerparzellen sind bereits bis auf Zwiebeln und Zuckerrüben geerntet. In Ergänzung hierzu nennt das Deutsche Meteorologische Jahrbuch 1978 (Deutscher Wetterdienst 1980) für die ca. 70km ESE Zwolle gelegene grenznahe Station Gildehaus bei Bad Bentheim Erntetermine für sämtliche Getreide und für Spätkartoffeln vor dem Aufnahmedatum, für Zucker- und Futterrüben nach dem Aufnahmedatum; hier waren die Felder für Wintergerste und -roggen bereits bestellt, die Saat jedoch noch nicht aufgegangen. Winterweizenfelder waren noch nicht bestellt. Laubbäume und Sträucher waren noch belaubt. De Boer (a.a.O.) konnte bei visuell- manueller Auswertung sechs Grauwertklassen für Feldparzellen auf diesem Bild unterscheiden, er führt diese Unterschiede auf Bodenoberflächenunterschiede nach der Ernte der verschiedenen Feldfrüchte zurück. Für das gleiche Gebiet wies Hoogeboom (1986) anhand von Auswerteversuchen von Flugradarbildern von 1980 nach, daß eine zufriedenstellende Agrarinterpretation multitemporales Bildmaterial aus dem Frühjahr zur Differenzierung des Wintergetreides und vom Frühsommer zur weiteren Feldfruchtdifferenzierung benötigt.

Die Auswertung eines Radarbildes hat (s.o.) von den Eigenschaften des abbildenden Radars einerseits und vom möglichen Geländezustand zum Aufnahmezeitpunkt andererseits auszugehen. Wie bereits ausgeführt, hängt die Intensität des Radarechos von der Beleuchtungs- und Reflektionsgeometrie, d.h. von Richtungen, von der Größe der reflektierenden Teilfläche, Bodenauflösung, von der Radar-Rauhigkeit der bestrahlten Fläche, hier bezogen auf das L- Band mit 23.5cm Wellenlänge, von Materialeigenschaften wie dem Dielektrizitätsunterschied zur Atmosphäre, hier dürfen witterungsbedingte Feuchteunterschiede entfallen, ab.

Natürlicherseits ist das aufgenommene Gebiet weitgehend tiefliegend und flach bis eben. Der Streifen h,i/1-8 gehört einem glazigenen Wall, einer Moräne, an und bei c,d/9 (Vollenhove) und a,b/5 (Urk) kommen niedrige Grundmoränenhügel vor. Ansonsten besteht das Gelände aus Wasser, See- und Flußmarsch und vermoorten, vertorften Gebieten. Anthropogenetisch ist die Landschaft stark überformt. Künstliches Relief ist vor allem durch Siedlungsbebauung und Industrieanlagen, z.B. Lelystad bei c,d/1,2, und Hochspannungsleitungen mit Masten entstanden, aber auch durch Baum- und Forstkulturen. Hier soll keine flächendeckende Interpretation des Bildes versucht werden, sondern es soll auf einige methodisch wie inhaltlich wichtige Phänomene hingewiesen werden.

Punkthafte Objekte müssen mindestens 25m x 25m groß, möglichst doppelt so groß sein, um abgebildet zu werden. Ein Überstrahlungseffekt tritt auf bei Höfen und Scheunen in Einzelsiedlungen der neuen Polder durch Winkelreflektion, auch bei starkem Radarkontrast kleiner Objekte und ihrer Umgebung, z.B. bei Brücken über Wasserarme und Wasserläufe. Sehr schwer zu erkennen sind punkthafte Objekte in einer körnigen Textur, z.B. helle körnige Textur von Baum- und Strauchkulturen (d-f/6) oder dunklere Pfeffer und Salz Textur des Wassers. In den Wasserflächen sind künstliche (Kraftwerk bei Lelystad, c/3) und natürliche Inseln (nordöstlich Harderwijk, g,h/2-4) sehr gut sichtbar wegen ihrer hellen Radar- und ihrer dunklen Schattenseite bei seitlicher Beleuchtung, obwohl die natürlichen Inseln sich mit ihrem Schilfbestand nur wenige Meter über die Wasserfläche erheben.

Linienhafte Objekte (Verkehrsnetz, Gräben und Kanäle, Hecken) treten im gesamten Bild auf. Sie sind richtungs- und materialabhängig manchmal sehr deutlich (dunkle Autobahn im hellen Baumbestand; helle Wege mit Einzelhäusern und Gräben östlich der Ijssel zwischen Kampen und Zwolle), manchmal heben sie sich nur schwach oder nicht von ihrer Umgebung ab. Die Grenze von langen schmalen Flächen (Streifen) zu Linien ist schwer zu ziehen. Lupenmessungen ergaben für die Linienelemente Autobahn Breiten von 4 Pixel, Ijssel bei Zwolle 6 Pixel Breite, für die Streifenparzellen östlich Zwolle 6 Pixel Breite mit ca. 1,5 Pixel Grabenbreite (sehr hell) dazwischen (h/10,11), südlich Elburg am Fuß des Moränenwalles für heckengesäumte Streifenparzellen je 2 Pixel für die helle Baumhecke und für die dunkle Parzelle (h/5).

In der Regel entscheidet der räumliche Zusammenhang, hier die Parzellenmuster oder der weitere Verlauf der linienhaften Strukturen, über die Zuordnung in diesem Grenzbereich zwischen 2 und 4 Pixel Breite.

Die große Richtungsabhängigkeit des Radarechos linearer Strukturen ist gut sichtbar bei schmalen Gräben in der Marsch. Verlaufen die Gräben ungefähr parallel zur Flugrichtung und werden sie damit von der Seite voll angestrahlt, wobei die angestrahlte Grabenkante auch stark reflektiert, so sind die Gräben optimal (mit Überstrahlungseffekt) dargestellt. Aus anderen Richtungen sind sie wesentlich undeutlicher zu erkennen. Diese Richtungsabhängigkeit ist gut sichtbar bei der niedrig gelegenen eingedeichten früheren Torfinsel Schokland im Nordostpolder (c/6,7); hier reflektiert die zwar sehr niedrige, aber dem Satelliten zugewandte Kante sehr hell. Die abgewandte Kante verschwimmt und läßt sich nur indirekt durch Störung des Parzellenmusters erschließen. Sehr schön läßt sich dieser Effekt auch an den Deichen studieren, die bei günstigem Verlauf, quer zur seitlich einfallenden Radarstrahlung, eine helle Seite und einen Schatten aufweisen. Bei Richtungsänderung der Deiche verschwindet diese Differenzierung, der Effekt kann sogar umgekehrt werden, dann reflektiert die Außenberme stark (Flevoland, am Ketel Meer, c,d/5,6).

Fig. 2.6-7: SEASAT-SAR-Bild vom 9. Oktober 1978 (Quelle: DFVLR Oberpfaffenhofen)

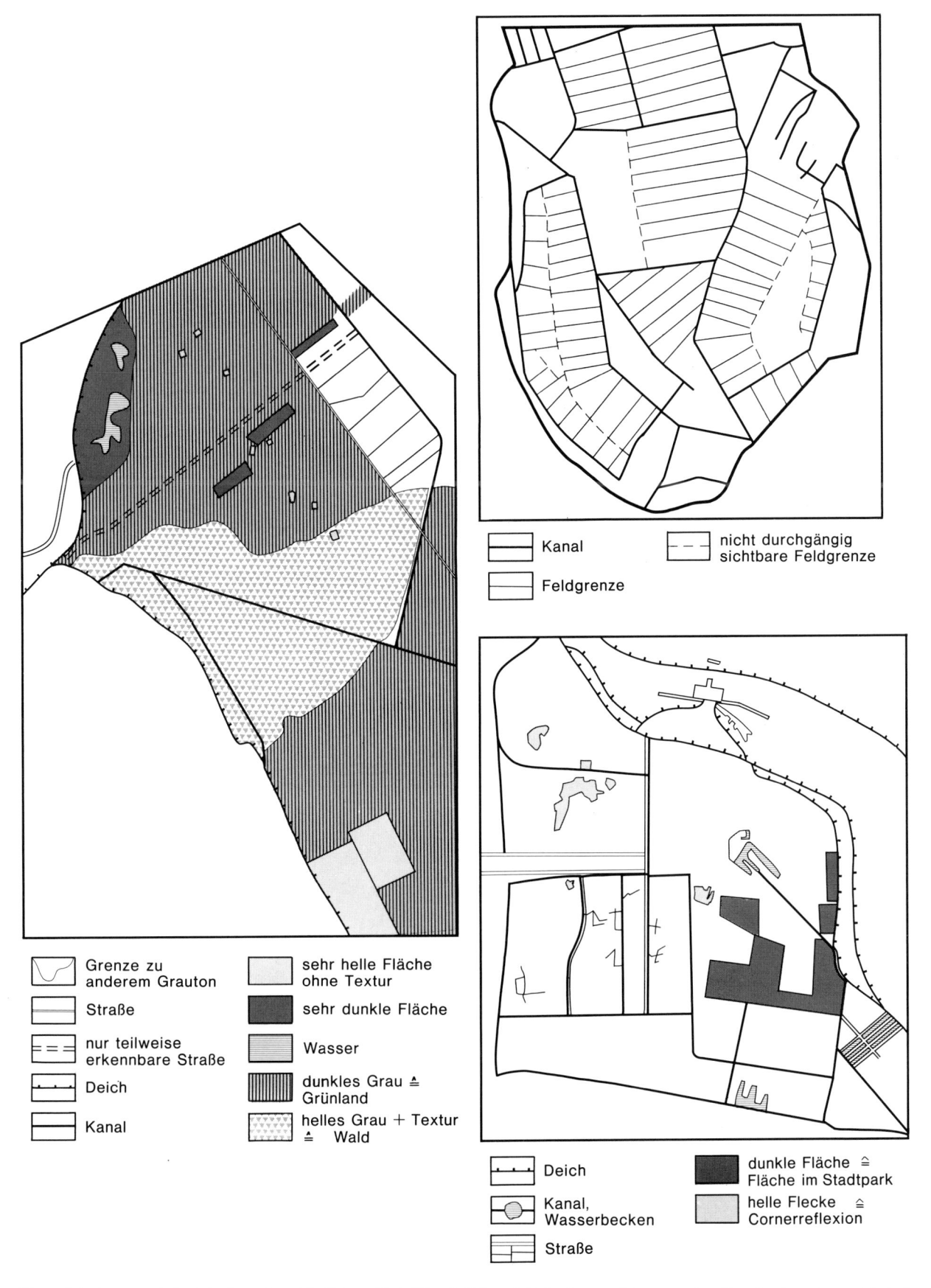

Fig. 2.6-8: Auswertebeispiele (in unterschiedlichen Maßstäben), links g,h/1,2; oben rechts gesamtes Flevoland; unten rechts Lelystad c,d/1,2

Es wurde schon betont, daß das Radarecho linienhafter Objekte von den Materialeigenschaften abhängt; Baumhecken erscheinen hell, Autobahn und Eisenbahn dunkel.

Ab einer Mindestgröße von wenigen Pixeln Breite und Länge erscheinen flächige Objekte im Radarbild auch als Flächen. Nach den Grauwerten lassen sich bei visueller Auswertung fünf bis sechs Klassen trennen (s.a. de Boer 1983). Sehr hell erscheinen Gebäude (Siedlungen) und Bäume (Obstkulturen, Wald). Mittlere Grautöne nehmen die verschiedenen, z.Zt. der Aufnahme meist nicht mit Feldfrüchten bestandenen Ackerflächen ein und die Heideflächen auf dem Moränenwall. Dunkel bis sehr dunkel sind vegetationsfreie Sandflächen abgebildet (z.B. h,i/3), aber auch reine Grünlandgebiete wie an der Ijsselmündung (Kampereiland) und von Land umgebene Wasserflächen (künstliche Seen im Torfabbaugebiet, c,d/10,11). Wie angedeutet, zeigt ein Vergleich des Bildes mit den Bodenkarten des Atlas van Nederland, daß verschiedene Bodenarten und -typen sich nicht durchpausen. Sie werden bei mehrtägiger vorhergehender Trockenheit vom Parzellenmuster verdeckt.

Sehr gut zu differenzieren sind Flächenformen, hier Parzellenformen, die sich zu Teilgebieten zusammenfassen lassen. Das altkolonialisierte Gebiet des Kampereilandes mit teilweiser Flurbereinigung (Luchtatlas van Nederland, S.84-86) weist bei dunklem Grünlandgrauwert unregelmäßige Blöcke auf mit sehr hellen Punkten. Hier kam es an Höfen und Wurten zur Winkelreflektion (d,e/6,7). Regelmäßige, kleinere, fast quadratische Blöcke treten im Nordostpolder auf, große und sehr große Blöcke auf Flevoland, die größten beim Übergang zu Südflevoland. Streifenparzellen kommen in mehreren Teilgebieten in verschiedenen Formen und Größen vor. Die Gebiete der Fehnkultur weisen sehr schmale und regelmäßige Langstreifenfluren auf, die Flußmarschen kürzere regelmäßige Streifen beiderseits der Flußläufe (z.B. zwischen Zwolle und Kampen an der Ijssel). Unregelmäßige Streifen treten bei Vollenhove auf dem flachen Geestrücken auf. Auf weiteren flachen Geestrücken am Bildrand finden sich weitere Vorkommen, z.B. im Nordosten des Bildes und südöstlich von Zwolle. Dieses sind die letzten Ausläufer der sehr alten Eschfluren der Drenther Geest. Kurze, breitere Streifen, vermutlich mit Baumhecken (s.o.) treten am Ijsselmeer-Abfall des höheren Moränenrückens auf.

Es dürfte deutlich geworden sein, daß die Auswertung von Radarbildern sowohl solide Kenntnisse des Radarverfahrens als auch solide Geländekenntnisse erfordert und sich grundlegend von der Auswertung photographischer Satellitenbilder und anderer Satellitenbilder, die das sichtbare Licht nutzen, unterscheidet.

Literatur zu 2.6

ALLAN, T. D. (Hrsg.)(1983): Satellite Microwave Remote Sensing.- Chichester und New York, 526 S.

BÖNSCH, E., WINTER,R. & SCHREIER,G. (1988): Investigations of SAR Backscatter for Different Test Areas Using Two Geocoded Seasat SAR Scenes. - Proc. IGARSS'88 Sympos. Edinburgh, 13-14 Sept.1988, ESA SP-184, Paris, 1511-1514

BOER, Th. de (1983): Visual Interpretation of SAR Images of two Areas in the Netherlands. - In: Allan, T. D. (Hrsg.), Satellite Microwave Remote Sensing, Chichester/New York, ch.18, S.299-305

BORN, G. H., DUNNE, J. A. & LAME, D. B. (1979): Seasat Mission Overview. - Science 204, 1405-1406

Deutscher Wetterdienst (Hrsg.)(1980): Deutsches Meteorologisches Jahrbuch, Bundesrepublik Deutschland. 1978. - Offenbach a.M., 242 S.

ELACHI, Ch. (1983): Radarbilder der Erde. - Spektrum der Wissenschaft, Febr.1983, S.52-63

ENDLICHER, W. & KESSLER, R. (1982): Geowissenschaftliche Radarbildinterpretation - Systemgrundlagen einer neuen Fernerkundungsmethode am Beispiel eines SEASAT-SAR-Bildes der Kölner Bucht. - Ber. Naturf. Ges. Freiburg i.Br. 71/72, 17-34

ERNST-CORDARY, H. (1984): Rückstreuverhalten von Pflanzenbeständen und oberen Bodenschichten im Spektralbereich der Mikrowellen.- Diss. TU München, Fak. f. Landwirtschaft u. Gartenbau, 92 S.

GONZALES, F. I., BEAL, R. C., BROWN, W. E., GOWER, J. F. R., LICHY, D., ROSS, D. B., RUFENACH, C. L., SHUCHMAN, R. A. (1979): Seasat Synthetic Aperture Radar: Ocean Wave Detection Capabilities. - Science 204, 1418-1421

GOSSMANN, H. (1983): Erfassung und Darstellung des Reliefs der Erde durch Weltraumbilder. - Geoökodynamik 4(3/4), 249-286

HOOGEBOOM, P. (1986): Identifying agricultural crops in radar images. - Sympos. Remote Sensing Resources Development and Environmental Management Enschede August 1986, S.131-135

Institut für Meteorologie FU Berlin (Hrsg.)(täglich): Berliner Wetterkarte. - 4. Okt. bis einschließlich 10. Okt. 1978, je 4 S.

JASKOLLA, F. (1986): Radaraufnahmen der Erdoberfläche aus dem Weltraum - Anwendungsmöglichkeiten und Grenzen in der Geologie sowie Anforderungen an zukünftige Systeme. Habilitationsschrift, Fak. f. Geowissenschaften, Univ. München, 281 S.

Koninglijk Nederlands Aardrijkskundig Genootschap (Hrsg.)(1978): Luchtatlas van Nederland. - Bussum, 231 S.

KOOPMANS, B. N. (1983): Spaceborne imaging radars, present and future. - ITC-Journal 1983-3, Enschede, S.223-231

MAARLEVELD, G. C. (1960): Glacial and Periglacial Landscape Forms in the Central and Northern Netherlands. - Tijdschrift KNAG, Tweede Reeks LXXVII(3), S.298-304

MEIER, E. & NÜESCH, D. (1986): Geometrische Entzerrung von Bildern orbitgestützter SAR-Systeme. - Bildmessung u. Luftbildwesen 54(5), Karlsruhe, S.205-216

SIMONETT, D. S. & DAVIS, R. E. (1983): Image Analysis-Active Microwave.- In: D. S. SIMONETT/J. E. ESTES (Hrsg.): Manual of Remote Sensing, 2nd.ed., vol.I, ch.25, 1125-1181

Stichting Wetenschappelijke Atlas van Nederland (Hrsg.)(1963-1977): Atlas van Nederland. - s'Gravenhage, 98 Blätter

TELEKI, P. G. & RAMSEIER, R. O. (1978): The Seasat-A Synthetic Aperture Radar Experiment. - Proc. Internat. Sympos. Remote Sensing Freiburg, July 2-8,1978, Internat. Archives of Photogrammetry XXII-7, S.93-114

TRICART, J. L. F. (1979): Comparaison des informations "écographiques" fournies par trois types de radars. - ITC-Journal 1979-4, Enschede, S.535-547

ULABY, F. T., MOORE, R. K. & FUNG, A. K. (1981/1982/1986): Microwave Remote Sensing. Active and Passive. Vols I/II/II. - Reading, Mass., S.1-456/457 - 1064/1065-2162

Karten:

ANWB(1982): Friesland west, midden en Noordoostpolder 1:100000. - o.O.

Mairs Geographischer Verlag (1989): Niederlande, Die Generalkarte 1:250000. - Stuttgart

Ministerie van Orloog,Topografische Dienst (1958): Nederland 1:100000. - Delft, Blatt 7 Sneek, 8 Assen, 12 Harderwijk, 13 Zwolle

Rijksdienst voor de Ijsselmeerpolder(1981): Flevoland in Kaart 1:50000. - Den Haag

2.7 METEOSAT, Beispiel Bewölkung über Europa und Afrika

Michael Sachweh

Zur Zeit befindet sich METEOSAT-3 in der Soll-Position über dem Golf von Guinea (geographische Koordinaten des Subsatellitenpunktes $\lambda = 0°$, $\varphi = 0°$) und rotiert mit der Erde auf einer äquatorialen Bahn. 1989 soll der erste Satellit einer neuen, operationellen Serie in Betrieb genommen werden. Die drei Wellenlängenbereiche des Radiometers liegen im VIS (sichtbaren Licht), IR (thermalen Infrarot) und WV (Water Vapour, Wasserdampfabsorptionsband).

Missionsdaten	**METEOSAT-1**	**METEOSAT-2**	**METEOSAT-3**
Mittlere Flughöh	35300 km	35900 km	35800km
Umlaufzeit, Periode	24h	24h	24h
Inklination	1,2°	0,5°	0,5°
Bahntyp	äquatorial und geostationär		
Startdatum	23.11.1977	19.6.1981	Juni 1988
Betriebsende	24.11.1979	August 1988	(1989 geplant)
Sensor	VISSR	VISSR	VISSR
Lagestabilisierung	gyroskopisch	dto.	dto

Sensordaten (VISSR - Visible and Infrared Spin Scan Radiometer)

	VIS	IR	WV
Wellenlänge	0,4-1,1 μm	10,5-12,5 μm	5,7-7,1 μm
IFOV	0,065 mrad	0,14 mrad	0,14 mrad
Geländeelement, Nadir	2,5 x 2,5 km^2	5 x 5 km^2	5 x 5 km^2
Abtastwinkel	18°	18°	18°
Anzahl der Bildzeilen	5000	2500	2500
Pixelzahl pro Zeile	5000	2500	2500
Abtastdauer pro Zeile	30 msec.	30 msec.	30 msec.
Abtastdauer pro Szene	25 min.	25 min.	25 min.

Bedingt durch die Drallstabilisierung des Satelliten (100 Umdrehungen pro Minute) tastet das Radiometer bei jeder Umdrehung die Erde ab, die aus der geostationären Position unter einem Öffnungswinkel von 18° erscheint. Damit erfaßt METEOSAT von der Oberfläche der Erdkugel etwas mehr als 60° östlich und westlich vom Nullmeridian und nördlich und südlich vom Äquator in perspektivischer Abbildung.

In 30 msec wird eine Bildzeile registriert. Nach jeder Umdrehung wird das Teleskop um einen kleinen Winkel gekippt und die nächste Zeile abgetastet. Nach 2500 Zeilen, also 25 Minuten, ist ein volles Erdbild erstellt. Im infraroten Bereich hat jede Zeile 2500 Punkte, so daß ein Bild aus 6,25 Millionen Bildpunkten besteht. Für

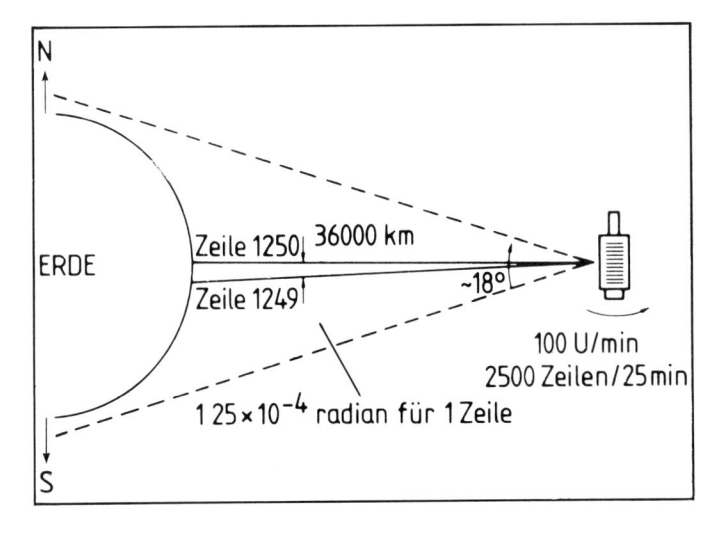

Fig. 2.7-1: Schematische Skizze des Aufnahmeprinzips des METEOSAT-VISSR (nach einer ESA-Informationsbroschüre).

den sichtbaren Bereich wurde die Auflösung erhöht und zwei Sensoren angebracht, die so angeordnet sind, daß bei einer Umdrehung des Satelliten zwei benachbarte Bildzeilen erzeugt werden, also insgesamt 5000 Zeilen pro Bild. Diese Zeilen im sichtbaren Band bestehen aus 5000 Punkten, so daß ein Bild im sichtbaren Bereich aus 25 Millionen Punkten besteht. Dies entspricht einer Auflösung von 2,5 km im Fußpunkt des Satelliten.

Klimatologische Interpretation von Bewölkungsstrukturen
Einführung

Satellitenaufnahmen. Für die kontinuierliche Erfassung der Feldverteilung meteorologischer Größen stehen verschiedenartige Aufnahmesysteme zur Verfügung. Das Spektrum reicht von der einfachen Niederschlagsstation, dem nationalen Klimameßnetz über die weltweit standardisierte und synchronisierte Organisation der synoptischen und aerologischen Stationen bis hin zum globalen System der Wettersatelliten. Dabei werden besonders die geostationären Satelliten vielseitig genutzt. Ihre Inwertsetzung vollzieht sich auf den Ebenen

- Grundlagenforschung
- Integration der Aufnahmeprodukte in synoptische Vorhersageverfahren (routinemäßig)
- Sammlung und Übermittlung von Meßwerten für meteorologischen Datentransfer (routinemäßiger Einsatz als DCP (Data Collection Platform)).

Der Leistungsumfang des europäischen Satelliten METEOSAT läßt sich in drei Kategorien meteorologischer Produkte gliedern:

- Satellitenbilder
- Windfelder
- Vertikalprofile.

Im Hinblick auf klimageographische wie auch synoptische Fragestellungen liefern die Bildprodukte - Repetitionsrate: 30 min - den wertvollsten Beitrag. Sie sind das Ergebnis der Transformation von gemessenen terrestrischen Stahlungsstromdichten innerhalb des elektromagnetischen Spektrums in Grauwerte, die dann als Bildelemente in ihrer Gesamtheit ein Abbild des geographischen Verteilungsmusters der Strahlungsintensitäten erzeugen. Den charakteristischen Unterschieden in der spektralen Empfindlichkeit der Radiometerdetektoren (Kanäle) Rechnung tragend unterscheidet man 3 Typen von Satellitenaufnahmen:

- VIS - Bilder (0,4 .....1,1 μm; "Optischer" Kanal)
- IR - Bilder (10,5.....12,5 μm; Infrarot-Kanal)
- WV - Bilder (5,7.......7,1 μm; Wasserdampf-Kanal).

VIS - Bilder. Sie sind ein direktes Abbild der von Erde und Atmosphäre reflektierten Sonnenstrahlung. Die maximale räumliche Bildauflösung (Subsatellitenpunkt) beträgt 2,5 km. In erster Näherung treten Schnee- und Eisflächen, atmosphärische Kondensationsprodukte in genügender Dichte sowie vegetationsarme Räume (Ausnahme: dunkle Gesteine) - sofern ihre Ausdehnung oberhalb des räumlichen Auflösungsvermögens liegt - als helle Flächen im Bild hervor. Davon heben sich Wasserflächen und Gebiete mit hohem Waldanteil in dunkelgrauen bis schwarzen Tönen ab. Tab. 2.7-1 gibt das mittlere Reflexionsvermögen natürlicher Oberflächen für den kurzwelligen Anteil der solaren Strahlung wieder. Die Variationsbreite eines Wertes resultiert aus dem funktionalen Zusammenhang zwischen Sonnenhöhe und Albedo. Bei Wolken sind als weitere Faktoren Bedeckungsgrad und optische Dichte zu beachten.

Die wesentlichstenKriterien für Bewölkungsanalysen sind Struktureigenschaft und Albedo. So erscheinen z.B. hochreichende Nimbostratus-Wolken in Form von Bändern mit Längserstreckungen >500 km, während Cumulonimbus-Komplexe ähnlichen Grauwertes kreisförmigen bis ovalen Grundriß mit Punkttextur aufweisen. Für die korrekte morphographische und genetische Ansprache von Bewölkungsstrukturen sind Algorithmen entwickelt worden (Barrett 1974). Gelingt auf der Grundlage der VIS - Aufnahme keine eindeutige Identifizierung, ist das korrespondierende IR - Bild zu Rate zu ziehen (multispektrale Auswertung).

OBERFLÄCHE	ALBEDO
Meer	5 - 14
Gestein (dunkel)	7 - 15
Nadelwald	6 - 19
Laubwald	16 - 27
Sand (trocken)	18 - 34
Gestein (hell)	15 - 45
Gletschereis	30 - 46
Firn	50 - 65
Schneedecke (frisch)	8 - 85
WOLKENTYP	**ALBEDOWERTE AUS SATELLITENMESSUNGEN**
Cumulus humilis/mediocris ($\geq 7/8$; über Land)	29
Cirrostratus (über Land)	32
Cirrus (über Land)	36
Stratocumulus (4/8 - 7/8)	29 - 69
Altostratus	40 - 55
Stratus (200 m mächtig)	48
Stratus (500 m mächtig)	64
Stratocumulus ($\geq 7/8$; über Land)	68
Altocumulus (z.T. vereist)	69
Nimbostratus	74

Tab. 2.7-1: Albedowerte von natürlichen Oberflächen in % der auftreffenden Globalstrahlung (nach verschiedenen Quellen)

IR - Bilder. Grauwerte sind hier eine Funktion der Oberflächentemperatur fester und flüssiger Körper im System Erdoberfläche - Atmosphäre (thermisches Infrarot). Das Bild gibt den in den Weltraum abgestrahlten Anteil der Wärmestrahlung wieder. Die maximale räumliche Bildauflösung (Subsatellitenpunkt) beträgt 5 km. Damit sind Kartierungen der Oberflächentemperaturen von Meeresflächen und Landmassen bzw. die Zuordnung von Wolkenfeldern zu Höhenstockwerken möglich. Erst in Kenntnis der höhenmäßigen Differenzierung von Bewölkungsstrukturen kann eine umfassende genetische Auswertung anhand des VIS - Bildes erreicht werden. Das Prinzip der multispektralen Auswertung zeigt Tab. 2.7-2.

Mit Blick auf klimatologische Auswertungen bietet sich dieser Bildtyp besonders zum Studium von Bewölkungsstrukturen $\geq$ Mesoscale ß (Ø $\geq$ 25 km; Cloud Cluster, Fronten, Zyklonen, planetarische Zirkulationsgürtel) an.

Kanal / Grauton		VIS	
		Grau	Weiß
IR	Grau	Stratus (dünn) Stratocumulus ($\leq 6/8$) Cumulus ($\leq 5/8$) Altocumulus (nicht vereist)	Stratus (mächtig) Stratocumulus ($\geq 7/8$) Cumulus ($\geq 6/8$) Cumulonimbus (Ø < 5km)
	Weiß	Altostratus (dünn) Cirrostratus Cirrus	Nimbostratus Altostratus (mächtig) Cumulonimbus (Ø $\geq$ 5 km) Altocumulus (z.T. vereist)

Tab. 2.7-2: Identifizierung von Wolkengattungen mit Hilfe von Grauwertdifferenzen in VIS - und IR - Aufnahmen

WV - Bilder. Sie geben die Strahlungsintensitäten wieder, die vom Wasserdampf in der oberen Troposphäre absorbiert werden. Temperatur und Konzentration des Gases bestimmen die Strahldichte. Die Signalstärke nimmt mit der Dichte und Temperatur des Wasserdampfes zu. Das Bild repräsentiert die Feuchteverteilung schwerpunktmäßig in den Schichten zwischen 6 und 9 km Höhe ("Maximum der Gewichtsfunktion"). Dabei liegt der Ausgangsbereich der Strahlung umso tiefer, je trockener die obere Troposphäre ist. Die maximale räumliche Bildauflösung (Subsatellitenpunkt) beträgt 5 km.

Für die Bildinterpretation ist zu beachten (nach Brimacombe 1981):

Grauton	Feuchteverteilung
schwarz, dunkelgrau	a) trocken in allen Schichten b) feuchte untere Troposphäre, trocken ab ca. 4000 m Höhe
mittel- bis hellgrau	mittlere Feuchtewerte in der Schicht 5-7,5 km
weiß	a) feucht in allen Schichten und dichte hohe und mittelhohe Bewölkung b) feucht in allen Schichten c) dichte hohe und mittelhohe Bewölkung, trockene untere Troposphäre

Bewölkungsanalysen lassen sich auf Grund des geringen Informationsgehaltes und der Mehrdeutigkeit der Phänomene nur in sehr beschränktem Maße durchführen. WV - Aufnahmen eignen sich zur Untersuchung von Luftmassenverteilungen und zeigen sehr deutlich die großräumigen Zirkulationsmuster im planetarischen Scale (Tröge, Rücken, Polarfront, Jet-Stream). Sie erlauben zudem eine Absicherung der Befunde, die mit Hilfe der beiden anderen Kanäle erstellt wurden.

Bildinterpretation. Die aufgrund der visuellen Bildinterpretationen gewonnenen Erkenntnisse lassen sich anhand korrelater Boden- und Höhenwetterkarten überprüfen. Solche "ground checks" stellen letztlich die einzige Verifikationsmethode dar, können jedoch nur regional zur Anwendung gebracht werden.

Die wesentlichsten Fragenkreise in METEOSAT - Analysen sind:

– Grauwertunterschiede (multispektrale Auswertung)
– Struktureigenschaften
– Verknüpfung mit Geofaktoren (tellurische und topographische Einflüsse)
– Dynamik (multitemporale Auswertung)
– Einbindung in makroskalige Zirkulationssysteme (Zyklonen, Tropische Wirbelstürme, Passate etc.)

Dabei beschränkt sich eine wissenschaftlich sinnvolle Interpretation auf den Ausschnitt innerhalb der 60. Breiten- und Längengrade.

Die skizzierten Möglichkeiten der Interpretation von Satellitenbildern lassen erahnen, in welchem Umfang sich klimatologische Informationen aus der vergleichenden Analyse verschiedener Bildtypen gewinnen lassen. Die zur Erforschung makroskaliger Strukturen genügend hohe zeitliche und räumliche Auflösung, der weite Betrachtungswinkel des Satelliten, der eine Auswertung von mindestens ein Viertel der Erdoberfläche erlaubt sowie das hohe Informationspotential, das mit allen 3 Kanälen zur Verfügung steht, weisen das METEOSAT-Bildprodukt als ideales Hilfsmittel zur Visualisierung klimageographischer Zusammenhänge aus (vgl. Weischet 1979).

Synoptisch-klimatologische Interpretation der METEOSAT - Aufnahmen vom 15.5.1979, 11.55/12.25 GMT

Das klimatologische Phänomen der **planetarischen Zirkulationsgürtel** ist auch in dieser Momentaufnahme prinzipiell enthalten (Fig. 2.7.-2 bis -4). Man erkennt eine Anzahl zyklonaler Wirbel in mittleren und hohen Breiten, äquatorwärts eine Zone relativer Wolkenarmut und wieder stärkere Bewölkung in den Inneren Tropen etwa von 10°N bis 10°S. Der charakteristische Strukturunterschied zwischen tropischen und außertropischen Wolkenfeldern wird besonders im WV - Bild deutlich. Den tropischen Zellen und Clustern mit zum Teil extrem hohen Wasserdampfgehalten stehen polwärts die spiralig-bogenförmigen Bänder der planetarischen Frontalzone gegenüber. Die Inneren Tropen zeigen hinsichtlich der ITC die klassische Differenzierung in eine schmale maritime Konvergenzzone und einen breiten Konvektionsbereich über den Landmassen (VIS - Bild; vgl. Weischet 1979).

Ein weiteres Phänomen kennzeichnet in IR - Aufnahmen diese Zone: Die **Küstenlinien** sind im Bild nicht mehr auszumachen. Dies wird in unserem Beispiel entlang der afrikanischen Atlantikküste deutlich, deren Konturen zwischen Kap Lombo und der Mündung des Gambia verschwimmen. Welche Faktoren erzeugen ein solch homogenes Temperaturfeld ? Es kommen zwei verschiedene Ursachen in Frage:

1. Einheitliches Niveau der Oberflächentemperatur von Landmasse und Gewässer im Küstenraum. Klimatologische Karten geben für die betreffenden Gewässer im Mai mittlere Oberflächentemperaturen von 25°-28°C an (Hastenrath/Lamb 1977). Im Küstenland liegen die Mitteltemperaturen im gleichen Niveau, jedoch überschreiten die Maxima der Lufttemperatur 30°C (Jackson 1961), in Bodennähe ist auch bei Seewind sicherlich mit weit höheren Werten zu rechnen.

2. Die Konvektionsbewölkung über Land (Küstenkonvergenz, Konvektionszellen des Hinterlandes) erzeugt, da die Dimension der Wolkenelemente unterhalb des Sensorauflösung liegt, zusammen mit dem wolkenfreien Untergrund ein Mischsignal, dessen Intensität den Strahlungswerten der tropischen Meeresoberfläche gleichkommt.

Bezüglich des vorliegenden Bildes erscheint letztere Annahme angesichts der fortgeschrittenen Tageszeit plausibler.

Andererseits treten Küstenlinien in IR - Aufnahmen dort besonders deutlich hervor, wo kalte Meeresströmungen entlang subtropisch-randtropischen Küsten äquatorwärts setzen. Exemplarisch trifft dies für den Benguela-Strom zu. Die Oberflächentemperaturen sind unmittelbar an der Küste am niedrigsten ("coastal upwelling") - mittlerer Mai-Wert: 16°-18°C (Hastenrath/Lamb 1977) - und nehmen seewärts allmählich, mit dem Übergang zu terrestrischem Untergrund sprunghaft zu. Ein ähnlicher Effekt, wenngleich nicht so ausgeprägt, ist an der nordwestafrikanischen Küste zwischen Dakar und Casablanca zu beobachten. Der saharische Wüstenboden ist thermisch klar von den Gewässern des Kanarenstroms - 18°-21°C im Mai (a.a.O) - abgehoben.

In METEOSAT - Aufnahmen fehlen selten auch **klimatologisch atypische Erscheinungen**. Das waren am 15.5.1979 über der Nordhemisphäre zwei Zyklonen in subtropischer Breitenlage mit Zentren über dem Ionischen Meer und ca. 700 sm südwestlich der Azoren. Die Tiefdrucktätigkeit in den Subtropen setzte ein, als nach einer Phase zunehmender Amplifizierung der mäandrierenden Frontalzone Kaltluft subpolaren Ursprungs westlich der Azoren resp. über dem Balkan weit nach Süden geführt wurde und dort Cut-Off - Prozesse induzierte (Institut für Meteorologie 1979). Im Mittelmeerraum beginnt normalerweise im Mai mit verstärktem Druckanstieg im westlichen und zentralen Teil und den im Osten einsetzenden Etesien die sommerliche Trockenzeit (Scherhag et al. 1969); der mittlere Bewölkungsgrad sinkt auf unter 3/8, die Niederschlagshäufigkeit (südlich 40°N) liegt allgemein bei 1-3% (in % aller Beobachtungen; Scherhag et al. 1970). Der nordatlantische Wirbel befindet sich im klimatologischen Kerngebiet des "Azorenhochs" im Mai (Zentrum im Meeresniveau ca. 600 sm südwestlich der Azoren; Markgraf 1963).

Die Erscheinung beider Wirbel ruft in Erinnerung, daß Klimakarten abstrakte Ergebnisse der Mittelwertsklimatologie sind. Deren Repräsentativität hinsichtlich realer Beobachtungen differiert von Region zu Region und sollte anhand von Häufigkeitsanalysen bewertet werden. Satellitenbilder stellen in diesem Zusammenhang ein wertvolles Hilfsmittel dar.

Im folgenden sollen Bewölkungsfelder ausgewählter Räume eingehender studiert werden.

Seenebel vor den Küsten der Iberischen Halbinsel, Jütlands und im Kattegat (Fig. 2.2-2,-3,-5). Auf der Vorderseite einer langgestreckten Kaltfront, die sich am Mittag des 15.5.1979 vom südlichen Skandinavien über die Britischen Inseln bis ins Seegebiet zwischen den Azoren und Portugal erstreckt, wird feucht-warme Subtropikluft über die Küsten Westeuropas nach Norden geführt (Deutscher Wetterdienst 1979).

Wenn die Warmluft mit Taupunktswerten von 14°-16°C die relativ kalten **Gewässer des Portugal-Stroms** erreicht, wird sie in den untersten Schichten bis zum Kondensationspunkt abgekühlt und es entstehen ausgedehnte Nebelfelder vor der portugiesisch-spanischen Küste, die mit dem vorherrschenden WSW-Wind landeinwärts getrieben werden (Advektionsnebel), sich dann aber über dem unter dem Einfluß der intensiven Sonneneinstrahlung stark erwärmten Hinterland rasch auflösen. Die Bedingungen für Nebelbildung waren an jenem Tag besonders günstig, da an den Vortagen ein frischer ablandiger Wind die Auftriebswasserbildung begünstigte und damit die im Breitenkreismittel ohnehin negative thermische Anomalie des südwesteuropäischen Atlantiks vor der Iberischen Halbinsel noch verstärkte. Schiffsmeldungen zufolge betrug die Wassertemperatur im nördlichen Abschnitt der Strömung 12°-13°C (Institut für Meteorologie 1979). Die vergleichen-

Fig. 2.7-2: METEOSAT-Aufnahme vom 15.5.79, 12.25 Uhr GMT, im VIS-Kanal (Quelle: DFVLR Oberpfaffenhofen)

Fig. 2.7-3: METEOSAT-Aufanhme vom 15.5.79, 11.55 Uhr GMT, im IR-Kanal (Quelle: DFVLR Oberpfaffenhofen)

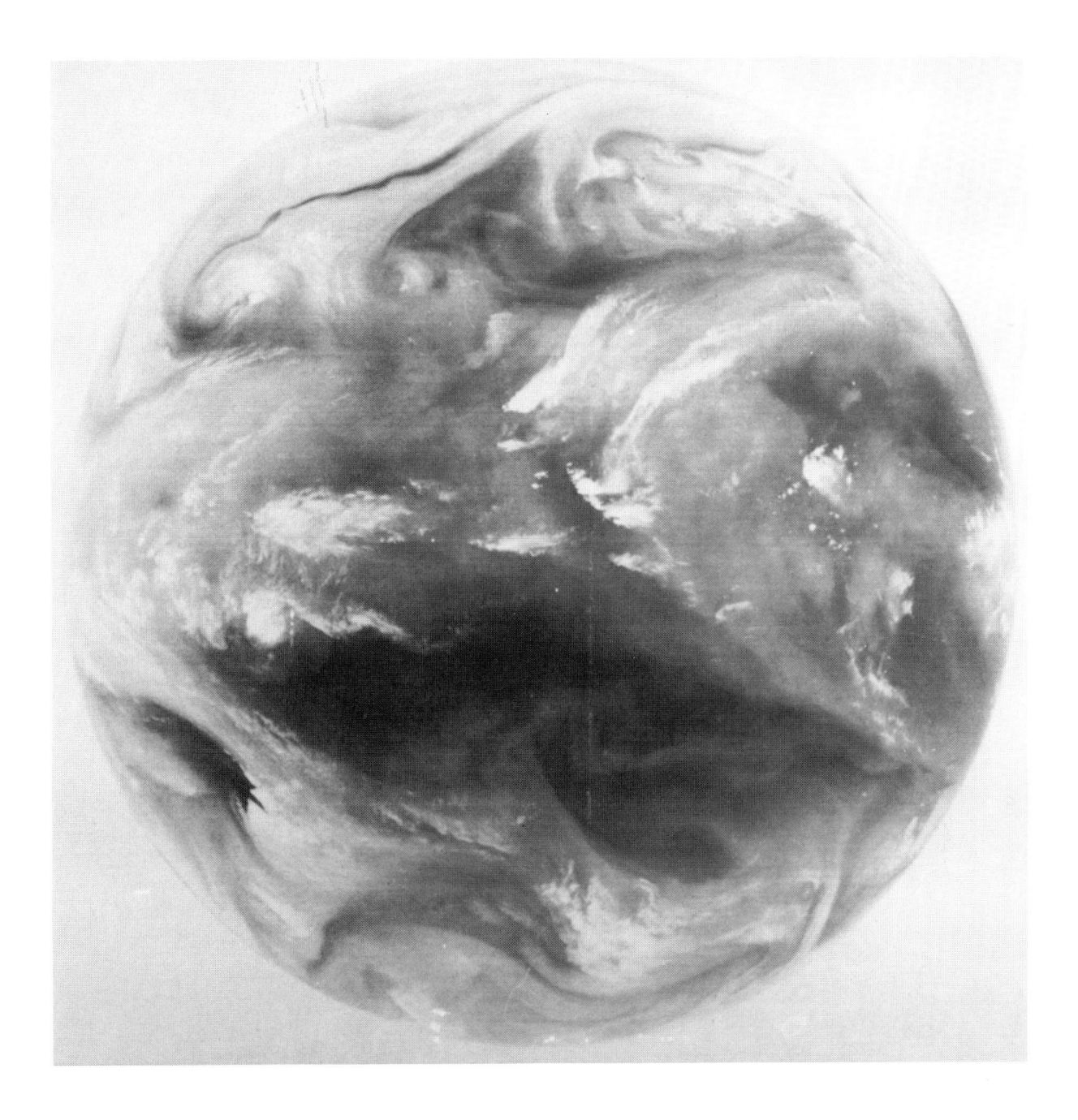

Fig. 2.7-4: METEOSAT-Aufanhme vom 15.5.79, 11.15 Uhr GMT, im WV-Kanal (Quelle: DFVLR Oberpfaffenhofen)

Fig. 2.7-5: METEOSAT-Aufnahme vom 15.5.79, 12.25 Uhr GMT, im VIS-Kanal, Ausschnittvergrößerung aus Fig. 2.7-2 (Quelle: DFVLR Oberpfaffenhofen)

de Analyse der IR- und VIS Aufnahmen weist das im optischen Kanal leuchtend-weiße unstrukturierte Wolkenfeld als kompakte und dichte Bewölkung vom Stratus (Hochnebel)- oder Nebeltyp aus. Das wird von den synoptischen Beobachtungen von 6.00 und 12.00 GMT bestätigt. Aufgrund der Helligkeit im VIS - Bild muß von einer Mindestmächtigkeit des Stratus von 500 m ausgegangen werden.

Bemerkenswerte Temperaturunterschiede resultieren aus den verschiedenen Einstrahlungsbedingungen: während Porto nach der nächtlichen Passage der Nebelfront am Mittag nur 18°C bei 7/8 Stratus meldet, stieg in Lissabon bei wolkenlosem Himmel die Temperatur auf 27°C (12.00 GMT; Deutscher Wetterdienst 1979, Institut für Meteorologie 1979).

Auffällig ist das bogenförmige Auslaufen der Stratus/Nebel - Masse im Westteil der Costa Verde: es handelt sich um einen Wirbel mit vertikaler Achse und antizyklonalem Drehsinn östlich von La Coruña, dessen Struktur von den Kondensationsprodukten nachgezeichnet wird. Er entstand infolge horizontaler Windscherung der auf die Nordwestecke Spaniens auftreffenden Luftströmung. Deutlich ist die Aufspaltung in zwei kleinere Wirbel durch die Landvorsprünge Kap Ortegal und Kap Peñas zu erkennen (Fig. 2.7-5; vgl. Brimacombe 1981).

Die Satellitenaufnahme ist typisch für ein klimatologisches Phänomen: Die atlantischen Seenebel vor der Iberischen Halbinsel. Deren Hauptsaison ist das Frühjahr und der Frühsommer.

Die Küstennebel vor Jütland erscheinen im VIS - Bild in einem Hell- bis Mittelgrau. Demzufolge sind sie weniger als 200 m mächtig. Das wird von der Beobachtung eines Schiffes ca. 50 sm südwestlich von Sylt bestätigt, das um 12.00 GMT flachen Nebel bei Sonnenschein und einer Lufttemperatur von 12,8°C meldet (Institut für Meteorologie 1979). Der scharfe ostseitige Rand des Nebelfeldes weist auf die rasche Auflösung über dem erwärmten Land hin. Die mittlere Oberflächentemperatur liegt im Mai in diesem Bereich der Nordsee bei 10°C (Kuhlbrodt 1954). Wahrscheinlich konnte sich über größeren Teilen der Nordsee kein Nebel bilden, weil die maritime Warmluft, nachdem sie durch Erwärmung und vertikalen Austausch über den Landflächen Südenglands und Westfrankreichs abtrocknete, mit relativ niedrigen Taupunkten über der Nordsee ankommt. Die Feuchteaufnahme über dem Wasser reichte daraufhin für Kondensationsprozesse zunächst nicht aus. Nahezu gesättigt erreicht die abgekühlte Luft schließlich die Nordfriesische Inselkette, wo die durch die Rauhigkeitsänderung ausgelöste Konvergenz ausreicht, um mit den Hebungsvorgängen ein küstenparalleles Nebelfeld zu erzeugen.

Dasselbe wiederholt sich östlich der jütländischen Halbinsel im **Kattegat**: Erwärmung und Abtrocknung über Land, Abkühlung bis auf den Taupunkt auf dem Weg über das Kattegat und Nebelbildung vor der südschwedischen Küste. Dort dürften neben der Küstenkonvergenz die im Mai noch recht niedrigen Oberflächentemperaturen des Kattegats (um 9°C; a.a.O.) ein wesentlicher Faktor der Nebelbildung gewesen sein.

Klimatologischer Hintergrund: Ein Charakteristikum des Klimas von Kattegat und küstennaher Nordsee ist das Winter- und Frühjahrsmaximum des Nebels.

Kaltlufttropfen über dem östlichen Mittelmeer (Fig. 2.7-3,-5). Nach vorangegangenem Kaltlufteinbruch bildet sich über dem östlichen Mittelmeerraum ein abgeschlossenes Höhentief, während die Bodendruckverteilung nur noch schwache Gradienten aufweist (Institut für Meteorologie 1979). In Übereinstimmung mit der Theorie findet sich auf der Vorderseite der Cut-Off - Zyklone die frontale, zum Teil hochreichende Bewölkung, während die Wolkenfelder im Kernbereich des Tiefs aufgelockert und zellenartig strukturiert sind. Über dem Ionischen Meer weist die spiralige Organisation der Zellen auf die Zirkulation in den mittleren und höheren Schichten der Troposphäre hin. Der Wirbel ist in allen Schichten mit Kaltluft erfüllt; so ist die Temperatur in der 500 hPa- Fläche großräumig unter -20°C gesunken (a.a.O).

Der Jahreszeit entsprechend muß besonders über dem Festland im Tagesverlauf mit starker Labilisierung gerechnet werden. Die Mittagsaufnahme im VIS-Kanal bestätigt dies. Nach Abzug der Frontalbewölkung bildete sich zunächst bei ungehinderter Einstrahlung verstärkt Konvektionsbewölkung über den Landmassen, im Kernbereich des Tiefs auch über dem Meer, aus. Eindrucksvoll zeichnen sich die Umrisse der Cumulonimben über dem südlichen Appenin und Sizilien ab. Dort begünstigen zusätzlich orographisch ausgelöste Hebungsprozesse die Labilisierung. Sogar die beiden Hauptinseln der Malta - Gruppe lassen sich mit Hilfe der Konvektionsbewölkung lokalisieren. Von der Labilisierung sind offensichtlich auch Sardinien und Nordtunesien erfaßt worden: kleinere Cluster sind im Bereich des Gennargentu und über dem höheren Atlas auszumachen.

Konvektionsbewölkung über Zentral- und Ostafrika (Fig. 2.7-2 bis 4). Die Zellularstruktur der Bewölkung ist charakteristisch für den festländischen Bereich der Inneren Tropen. Die Zellen treten isoliert, linienförmig organisiert oder in Clustern auf. Sie sind terminologisch den Gattungen Cumulus (Cu) und Cumulonimbus (Cb) zuzuordnen. In der Aufnahme spiegelt sich die atmosphärische Schichtung in einem fortgeschrittenen Stadium der Grundschichtlabilisierung (Fig. 2.7-2).

Cu der Arten humilis bis congestus überziehen relativ gleichmäßig die **zentralafrikanischen Niederungen** zwischen 5°S und 10°N. Sie heben sich im VIS - Bild klar vom dunklen Regenwald ab, im IR - Bild erzeugen sie zusammen mit dem dunkleren Untergrund Mischsignale aufgrund der schwächeren Bildauflösung: es resultiert ein diffuser Grauton. Das völlige Fehlen von Clustern in Zentralafrika mag ein Hinweis auf die dort im Mai einsetzende sekundäre "Trockenzeit" sein, mit der Konsequenz, daß die Gewitterbildung kleinräumiger erfolgt oder zu einer späteren Tageszeit beginnt. Nach Untersuchungen von Dieterich (1969) tritt überhaupt das mittlere tägliche Maximum der Konvektionsniederschläge in Tropisch-Afrika erst zwischen 17 und 18 Uhr Ortszeit auf.

Unter Hinzuziehung der IR - Aufnahme lassen sich in folgenden Regionen Cb's erkennen:

- Nordabhang der Lundaschwelle zwischen den Flußläufen des Kwilu und Wamba. Die isoliert auftretende Zelle ist sehr hochreichend, indiziert durch den hellen Grauton im IR - Bild sowie den langen Cirrus-Schweif, der die WSW-Strömung im 200 hPa-Niveau nachzuzeichnen scheint (EZMW 1979).
- Niederguineaschwelle: Die parallelen annähernd W-E - orientierten Wolkenketten sind gut mit der ESE - Strömung der unteren Troposphäre in Einklang zu bringen - 5-10 ms^{-1} in 850 hPa; (a.a.O.) - und treten im IR- wie auch im WV - Kanal deutlich in Erscheinung.

Bemerkenswert ist das Hervortreten der großen Flußniederungen wie des Kongo und der Seen "Tumba" und "Leopold II." in der VIS - Aufnahme. Es ist der Relativeffekt ausbleibender Konvektionsbewölkung, da zum Zeitpunkt der Aufnahme die Auslösetemperatur über den kühleren Wasserflächen noch nicht erreicht wurde.

Im Gegensatz zu den zentralafrikanischen Niederungen ist die Bewölkung über dem **Sudd und Östlichen Hochafrika** wesentlich akzentuierter verteilt. Den orographischen Gegebenheiten folgend sind die Strukturen unregelmäßig und häufiger zu Gewitter-Clustern organisiert. Die auffälligste Erscheinung bildet in allen drei spektralen Kanälen der riesige Cluster über dem östlichen Sudd am Westabhang des Abessinischen Hochlands. Sein Durchmesser beträgt etwa 300 km. Er ist im W, N und E von kleineren Clustern mit ähnlicher Vertikalerstreckung umgeben. Diese rege Cb-Entwicklung spiegelt die gesteigerte Labilität der Troposphäre wieder, die den klimatologischen Beginn der sommerlichen Regenzeit anzeigt (Sudd: 100-150 mm im Mai; Jackson 1961).

Südlich des Äquators fehlen hochreichende Gewittercluster. Einen hohen Bedeckungsgrad weisen die Ostafrikanische Schwelle sowie die Gebirge südöstlich des Njassasees auf. Im übrigen Bereich dominiert wie in Zentralafrika trotz der orographischen Kammerung und der hochgelegenen Heizflächen lockere, nur schwach bis mäßig entwickelte Quellbewölkung - eine Folge der der Trockenzeit entsprechend herabgesetzten Labilität der Schichtung insbesondere der mittleren und höheren Troposhäre.

Sehr schön zeichnen sich in der VIS - Aufnahme die schwarzen Flächen der großen Seen ab, die die Inseln relativer Stabilität inmitten der labilen Grundschicht des Ostafrikanischen Hochlands kennzeichnen.

Literatur zu 2.7

ANDERSON, R.K. et al. (1973): The Use of Satellite Pictures in Weather Analysis and Forecasting.- WMO - Techn. Note, 124

BARRETT, E.C. (1974): Climatology from Satellites.- London

BLÜTHGEN, J. & WEISCHET, W. (1980^3): Allgemeine Klimageographie.- Lehrb. d. Allg. Geogr. 2, Berlin

BRIMACOMBE, C.A. (1981): Atlas of Meteosat Imagery.- ESA SP-1030

DIETERICH, H. (1969): Niederschläge der afrikanischen Konvergenz.- Seewetteramt - Einzelveröff.,69

EUROP. ZENTRUM FÜR MITTELFRIST. WETTERVORHERS. (EZMW) (Hrsg.) (1979): The Global Weather Experiment. Daily Global Analysis, March 1979 - May 1979.- Reading

HAUPT, I. et al. (1981): Wolken im Satellitenbild.- Beilage zur Berliner Wetterkarte vom 19.8.81, Berlin

HASTENRATH, S. & LAMB, F.J. (1977): Climatic Atlas of the Tropical Atlantic and Eastern Pacific Oceans.- Madison

INSTITUT FÜR METEOROLOGIE DER FU BERLIN (Hrsg.), (1979): Berliner Wetterkarten v. 13. - 15.5.1979.- Berlin - Dahlem

JACKSON, St. P. (Hrsg.) (1961): Climatological Atlas of Africa.-Lagos/Nairobi

KUHLBRODT, E. (Bearb.) (1954): Klimatologie der Nordwesteuropäischen Gewässer, Teil 2.- Seewetteramt - Einzelveröff.4

LENHART, K.G. (1978): Mögliche Anwendungen vom METEOSAT für die Fernerkundung.- Bildmessung und Luftbildwesen 46 (4), S. 113-122

LINKE, F. & BAUR, F. (Hrsg.), (1970^2): Meteorologisches Taschenbuch Bd.II.- Leipzig

MARKGRAF, H. (1963): Klimatologie des Mittelmeeres, Teil 2.- Seewetteramt - Einzelveröff. 37

MARKGRAF, H. & BINTIG, P. (1956): Klimatologie der Nordwesteuropäischen Gewässer, Teil 3.- Seewetteramt - Einzelveröff.10

SCHERHAG, R. et al. (1969): Klimatologische Karten der Nordhemisphäre.- Met.Abh. d. FU Berlin 100, 1

SCHERHAG, R. et al. (1970): Der jährliche Witterungsverlauf über der Nordhemisphäre.- Met. Abh. d. FU Berlin 100, 2

WEISCHET, W. (1979): Klimatologische Interpretationen von METEOSAT - Aufnahmen.- Geograph. Rundschau 31, S. 337-342, 379-381, 421-423, 465-468, 515-517

MÜNCHENER GEOGRAPHISCHE ABHANDLUNGEN

Institut für Geographie der Universität München
Fakultät für Geowissenschaften
8 München 2, Luisenstraße 37

Herausgeber: Prof. Dr. H. G. Gierloff-Emden   Prof. Dr. F. Wilhelm

Schriftleitung: Dr. F.-W. Strathmann

Band 1	Das Geographische Institut der Universität München, Fakultät für Geowissenschaften, in Forschung, Lehre und Organisation. 1972, 101 S., 3 Abb., 13 Fotos, 1 Luftb., DM 10,–	ISBN 3 920397 60 6
Band 2	KREMLING, Helmut: Die Beziehungsgrundlage in thematischen Karten in ihrem Verhältnis zum Kartengegenstand. 1970, 128 S., 7 Abb., 32 Tab., DM 18,–	ISBN 3 920397 61 4
Band 3	WIENEKE, Friedrich: Kurzfristige Umgestaltungen an der Alentejoküste nördlich Sines am Beispiel der Lagoa de Melides, Portugal (Schwallbedingter Transport an der Küste). 1971, 151 S., 34 Abb., 15 Fotos, 3 Luftb., 10 Tab., DM 18,–	ISBN 3 920397 62 2
Band 4	PONGRATZ, Erica: Historische Bauwerke als Indikatoren für küstenmorphologische Veränderungen (Abrasion und Meeresspiegelschwankungen in Latium). 1972, 144 S., 56 Abb., 59 Fotos, 8 Luftb., 4 Tab., 16 Karten, DM 24,–	ISBN 3 920397 63 0
Band 5	GIERLOFF-EMDEN, Hans Günter und RUST, Uwe: Verwertbarkeit von Satellitenbildern für geomorphologische Kartierungen in Trockenräumen (Chihuahua, New Mexico, Baja California) – Bildinformation und Geländetest. 1971, 97 S., 9 Abb., 17 Fotos, 2 Satellitenb., 5 Tab., 6 Karten, DM 10,–	ISBN 3 920397 64 9
Band 6	VORNDRAN, Gerhard: Kryopedologische Untersuchungen mit Hilfe von Bodentemperaturmessungen (an einem zonalen Strukturbodenvorkommen in der Silvrettagruppe). 1972, 70 S., 15 Abb., 5 Fotos, 12 Tab., DM 10,–	ISBN 3 920397 65 7
Band 7	WIECZOREK, Ulrich: Der Einsatz von Äquidensiten in der Luftbildinterpretation und bei der quantitativen Analyse von Texturen. 1972, 195 S., 20 Abb., 27 Tafeln, 10 Tab., 2 Karten, 50 Diagr., DM 42,–	ISBN 3 920397 66 5
Band 8	MAHNCKE, Karl-Joachim: Methodische Untersuchungen zur Kartierung von Brandrodungsflächen im Regenwaldgebiet von Liberia mit Hilfe von Luftbildern. 1973, 73 S., 13 Abb., 7 Fotos, 1 Luftb., 1 Karte, vergriffen	ISBN 3 920397 67 3
Band 9	Arbeiten zur Geographie der Meere. Hans Günter Gierloff-Emden zum 50. Geburtstag. 1973, 84 S., 27 Abb., 20 Fotos, 3 Luftb., 7 Tab., 3 Karten, DM 25,–	ISBN 3 920397 68 1
Band 10	HERRMANN, Andreas: Entwicklung der winterlichen Schneedecke in einem nordalpinen Niederschlagsgebiet. Schneedeckenparameter in Abhängigkeit von Höhe üNN, Exposition und Vegetation im Hirschbachtal bei Lenggries im Winter 1970/71. 1973. 84 S., 23 Abb., 18 Tab., DM 18,–	ISBN 3 920397 69 X
Band 11	GUSTAFSON, Glen Craig: Quantitative Investigation of the Morphology of Drainage Basins using Orthophotography – Quantitative Untersuchung zur Morphologie von Flußbecken unter Verwendung von Orthophotomaterial. 1973, 155 S., 48 Abb., DM 27,–	ISBN 3 920397 70 3
Band 12	MICHLER, Günther: Der Wärmehaushalt des Sylvensteinspeichers. 1974, 255 S., 82 + 7 Abb., 7 Fotos, 23 Tab., DM 28,–	ISBN 3 920397 71 1
Band 13	PIEHLER, Hans: Die Entwicklung der Nahtstelle von Lech-, Loisach- und Ammergletscher vom Hoch- bis Spätglazial der letzten Vereisung. 1974, 105 S., 16 Abb., 13 Fotos, 14 Tab., 1 Karte, DM 20,–	ISBN 3 920397 72 X

Band 14   SCHLESINGER, Bernhard: Über die Schutteinfüllung im Wimbach-Gries und ihre Veränderung. Studie zur Schuttumlagerung in den östlichen Kalkalpen. 1974, 74 S., 9 Abb., 12 Tab., 7 Karten, DM 18,–   ISBN 3 920397 73 8

Band 15   WILHELM, Friedrich: Niederschlagsstrukturen im Einzugsgebiet des Lainbaches bei Benediktbeuren, Obb. 1975, 85 S., 40 Fig., 19 Tab., DM 19,–   ISBN 3 920397 74 6

Band 16   GUMTAU, Michael: Das Ringbecken Korolev in der Bildanalyse. Untersuchungen zur Morphologie der Mondrückseite unter Benutzung fotografischer Äquidensitometrie und optischer Ortsfrequenzfilterung. 1974, 145 S., 82 Abb., 8 Tab., DM 38,–   ISBN 3 920397 75 4

Band 17   LOUIS, Herbert: Abtragungshohlformen mit konvergierend-linearem Abflußsystem. Zur Theorie des fluvialen Abtragungsreliefs. 1975, 45 S., 1 Fig., DM 14,–   ISBN 3 920397 76 2

Band 18   OSTHEIDER, Monika: Möglichkeiten der Erkennung und Erfassung von Meereis mit Hilfe von Satellitenbildern (NOAA-2 VHRR). 1975, 159 S., 65 Abb., 10 Tab., DM 36,–   ISBN 3 920397 77 0

Band 19   RUST, Uwe und WIENEKE, Friedrich: Geomorphologie der küstennahen Zentralen Namib (Südwestafrika). 1976, 74 S., Appendices (50 Abb., 23 Photos, 17 Tab.), DM 60,–   ISBN 3 920397 78 9

Band 20   GIERLOFF-EMDEN, H. G. und WIENEKE, F. (Hrsg.): Anwendung von Satelliten- und Luftbildern zur Geländedarstellung in topographischen Karten und zur bodengeographischen Kartierung. 1978, 69 S., 6 Abb., 6 Luftb., 6 Tab., 2 Karten, 4 Tafeln, DM 44,–   ISBN 3 920397 79 7

Band 21   PIETRUSKY, Ulrich: Raumdifferenzierende bevölkerungs- und sozialgeographische Strukturen und Prozesse im ländlichen Raum Ostniederbayerns seit dem frühen 19. Jahrhundert. 1977, 174 S., 25 Abb., 32 Tab., 9 Karten, Kartenband (12 Planbeilagen), DM 46,–   ISBN 3 920397 40 1

Band 22   HERRMANN, Andreas: Schneehydrologische Untersuchungen in einem randalpinen Niederschlagsgebiet (Lainbachtal bei Benediktbeuern/Oberbayern). 1978, 126 S., 68 Abb., 14 Tab., DM 32,–   ISBN 3 920397 41 X

Band 23   DREXLER, Otto: Einfluß von Petrographie und Tektonik auf die Gestaltung des Talnetzes im oberen Rißbachgebiet (Karwendelgebiet, Tirol). 1979, 124 S., 23 Abb., 16 Tab., 2 Karten, DM 60,–.   ISBN 3 920397 47 9

Band 24   GIERLOFF-EMDEN, Hans Günter: Geographische Exkursion: Bretagne und Nord-Vendée. 1981, 50 S., 19 Abb., 9 Tab., 50 Karten, DM 18,–.   ISBN 3 88618 090 5

Band 25   DIETZ, Klaus R.: Grundlagen und Methoden geographischer Luftbildinterpretation. 1981, 110 S., 51 Abb., 9 Tafeln, 9 Karten, DM 40,–.   ISBN 3 88618 091 3

Band 26   STÖCKLHUBER, Klaus: Erfassung von Ökotopen und ihren zeitlichen Veränderungen am Beispiel des Tegernseer Tales – Eine Untersuchung mit Hilfe von Luftbildern und terrestrischer Fotografie. 1982, 113 S., 72 Abb., 6 Tab., 8 Tafeln, DM 56,–.   ISBN 3 88618 092 1

Band 27   WIECZOREK, Ulrich: Methodische Untersuchungen zur Analyse der Wattmorphologie aus Luftbildern mit Hilfe eines Verfahrens der digitalen Bildstrukturanalyse. 1982, 208 S., 20 Abb., 6 Tab., 4 Tafeln, 3 Karten, DM 103,–.   ISBN 3 88618 093 X

Band 28   SOMMERHOFF, Gerd: Untersuchungen zur Geomorphologie des Meeresbodens in der Labrador- und Irmingersee. 1983, 86 S., 39 Abb., 2 Tab., 7 Beilagen, DM 25,–   ISBN 3 88618 094 8